로베르 들로네(Robert Delauney, 1885~1941), 〈태양, 탑, 비행기〉, 1913년,
캔버스에 유채, 132×131cm, 미국 버펄로 올브라이트 녹스 갤러리 소장

■ 〈태양, 탑, 비행기〉 해제

서양미술사에서 추상화의 선구자로 기억되는 프랑스의 화가 들로네는, 〈태양, 탑, 비행기〉에서 세 가지 과학 발명품인 에펠탑과 비행기, 대관람차를 그렸다. 들로네의 눈에 비친 에펠탑과 비행기, 대관람차는 여느 위대한 예술작품 못지않게 아름답고 경이롭기까지 했다. 들로네는 이 거대한 물체들을 자신의 캔버스 위로 옮겨와 해체와 재구성을 통해 한 폭의 신비로운 공간, '시크릿 스페이스'를 창작했다. 이 책의 제호 〈시크릿 스페이스〉는 과학의 경이로움을 찬양했던 화가 들로네의 시선과 맞닿아 있다. 한편, 들로네는 그림 제목으로 대관람차 대신 태양을 넣었다. 들로네가 추구하던 색채의 근원은 태양에서 오는 빛이다. 들로네는 빛의 운동성을 원형의 색면에서 찾은 것이다.

SECRET
SPACE

일상 공간을 지배하는 비밀스런 과학원리

시크릿 스페이스

개정증보판 1쇄 발행 | 2017년 7월 28일

지은이 | 서울과학교사모임
펴낸이 | 이원범
기획 · 편집 | 김은숙
마케팅 | 안오영
표지 · 본문 디자인 | 강선욱
일러스트 | 곽윤환, 강선욱
펴낸곳 | 어바웃어북 about a book
출판등록 | 2010년 12월 24일 제2010-000377호
주소 | 서울시 마포구 양화로 56 1507호(서교동, 동양한강트레벨)
전화 | (편집팀) 070-4232-6071 (영업팀) 070-4233-6070
팩스 | 02-335-6078

ISBN | 979-11-87150-24-4 03400

서울과학교사모임 지음

일상 공간을 지배하는 비밀스런 과학원리

시크릿 스페이스

어바웃어북

설레고 가슴 벅찬 작업을 다시 한 번 고대하며

《시크릿 스페이스》가 출간된 지 어느덧 여섯 해가 지났습니다. 《시크릿 스페이스》는 참 운이 좋은 책입니다. 매달 수십 종의 자연과학 교양서가 출간되지만 그중 대부분은 1쇄도 판매되지 못한 채 창고에서 잠자고 있는데, 《시크릿 스페이스》는 수년 동안 쇄를 거듭해오다 이렇게 개정증보판까지 출간하는 기회를 얻었으니 말입니다. 거기다 교육과학기술부(지금의 미래창조과학부)를 비롯한 여러 기관과 단체로부터 우수교양도서로 선정되는 영광까지 누렸으니, 《시크릿 스페이스》의 집필진과 편집진은 이 과분한 사랑과 지지에 그저 감사하고 또 감사할 따름입니다.

하지만, 사랑과 지지에는 늘 책임감이 따르는 법입니다. 집필진과 편집진은 지난 겨울방학에 다시 모이지 않을 수 없었습니다. 《시크릿 스페이스》가 출간된 지 6년이 넘는 시간 동안 과학은 적지 않은 변화를 거듭해왔지만, 《시크릿 스페이스》는 늘 같은 모습으로 독자들을 만나고 있었습니다. 그 사이 책 속의 내용 중 일부는 개정과 보완을 필요로 했습니다. 또 시류에 맞는 새로운 주제를 다루는 집필도 추가하지 않으면 안 되겠다는 생각에 집필진과 편집진은 긴장했고, 곧 마음이 바빠지기 시작했습니다.

집필진은 내용의 오류를 바로 잡고 새로운 주제를 선정해 여러 번의 논의를 거쳐 원고를 쓰고 서로 모니터링을 했습니다. 요즈음 화제가 되고 있는 '4차 산업 혁명'을 이끄는 주제(이를테면, '인공지능')는 물론, 해양심층수처럼 자원과학에 관한 주제도 새롭게 다뤘습니다. 블루투스나 무선충전기처럼 최근 일상생활에서 흔히 쓰이는 디지털 기기에 관한 원리도 추가했습니다. 특히 개정증보판에서는 곳곳에 역사유물과 명화를 함께 소개함으로써, 예술과 인문학적 시각으로 과학에 접근하는 통섭적인 방법을 모색했습니다. 이를테면, 프랑스 화가 밀레의 작품을 통해 1920년대 나무와 구리와 철로 제작된 세탁기가 과학적으로 어떻게 변모해왔는지 역사적으로 조명해봤습니다. '나사의 비밀'에서는 이탈리아 르네상스의 거장 레오나르도 다빈치가 남긴 스케치 속 일러스트에서부터 고대 그리스 과학자 아르키메데스의 나선형 펌프 원리까지 거슬러 올라가며 그 원리를 추적해봤습니다.

편집진은 기존 편집 디자인을 모두 바꿨습니다. 일러스트도 모두 컬러로 교체함으로써 내용을 좀 더 명징하고 입체적으로 전달하는 데 주력했습니다. 아울러 어려운 과학원리를 알기 쉽게 전달하기 위해 참고 사진과 그림도 다수 추가했습니다.

최종 교정 작업을 마치고 개정증보판의 머리말을 쓰면서 교정지를 다시 한 번 훑어보니 여전히 부족한 부분이 눈에 들어옵니다. 책을 쓰고 편집하는 도중에는 늘 최선을 다하고 있다고 자기최면을 걸듯 합리화하지만, 종이에 인쇄되어 묶여 나온 한권의 책은 무서우리만큼 정직하게 부족한 부분을 드러내곤 합니다. 책이 주는 교훈이 아닐 수 없습니다.

개정증보판이 출간되고 또 수년이 흐른 뒤 한 번 더 개정 작업을 할 수 있는 기회가 주어지길 바라는 마음을 벌써부터 갖는 것은 너무 지나친 욕심일까요? 《시크릿 스페이스》보다 훨씬 훌륭한 책들이 개정판은커녕 1쇄도 소화하지 못한 채 잊혀지는 경우가 허다한데 말입니다. 하지만, 한 번 더 기회가 온다면 그때는 개정 증보가 아니라 전면 개정 작업을 해보고 싶습니다. 상상만으로도 설레고 가슴 벅찬 일입니다. *

평범한 공간에 숨어 있는 비밀스런 이야기

여러분은 어떤 비밀스런(?) 공간을 기대하며 책장을 넘기셨나요? 거액이 보관되어 있는 은행의 금고, 살아서는 빠져나올 수 없다는 다이달로스의 미로, 인고의 세월동안 은밀히 파낸 땅굴, 영화 〈인셉션(Inception)〉처럼 다른 차원의 공간 등등. 일반인들이 평생 한번 들어가 볼까 말까 한 특별한 공간이나 신화적 상상력의 공간을 생각하셨다면 실망하셨을 수도 있겠네요. 이 책은 거실, 부엌, 화장실, 사무실 등 우리가 매일 접하는 아주 평범한 공간들에 관한 이야기니까요. 하지만 우리가 먹고 자고 생활하는 아주 일상적인 공간도 조금만 다른 시각으로 보면 신비롭고 비밀 가득한 공간으로 탈바꿈합니다.

바로 '과학'이라는 망원경을 통해 보는 순간이 그러합니다. 아침에 눈 뜨면 제일 먼저 찾게 되는 화장실을 살펴볼까요. 부은 눈, 헝클어진 머리, 목이 늘어난 트레이닝복을 입은 당신을 비추는 거울에는 반사의 법칙이 숨어있습니다. 또 어느 장소에서 보다 뽀샤시하게 비춰주는 화장실 조명에는 열복사의 원리가, 막힌 변기를 시원하게 '뻥' 뚫어주는 뚫어뻥에는 고기압에서 저기압으로 공기가 이동하는 원리가 숨어있지요. 일상공간에서 느끼는 편안함은 수많은 과학원리가 작용한, 즉 '과학'이 우렁각시처럼 열심히 일한 결과물입니다.

과학은 교과서나 실험실, 어려운 책에만 존재하는 박제된 지식이 아니라 바로 내 옆에서 숨 쉬고 있는 살아 있는 지식입니다. 과학 공부는 이 공간들이 평화롭게 유지되는 '원리'를 깨닫는 것에서부터 출발합니다.

“

‘과학’이라는 망원경을 통해 보면
거실, 부엌, 화장실, 사무실 등 평범한 공간도
신비롭고 비밀 가득한 공간으로 탈바꿈합니다.

”

이 공간은 때로는 손난로가 언 손을 녹이는 주머니일 수도 있고, 건물을 파괴하고 용암을 분출시키는 지구 내부일 수도 있습니다. 이 책은 이런 작은 공간에서 거대한 공간까지, 그 공간 안에 놓여 있는 물건의 속살과 원리를 샅샅이 해부합니다.

“그렇다고 어려운 과학이 쉬워질리 없지!” 여전히 이런 생각이 드시나요? 저드슨이라는 남자가 뚱뚱하지 않았다면, 그리고 매일같이 지각하는 그를 구박하는 사장이 없었다면 지퍼라는 물건이 세상에 나올 수 없었다는 사실을 아시나요? 어둠을 환히 밝혀주는 전구는 왜 ‘잠도둑’이라는 오명을 쓰게 되었을까요? 2차 세계대전 당시 최고의 기술과 장비를 자랑하던 영국이 미 폭격기 수리에 실패한 까닭은요? 거대한 다이아몬드로 변한 태양을 보고도 입맛만 다셔야하는 이유는요? 이 책에 이 모든 질문의 답이 있습니다. 하나의 물건을 작동원리부터 탄생 비화, 인류에 끼친 영향까지 살펴보는 일은 흥미로울 뿐만 아니라 인문학적 교양까지 살찌우는 계기가 됩니다.

거실, 부엌, 화장실, 사무공간 등 어떤 공간부터 탐사할지는 여러분 마음입니다. 네비게이션이 안내하는 순서대로 혹은 마음가는대로 탐사해도 무방합니다. 일상 공간과 익숙한 물건들, 그리고 그 속에 숨겨진 과학원리로 구획한 공간 안에서 여러분은 마음껏 감탄하고 즐기고 배우며 신나게 놀다가시기 바랍니다.*

CONTENTS

첫 번째 시크릿 스페이스 Livingroom

두 번째 시크릿 스페이스 Kitchen

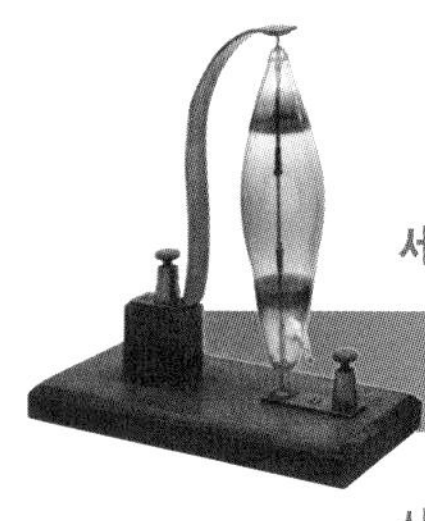

세 번째 시크릿 스페이스 Bathroom

네 번째 시크릿 스페이스

다섯 번째 시크릿 스페이스 Road

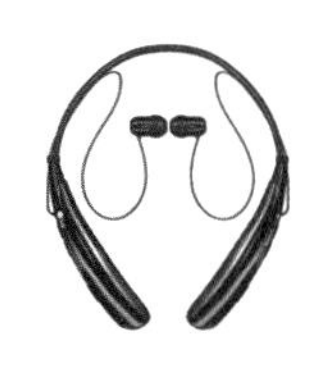

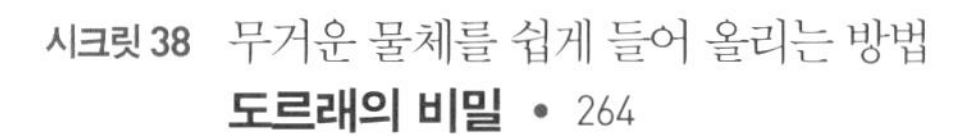

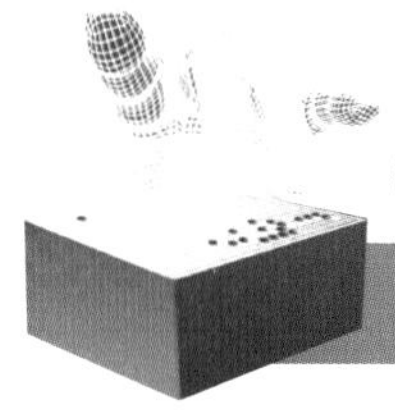

여섯 번째 시크릿 스페이스 Office

일곱 번째 시크릿 스페이스 Outdoor

SECRET

첫 번째 시크릿 스페이스

LIVINGROOM

SECRET▪01

덥고 습한 공기를 찬공기로 바꿔주는 에어컨의 비밀

에어콘이 '부'의 상징인 시절이 있었다. 그러나 지금은 거실에 에어콘 한 대씩은 놓고 사는 시절이 되었다. 물론 그렇다고 모든 사람들이 다 부자가 된 건 아니다. 에어컨의 신분이 부자들의 사치품에서 서민들의 생필품으로 전락(?)했기 때문이다. 이유야 어찌됐건 이쯤 되니 여름을 앞두고 판매전쟁에 나선 에어컨 업체들은 초절전이니 공기청정이니 로봇필터청소니 하며 각종 첨단기능을 앞세워 소비자의 호주머니 공략에 정신없다. 그러나 에어컨의 기본적인 기능은 예나 지금이나 변함없이 습기를 줄이고 공기를 냉각하는 것이다.

고대부터 현대까지 시원해지기 위한 사람들의 노력

고대 로마인은 집안을 시원하게 하기 위해 찬물이 순환되도록 벽 뒤에 수도관을 설치했고, 2세기 중국인 딩 환은 직경이 3m에 달하는 회전하

패러데이는 1820년에 압축·액화된 암모니아가 다시 기화활 때 공기가 차갑게 변하는 것을 발견했다. 현대의 냉각 기술은 패러데이의 발견에 바탕을 두고 있다. 그림은 영국의 화가 해리엇 제인 무어가 그린 〈실험실에서의 패러데이〉.

는 바퀴가 달린 팬을 개발해서 연못 주위의 찬 공기를 집안으로 끌어들였다. 이와 같이 공기를 순환·냉각시키려는 시도는 오래 전부터 이어져 왔다. 1758년 벤저민 프랭클린Benjamin Franklin, 1706~1790과 그의 동료인 존 하들리John Hadley, 1731~1764는 수은 온도계에 에테르를 적신 후 계속 풀무질을 해 에테르를 증발시켜 온도를 -14℃까지 떨어뜨렸다. 이 실험은 현재 우리가 잘 알고 있는 '물질이 상태변화를 할 때 열의 흡수나 방출이 일어난다. 열이 흡수되면 온도가 내려가고 열이 방출되면 온도가 올라간다'는 사실을 보여준다. 액체인 에테르가 증발하는 것은 기체로 상태변화(기화)하는 것이고, 이때 열을 흡수(기화열)하여 온도가 내려간다.

마이클 패러데이Michael Faraday, 1791~1867는 1820년에 압축·액화된 암모니아가 다시 기화할 때 공기가 차갑게 변하는 것을 발견했다. 암모니아의 독성이 문제였으나 아무튼 모든 현대의 냉각 기술은 패러데이의 발견에 바탕을 두고 있다고 볼 수 있다. 1842년에는 존 고리에가 패러데이의 압축 기술을 얼음을 만드는 데 이용했다. 1902년에 미국의 윌리스 하빌랜드 캐리어Willis Haviland Carrier, 1876~1950가 최초의 상업적인 에어컨을 만들어 인쇄 공장에 이용했다. 캐리어의 설계 역시 패러데이의 암모니아에 의한 냉각 시스템에 기초한 것이다.

19세기에는 에어컨과 냉장고의 냉각제로 암모니아, 염화메틸, 프로판 등의 기체가 쓰였다. 하지만 이 기체들은 독성과 가연성이 있어, 누출될 경우에는 위험하고 잦은 폭발사고 등의 문제를 야기했다. 1920년대에 이르러 과학자들은 인체에 안전한 프레온을 개발했으나 이후 프레온이 대기의 오존층을 파괴한다는 사실이 밝혀졌다. 현재 에어컨에 가장 많이 사용되는 냉매는 R-22로 알려진 HCFC인데 이 역시 오존층을 파괴하는 물질이다. R-22는 우리나라의 경우 2013년까지 생산·수입을 제한해 2030년에는 사용이 완전히 금지될 전망이다.

찬바람의 비밀은 기화열에 의한 냉각

에어컨의 기본 원리는 한마디로 기화열에 의한 냉각*이다. 액체가 기체로 기화할 때는 열을 흡수하고 기체가 액체로 응축할 때는 열을 방출한다. 기화할 때 흡수하는 열이 기화열이다. 에어컨은 압축기로 압력을 크게 변화시켜 기체상태였던 냉각제를 액체로 응축한다. 이어서 팽창밸

기화열에 의한 냉각
일정한 온도와 압력에서 액체를 기체로 바꾸는 데 필요한 에너지이다. 액체 상태의 분자 간의 인력을 이겨야 기체가 될 수 있기 때문에 액체가 기체로 바뀌려면 에너지가 필요하다. 따라서 액체가 기화할 때 주위에서 기화열을 흡수하므로 주위의 온도가 내려간다. 뜨거운 여름날 거리에 물을 뿌리면 물이 증발하면서 시원하게 느껴지는 것이 그 예이다. 기체가 다시 액체로 될 때 방출되는 에너지는 액화열이라고 한다. 기화열과 액화열의 크기는 같다.

■ **에어컨의 냉각과정**

냉각제가 압축기-응축기-팽창밸브-증발기를 거치며 냉각이 이루어진다.

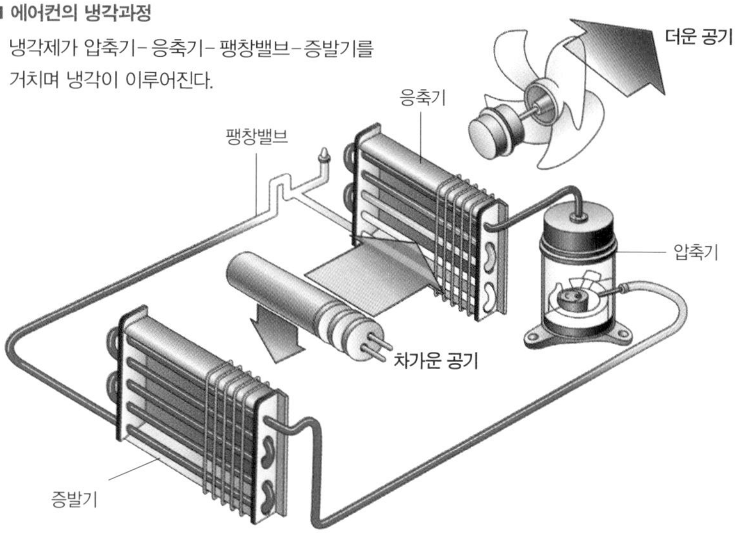

브로 압력을 낮춰서 증발기 안에서 액체상태의 냉각제가 다시 증기로 기화할 때 주위의 열을 빼앗아 주변 온도를 낮춘다.

에어컨의 냉각 시스템의 각 부분은 다음과 같은 역할을 한다.

- **압축기** : 실외기 속에 있다. 기체 상태의 냉각제는 먼저 압축기에서 고온·고압의 상태가 된다. 대부분의 냉각 시스템은 압축기를 작동하기 위해 전기모터를 사용한다.
- **응축기** : 실외기 속에 있다. 압축기를 나온 고온·고압의 기체는 외부에서 흡입된 공기와 만나 식으면서 액체가 된다(액화). 이때 열을 방출하므로 실외기에서는 더운 공기가 나온다.
- **팽창밸브** : 실내기나 실외기 어느 한 곳에 있다. 좁은 곳을 통과할 때 유체의 속도가 커지고 압력이 낮아지는 현상(베르누이의 정리:75쪽 참조)을 이용해 모세관을 통과시켜 고압 상태인 액체의 압력을 낮춘다. 압력을 낮추어야 액체가 증발기에서 잘 증발될 수 있기 때문이다.
- **증발기** : 실내기에 있다. 팽창밸브를 나온 액체 상태의 냉각제는 온

도와 압력이 낮다. 이러한 액체는 주위의 더운 공기에서 열을 흡수해 기체 상태로 증발한다(기화). 주위의 공기는 차가워지고 팬이 돌면서 이 공기를 실내로 내보낸다. 완전히 증발된 기체는 다시 압축기로 들어가 냉각 시스템의 순환이 계속된다.

에어컨과 냉장고에 의한 냉각은 많은 기화열을 효율적으로 얻을 수 있는 간단한 냉각 사이클을 통해 이루어진다. 열은 원래 높은 온도에서 낮은 온도로 이동하지만 에어컨은 냉각 사이클을 통해서 반대 방향인 낮은 온도의 실내에서 높은 온도의 실외로 열이 옮겨간다. 실내기에서는 찬바람이 나오고 실외기에서는 더운 바람이 나온다. 냉장고도 마찬가지로 열이 낮은 온도의 기기 안에서 높은 온도의 기기 밖으로 옮겨간다(71쪽 '냉장고의 비밀' 참조).

에너지 흐름의 방향성을 거스르는 에어컨

이렇듯 에어컨은 저온에서 고온으로 열에너지를 전달한다. 여기에 이상한 점이 있다. 뜨거운 국에 담긴 숟가락이 뜨거워지듯이 열에너지는 고온에서 저온으로 이동하는 것이 아닌가?

증기엔진을 살펴보자. 이 열기관은 뜨거운 열원에서 열에너지를 얻어 바퀴를 돌리는 등의 일을 한다. 이때 열의 일부는 저절로 낮은 온도로 흘러가 손실된다. 엔진을 아무리 잘 설계해도 주어진 열을 100% 일로 바꾸는 열기관을 만드는 것은 불가능하다. 이것이 '열역학 제2법칙*'이다. 이것은 자연계에 비가역적인(한쪽 방향으로만 이루어지는) 과정이 있음을 의미한다. 저온에서 고온으로 열에너지를 전달하는 대표적인 열펌프인 에어컨은 열역학 제2법칙에 어긋나는 것처럼 보인다.

에어컨은 증기기관과 달리 저온에서 고온으로 열에너지가 이동해, 에너지 흐름의 방향성을 설명하는 열역학 제2법칙에 어긋나는 것처럼 보이기도 한다.

그러나 에어컨은 전기에너지를 소비해야만 작동한다. 즉 저온에서 고온으로 열에너지를 전달하기 위해 그보다 더 많은 에너지를 소모하므로 물질계 전체의 엔트로피*는 증가하게 되고 결국 열역학 제2법칙을 만족시킨다.

에어컨이 없는 여름을 생각할 수 없는 세상이 되었지만 시원한 공기가 저절로 주어지는 게 아니라는 것을 고려한다면 지나친 냉방을 삼가게 될 것이다.

열역학 제2법칙

에너지의 흐름에 방향성이 있음을 말하는 법칙이다. 낮은 온도의 물체와 높은 온도의 물체가 접촉하면 열은 높은 온도의 물체에서 낮은 온도의 물체로 이동한다. 그러나 그 반대의 변화는 자발적으로 일어나지 않는다. 독일의 물리학자 클라우지우스(Rudolf Julius Emanuel Clausius, 1822~1888)는 열역학 제2법칙을 다음과 같이 표현했다. "일을 하지 않고 찬 열원에서 더운 열원으로 열을 이동시킬 수 있는 장치는 없다." 다음은 영국의 물리학자 켈빈(Baron Kelvin, 1824~1907)의 표현이다. "열원에서 꺼낸 열을 완전히 일로 바꿀 수 있는 장치는 없다." 이렇듯 자발적이며 비가역적으로 일어나는 반응에는 회수 불가능한 에너지의 손실이 따르게 되므로 고립계의 전체 엔트로피는 증가한다. 이 때문에 열역학 제2법칙을 '엔트로피의 법칙'이라고도 한다.

엔트로피(entropy)

일을 할 수 있는 에너지를 '유용한 에너지', 존재하지만 일을 하는데 쓰일 수 없는 에너지를 '사용 불가능한 에너지'라고 한다. 물질계의 총 에너지를 유용한 에너지와 사용 불가능한 에너지의 합으로 정의한다면, 엔트로피는 사용 불가능한 에너지의 일종이다. 다시 말해 엔트로피는 일로 변환할 수 없는 에너지의 양을 나타낸다.

- 《현대일반화학》, Oxtoby, 박영동 역, 자유아카데미, 2000

SECRET·02

오염된 실내 공기를 깨끗하게 정화하는

공기청정기의 비밀

건강하게 살기 위해서는 좋은 음식을 먹고 좋은 물과 좋은 공기를 마시는 것이 중요하다. 사람이 하루에 섭취하는 물질 중 80%가 공기이고 하루에 80% 이상의 시간을 실내에서 생활하고 있으므로 실내 공기의 오염은 건물병증후군(SBS)*과 같은 이상 증상을 일으킬 수 있다. 이 때문에 환경부는 미세먼지, 포름알데히드, 부유 세균 등 5개 오염물질에 대해 실내 공기질 유지 기준을 설정하여 준수하도록 하고 있다. 아울러 거실 등에 공기청정기를 사용하는 가정이 점점 많아지고 있다.

건물병증후군
(SBS: Sick Building Syndrome)
실내 공기 오염으로 인하여 일시적 또는 만성적으로 걸리는 눈, 코, 목의 건조와 통증, 재채기, 코막힘, 피로 또는 무기력, 두통, 구토, 건망증 등의 건강 이상 증상이다. 다른 말로 새집증후군이라고 한다.

미세한 필터로 오염물질을 여과

공기 중에는 건강에 해로운 세균이나 바이러스, 곰팡이, 미세먼지, 유해 기체, 악취를 풍기는 냄새 성분과 같이 여러 가지 오염물질이 있을 수 있다. 공기청정기는 이러한 오염물질을 제거하기 위해 사용한다. 공기 중의 오염물질을 제거하는 데는 크게 필터를 사용하여 여과·흡착하여 걸러내는 방식과 전기적으로 오염물질을 제거하는 방식이 있다.

여과란 입자의 크기 차이를 이용하여 액체나 기체로부터 고체 입자를 물리적으로 분리하는 과정이다. 흡착은 고체의 표면에 기체나 용액의 입자들이 달라붙는 것이다. 필터의 종류에 따라 제거할 수 있는 입자의 크기가 달라지는데 미세한 입자를 여과할수록 필터의 능력이 뛰어나다고 할 수 있다. 공기가 이러한 필터를 지나가면서 고체 입자들이 필터에 걸려 분리되는 것이다.

공기 중의 고체 입자는 0.001~500μm(1μm=10^{-6}m)로 눈에 보이는 것

■ 여과 과정

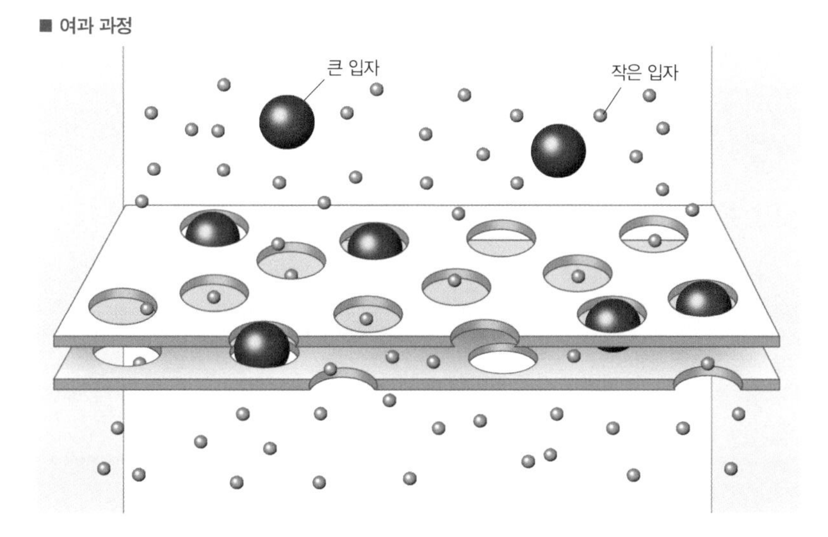

부터 보이지 않는 것까지 다양하게 분포한다. 이 가운데 10㎛ 이하의 직경을 가진 것을 미세먼지라 한다. 필터 방식으로 먼지를 제거할 때는 보통 섬유필터를 사용한다. 요즘 많이 사용하는 필터는 헤파(HEPA: High Efficiency Particulate Air, 고성능 미립자공기) 필터로, 0.3㎛의 입자를 1회 통과시켰을 때 99.97% 이상 걸러낸다고 알려져 있다. 헤파필터는 미국에서 방사성 먼지를 제거하기 위해 개발되었다. 진드기, 바이러스, 곰팡이 등을 제거할 수 있는 까닭에 현재는 공기청정기 뿐만 아니라 에어컨, 청소기 등에 널리 쓰이고 있다.

■ 헤파필터의 구조

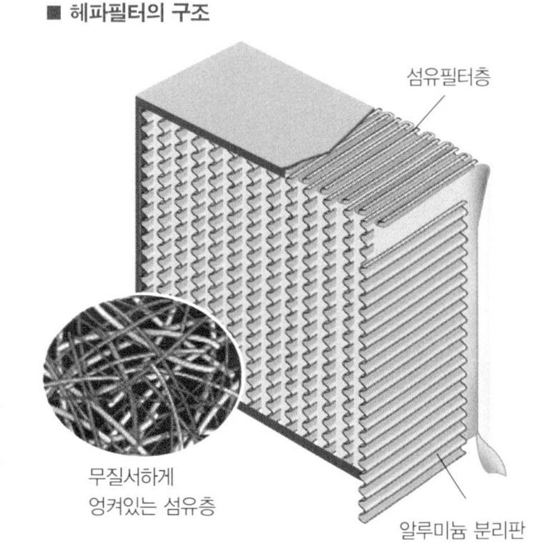

헤파필터는 불규칙하게 배열된 섬유들의 집합이다. 공기 중의 입자는 이들 섬유에 의해 차단되면서 정전기적 힘으로 섬유에 붙잡힌다. 헤파필터를 사용할 경우 공기를 먼저 세척이 가능한 프리필터에 통과시켜 크기가 더 큰 입자를 우선 제거한다. 헤파필터를 자주 갈아야 하는 불편을 줄이는 것이다. 헤파필터 뒤에는 필터의 등급을 나타내는 숫자가 있는데 이 숫자가 클수록 고효율임을 의미한다.

헤파필터로 거를 수 없는 더 작은 입자는 울파필터(ULPA: Ultra-Low Penetration Air)라는 초고성능 필터를 사용해 제거한다. 울파필터는 0.12㎛ 이상의 입자를 99.999%까지 제거할 수 있어 주로 반도체 연구실이나 생명공학 실험실의 클린룸에서 사용한다.

필터 방식의 공기청정기를 사용할 때는 필터가 더러워져 공기가 다시

■ 이온화 방식으로 먼지를 제거하는 원리의 예

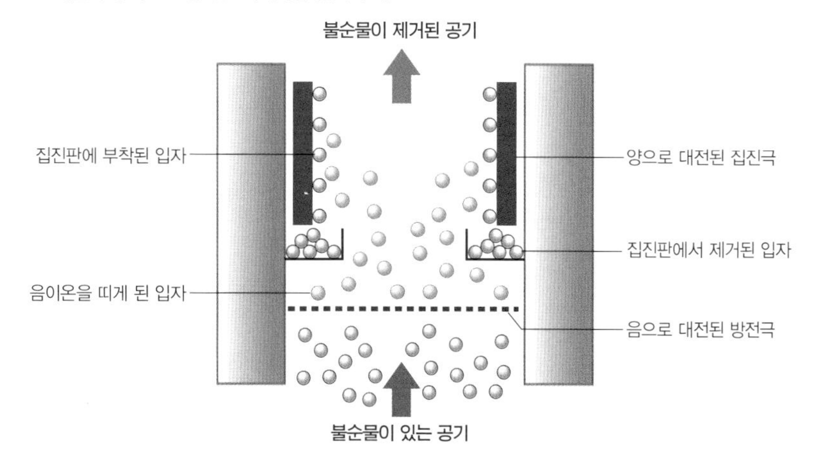

오염되는 것을 막기 위해 필터를 자주 세척하거나 교환주기를 철저히 지켜야 한다.

정전기로 오염물질을 흡착

전기적으로 오염물질을 제거하는 공기청정기는 방전*에 의한 이온화 방식을 이용한다. 수천 볼트의 고전압을 걸어주면 전극 자체에서 전자가 생성되거나 전극 주위의 기체에서 전자가 만들어져 전극 주위에 플라즈마가 형성된다. 플라즈마란 기체 상태의 원자나 분자에서 전자가 분리되어 전자와 이온을 포함하고 있는 상태로, 전기를 잘 전도한다. 이렇게 만들어진 전자가 공기 중의 입자에 부착되면 입자들이 (-)전하를 띠게 되고, 전하를 띤 먼지 입자는 정전기적 인력에 의해 반대 전하가 걸려 있는 집진판으로 이동하여 들러

방전
공기와 같은 절연체가 강한 전기장 하에서 절연성을 잃고 전류가 흐르는 현상을 말한다. 코로나 방전, 불꽃 방전, 아크 방전, 글로우 방전 등이 있다.

붙어 제거된다.

이온화 방식은 공기정화 과정에서 오존이나 질소산화물 같은 산화물을 어느 정도 발생시킨다. 이러한 산화물은 반응성이 커서 공기 중 유해물질의 분해를 촉진하는 살균효과를 낸다. 그러나 오존 발생에는 주의를 기울여야 한다. 실내의 오존농도가 높으면 기침, 두통, 천식, 알레르기질환 등의 원인이 된다. 환경부는 다중이용시설에 대해 실내의 오존농도를 0.06ppm 이하로 관리하고 있다.

먼지 외의 각종 냄새의 원인을 제거하는 데는 활성탄 필터를 사용한다. 활성탄은 극히 미세한 수백만 개의 기공이 있는 다공성 물질이다. 1g의 활성탄은 $500m^2$ 이상의 표면적을 가지고 있어 기체나 액체 등을 효과적으로 흡착한다. 또한 살균력이 있는 자외선을 공기에 쪼여 미생물을 제거하는 방식이나 산화티탄을 이용해 유해 물질을 분해하거나 미생물을 죽이는 광촉매 방식도 공기청정에 이용되고 있다.

한편, 공기청정기의 진화는 미세먼지와 무관하지 않다. 과거에는 실내 공기 정화를 위해 가장 손쉬운 방법이 창문을 열고 환기하는 것이었다. 하지만 요 몇 년 사이 전국이 미세먼지로 뒤덮이면서 아무 때나 창문을 열고 환기를 하는 게 곤란해졌다. 미세먼지 덕(?)에 공기청정기가 냉장고와 에어컨에 버금가는 필수 가전으로 등극한 것이다. 과연 공기청정기는 미세먼지를 얼마나 잡아낼 수 있을까? 미세먼지가 공기청정기의 진화를 재촉하고 있다.

SECRET ▪ 03

영화 속 장면이 실제로
눈앞에서 펼쳐지는 것 같은 착각

3D영화의 비밀

21세기를 사는 한국인 가족들은 대개 저녁에 거실에 모여 앉으면 벽을 뚫어지게 응시한다. 벽에 피카소의 그림이라도 걸려 있는 걸까, 아니면 정말로 벽을 뚫어버리는 신비스런 초능력을 가족 단위로 연마하는 것일까. 가족들은 바로 거실 한쪽 벽을 채우고 있는 '와이드'한 3DTV를 보고 있는 것이다. 이처럼 3DTV 화면 속에 펼쳐지는 3D영화의 세계는 현실과 영화의 경계를 허문다. 거실 소파에 앉아 영화 〈아바타〉에 나오는 정글을 헤매는 착각에 빠지고 마는 것이다.

19세기에도 3D영화가 있었다?

입체영화라고도 하는 3D영화는 의외로 오랜 역사를 가지고 있다. 1800년대 중반부터 사진이나 그림을 입체적으로 볼 수 있는 장치를 만들어 즐기기 시작했으며, 1922년에 최초의 상업용 3D영화로 알려진

영화 제작자이자 감독인 페어롤이 1922년에 만든 최초의 3D영화 〈사랑의 힘〉을 촬영한 3D카메라.

〈사랑의 힘(The Power of Love)〉이 상영되기에 이르렀다. 1950~1960년대에 매우 활발하게 제작되었던 3D영화는 침체기를 지나 2000년대에 컴퓨터 기술의 힘으로 새로운 시대를 열었다.

사람이 보는 세계는 모두 3차원이다. 그러나 영화관의 스크린에 펼쳐지는 영상은 깊이가 없는 면으로 이루어진 2차원이다. 그런데 3D영화의 영상은 우리가 마치 실제의 세계를 보는 것처럼 입체로 지각된다. 그 원리는 무엇일까?

두 눈 사이의 거리 때문에 생기는 입체감과 원근감

우선 사람이 세계를 3D로 인식하는 이유를 알아보자. 사람은 두 개의 눈으로 사물을 본다. 이때 오른쪽 눈과 왼쪽 눈으로 보는 사물은 차이가 있다. 앞에 놓인 물체를 오른쪽 눈을 가리고 왼쪽 눈으로 보고, 다음에는 왼쪽 눈을 가리고 오른쪽 눈으로 보자. 두 눈이 보는 사물이 각각 다르다는 것을 알 수 있다(330쪽 '매직아이의 비밀' 참조). 6cm 정도 되는 두 눈 사이의 거리 때문에 이러한 차이가 생기고, 차이가 있는 두 눈의 2차원 영상 신호가 뇌에서 합쳐져서 입체감과 원근감으로 완성되는 것이다.

두 대의 카메라를 이용해 좌우의 차이가 있는 영상을 각각 붉은색 필터와 푸른색 필터를 이용해 촬영한 소스 이미지(왼쪽). 이 두 이미지를 겹쳐놓고 특수안경으로 관찰하면 영상은 입체적으로 느껴진다(오른쪽).

그러므로 3D영화를 즐기기 위해서는 좌우 차이가 있는 영상을 만들어야 하고, 두 눈이 이 영상을 각각 받아들여야 한다. 차이가 있는 영상 신호의 가장 원시적인 형태가 '애너그리프*' 이미지이다. 두 대의 카메라를 이용해 좌우의 차이가 있는 영상을 각각 붉은색 필터와 푸른색 필터를 이용해 촬영한다. 이 영상을 겹쳐놓고 특수안경으로 관찰하면 영상은 입체적으로 느껴진다. 특수안경은 한 쪽에는 붉은 필터, 다른 쪽에는 푸른 필터가 끼워 있으므로 붉은 필터로는 붉은 영상을 볼 수 없고, 푸른 필터로는 푸른 영상을 볼 수 없다. 두 눈에 각각 다른 영상이 들어오고 뇌에서 합쳐져 검은색의 3차원 영상으로 지각되는 것이다.

애너그리프(anaglyph)

왼쪽 눈에 해당하는 영상은 빨강, 오른쪽 눈에 해당하는 영상은 청록이나 파랑으로 중첩시켜 인쇄하는 입체 이미지의 한 표현 방식.

편광필터로 두 눈에 각기 다른 영상을 보여주는 3D영화

최근의 3D영화는 편광필터를 이용한다. 빛은 전기장과 자기장이 진동을 하면서 전파되는 횡파의 일종인 전자기파이다. 이때 전기장과 자기장의 진동방향은 항상 수직을 이루며 그 크기는 같다. 전기장이 진동하는 방향을 편광방향이라고 한다. 우리 주위의 자연광은 제멋대로의 편광이 어우러져 있는 편광되지 않은 빛이다. 편광필터는 편광되지 않은 빛에서 특정한 방향의 빛을 선택적으로 통과시켜, 한 방향으로 편광된 빛을 만들 수 있다.

편광필터를 이용한 3D영화는 서로 다른 방향의 편광필터를 통과한 두 개의 영상을 화면에 영사한다. 관객 역시 편광필터 안경을 쓰고 영화를 관람해야 입체 영상을 즐길 수 있다. 이때 안경 오른쪽 렌즈와 왼쪽 렌즈에 사용되는 편광필터는 편광방향이 서로 90도 어긋나 있다. 편광필터는 다른 방향으로 편광된 빛은 통과시키지 못하므로 관객은 오른쪽 눈과 왼쪽 눈으로 차이가 있는 영상을 보게 되어 뇌는 영상을 입체적으로 지각하게 된다.

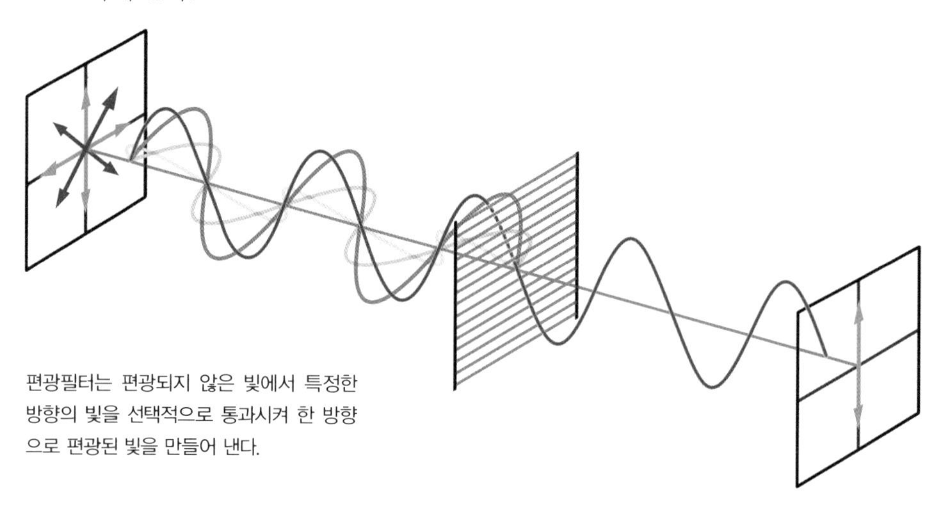

편광필터는 편광되지 않은 빛에서 특정한 방향의 빛을 선택적으로 통과시켜 한 방향으로 편광된 빛을 만들어 낸다.

이러한 방식은 두 대의 영사기가 필요한 반면, 영상이 한 개의 렌즈를 통해 1초에 144번 편광방향이 번갈아 바뀌어 영사되는 Real D 방식은 한 대의 영사기로 입체영상을 구현할 수 있다. 편광안경이 아닌 액정셔터안경으로도 3D영화를 즐길 수 있다. 액정에 일정 전압이 걸리면 불투명해지는 성질을 이용한다. 시점의 차이가 있는 영상을 컴퓨터가 교대로 보여주고 이와 동조해 좌우 안경이 꺼졌다 켜졌다 하여 두 눈이 다른 영상을 보게 하여 입체로 지각할 수 있다.

안경이 필요없는 3D

특수 안경 착용에 따른 불편함은 무안경 방식의 3D 디스플레이 개발의 필요성을 낳았다. 안경이 필요없는 3D 구현 방식에는 렌티큐라나 시차장벽과 같은 광학판을 부착하는 다시점 표시기술, 집적 영상, 체적 영상, 홀로그램 등이 있다. 렌티큐라 시트나 시차장벽 플레이트를 이용하면 왼쪽 눈의 영상은 왼쪽 눈에, 오른쪽 눈의 영상은 오른쪽 눈에 각각 분할하여 표시하여 입체감을 느낄 수 있으나 화면에 수직한 좁은 각도의 영역 안에서 관람해야 한다. 집적 영상방식, 체적 영상, 홀로그램은 사물을 3D로 인식하는데 보다 적합한 방식이지만 높은 기술력을 요구해 아직은 연구 개발 단계에 있다.

• 〈생활을 바꾸는 3차원 디스플레이(하)〉, 김성규, 교육과학기술부, 2010

SECRET ▪ 04

먼지와 오물을 '쏙' 빨이들여 청소하는

진공청소기의 비밀

머리카락이 거실 여기저기에 돌아다니고 먼지가 뭉쳐 덩어리로 나뒹굴고 있는 것을 볼 때 가장 먼저 떠오르는 것은 진공청소기이다. 게다가 거실 소파 밑에 카펫이라도 있어서 카펫 구석구석에 박혀 있는 먼지를 제거해야 한다면 진공청소기의 필요성은 더욱 커질 것이다. 먼지와 오물을 순식간에 빨아들일 뿐만 아니라 빗자루로 해결하기 힘든 자잘한 먼지까지도 말끔히 제거해주는 진공청소기에는 어떤 원리가 숨어 있는 것일까?

고기압에서 저기압으로 기체가 이동하는 원리를 이용

진공청소기는 공기의 압력차를 이용한 기구이다. 공기는 압력차가 생기면 압력이 높은 고기압에서 압력이 낮은 저기압으로 이동하게 된다. 진공청소기는 전기에너지를 이용해서 공기의 압력차를 만들어낸다. 완벽한 진공은 아니지만 불완전한 진공을 만들어내어 주변보다 기압이 낮은 청소기 안으로 공기가 빨려 들어오도록 하는 것이다.

진공이란 어떤 입자도 없이 텅 비어 있는 공간이라고 말할 수 있다. 그러나 우리 주변에서 진공상태를 찾기란 쉽지 않다. 우주공간은 거의 완벽한 진공이라 말할 수 있으나 지구 상에서는 완벽한 진공상태를 흔히 볼 수도, 만들어내기도 어렵다. 주변에서 자주 접하는 '진공포장', '진공건조'에서의 '진공'도 완벽한 빈 공간을 뜻하는 것이 아니라 공기 입자수를 보통의 기압상태보다 현격히 줄였다는 의미일 것이다. 따라서 진공청소기의 진공은 완벽히 텅 빈 공간을 의미하는 것이 아니라 공기 분자의 수가 주위보다 아주 적은 상태의 불완전한 진공을 의미한다.

진공이란 어떤 입자도 없이 텅 비어 있는 공간으로, 우주 공간은 거의 완벽한 진공이라 할 수 있다. 이미지는 영화 〈그래비티〉의 한 장면.

최초의 진공청소기는 마차에 실고 다녀야 할 만큼 거대

진공청소기를 처음 만든 사람은 1901년 영국의 발명가 세실 부스Cecil Booth, 1871~1955이다. 그는 의자에 먼지를 뿌린 뒤 어느 정도의 거리를 두고 손수건을 고정시켜놓은 후 입으로 공기를 빨아들이는 실험을 통해 흡입식 진공청소기를 개발했다. 그러나 세실 부스가 처음 발명한 흡입식 진공청소기는 지금처럼 조그마한 크기가 아니고 마차에 펌프를 장치한 거대한 기계였다.

진공청소기의 크기를 현재 가정에서 사용하는 크기 정도로 줄인 사람은 미국인 제임스 스팽글러James Spangler, 1848~1915이다. 늘 기침에 시달리던 그는 1907년 먼지를 빨아들이는 휴대용 진공청소기를 발명했으나 그것을 상용화시키지는 못했다. 스팽글러가 발명한 진공청소기를 상용화시킨 것은 그에게 진공청소기의 특허권을 사들인 친척 윌리엄 후버William Hoover, 1849~1932였다. 1908년부터 윌리엄 후버에 의해 세계 곳곳으로 퍼져나간 진공청소기는 발전을 거듭해 오늘날과 같은 기능과 형태를 갖추게 되었다. 우리나라에는 1960년에 처음으로 진공청소기의 국산화가 이루

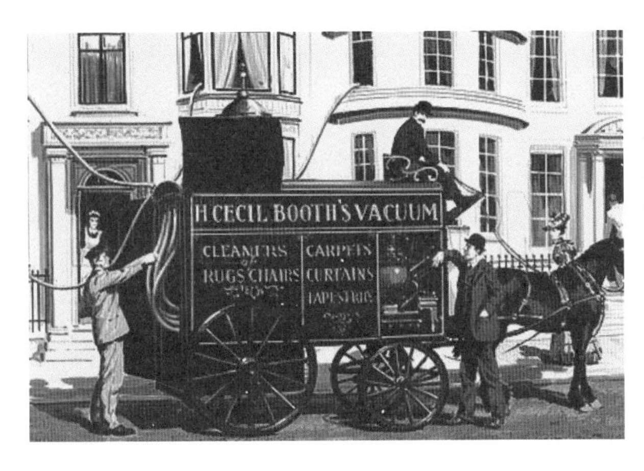

세실 부스가 만든 최초의 진공청소기는 크기가 엄청났다. 부피가 큰 모터와 펌프로 된 진공청소기를 실은 마차는 밖에 두고 244m에 이르는 호스를 집안으로 가져와 청소하는 방식이었다.

어졌다.

이때까지 널리 상용화된 진공청소기는 공기를 먼지와 함께 빨아들여 먼지봉투에 먼지만을 모으는, 이른바 먼지봉투가 있는 진공청소기였다. 이러한 먼지봉투 진공청소기는 형태에 따라 캐니스터형(canister type), 업라이트형(upright type), 드럼형(drum type), 핸디형(hand type) 등 네 가지로 나눌 수 있는데 현재 가정에서 가장 흔하게 쓰이는 진공청소기는 캐니스터형이다.

진공청소기의 진화, '다이슨 청소기'와 '로봇 청소기'

그 후 1979년 영국의 제임스 다이슨James Dyson은 지금까지와는 전혀 다른 새로운 원리의 진공청소기를 발명했다. 1990년대 초에 상용화를 시작한 이 새로운 청소기는 원심력을 이용한 먼지봉투 없는 진공청소기이다. 원심분리기식 집진장치를 이용해 원통 바깥쪽으로 먼지를 모으는 형식인데, 탈수기에서 물이 빠지는 것처럼 원통 안의 더러운 먼지를 빠르게 회전시켜 원통벽 쪽으로 먼지가 몰리게 하는 것이다.

제임스 다이슨

보통의 먼지봉투 진공청소기는 사용할수록 봉투에 먼지가 많이 차게 되어 구멍이 막히게 된다. 구멍이 막히면 공기가 쉽게 통과하지 못하므로 흡입구의 빨아들이는 힘도 약해지기 마련이다. 하지만 원심분리기식 집진장치 진공청소기는 구멍이 막힐 일이 없으므로 흡입력이 떨어지지 않는 것이 장점이다. 2000년대에 들어서는 로봇청소기가 출시되어 진공청소기의 새로운 바람을 일으키고 있다.

진공청소기의 구조와 먼지를 빨아들이는 원리

우리 주변에서 흔히 볼 수 있는 먼지봉투가 있는 진공청소기의 구조는 아래 그림에서처럼 일반적으로 세 부분으로 구성된다. 진공청소기의 내부는 오물과 먼지가 포함된 일반 공기가 들어오는 호스 부분, 오물과 먼지를 걸러내 주고 깨끗한 바람만 통과시키는 필터 부분, 모터의 회전에 의해 약한 수준의 진공상태를 만들어내는 송풍장치 부분으로 나눌 수 있다.

모터가 연결된 송풍장치는 강한 회전을 통해 청소기 내부를 외부의 보통 기압보다 낮은 기압상태(진공상태)로 만든다. 모터가 1분에 만 번 이

■ 먼지봉투가 있는 진공청소기의 구조

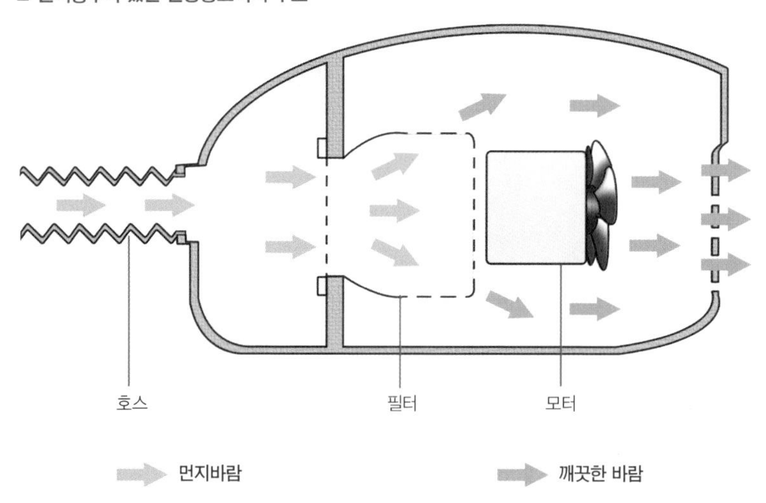

상 강력하게 회전하면 환풍기처럼 청소기 내부의 공기를 청소기 외부로 뽑아내게 된다. 그러면 청소기 내부의 기압이 외부에 비해 현격히 낮아지게 되므로 고기압에서 저기압으로 이동하는 기체의 이동 원리에 의해 고기압 상태인 청소기 외부공기가 저기압 상태인 청소기 내부로 빨려 들어오게 되는 것이다. 호스를 통해 청소기 내부로 외부공기가 빨려 들어올 때 먼지와 티끌 등도 함께 섞여 들어오게 된다.

호스를 따라 들어온 먼지와 티끌 등 오물이 섞인 외부공기는 먼지봉투에 모이게 된다. 먼지봉투의 미세한 구멍을 통해 공기는 빠져나가게 되고 먼지와 티끌은 봉투에 남게 된다. 먼지봉투를 빠져나온 공기는 아직도 남아 있는 미세한 먼지를 걸러내주는 필터시스템을 거치게 된다. 미세한 먼지까지 모두 걸러낸 깨끗한 공기만 청소기 뒤로 빠져나가게 되는 것이다.

필터시스템이 좋지 못한 진공청소기는 흡입되는 먼지만 본다면 청소를 깨끗이 하고 있는 것처럼 보이지만, 흡입한 공기 중에 들어있던 크기가 작은 미세먼지는 걸러내지 못하고 다시 배출하여 오히려 집안 공기를 더럽히는 결과를 낳기도 한다. 그러므로 건강과 환경을 위해서는 필터시스템이 좋은 진공청소기를 사용해야 한다. 특히 집먼지 진드기에 의한 천식이나 알레르기 환자가 있는 가정과 젖먹이 아기가 있는 가정에서는 0.0001mm 크기의 작은 입자까지도 걸러내는 필터시스템의 진공청소기를 선택하는 것이 좋다.

미세한 먼지까지 걸러내는 필터는 오래 사용하면 필터 사이에 먼지가 끼어서 청소기의 흡입력을 떨어뜨리게 할 수도 있다. 또한 먼지봉투가 가득 차도 봉투에 나있는 미세한 구멍이 막혀서 공기가 쉽게 통과하지 못하므로 청소기의 빨아들이는 힘이 약해지게 된다. 그러므로 강력한 흡입력을 유지하기 위해서는 필터를 자주 청소해주어야 하고 먼지봉투도 제때 교환해주어야 한다.

진공청소기는 1분에 만 번 이상의 강력한 모터 회전에 의해 열이 발생한다. 하지만 흡입된 공기가 먼지봉투와 필터를 거쳐 진공청소기 뒤로 배출되기 때문에 청소기 내부의 과열을 방지할 수 있다.

흡입력과 소비되는 전력은 비례

진공청소기의 성능은 흡입력의 정도와 필터의 조밀도에 달려 있다. 먼지를 빨아들이는 흡입력이 좋으면 좋을수록, 필터가 걸러낼 수 있는 먼지의 크기가 작으면 작을수록 성능이 우수한 진공청소기라고 할 수 있다. 그러나 필터가 조밀하면 할수록 미세한 먼지를 잘 걸러내지만 공기가 빠져나가는 것도 힘들어져서 진공청소기의 흡입력도 함께 감소하게 된다. 그리고 진공청소기의 흡입력을 높이기 위해 모터의 회전을 늘리면 흡입력은 높일 수 있겠지만 전력 소모는 커지게 된다. 그러므로 적정한 전력 소모 수준을 유지하면서 흡입력을 크게 떨어뜨리지 않고, 될 수 있으면 미세한 먼지를 걸러내 줄 수 있는 진공청소기라야 성능이 우수한 진공청소기라 할 수 있다.

도움 받은 자료

- 〈과학동아〉, '진공청소기 발명 1백년', 동아사이언스, 2001년 10월 호
- 《첨단기기들은 어떻게 작동되는가?》, 사이언티픽아메리카, 서울문화사, 2001

SECRET▪05

감긴 태엽이 풀리며 멜로디를 연주하는
오르골의 비밀

감긴 태엽이 풀리면서 아련하고 예쁜 소리를 내는 '마법의 뮤직박스'. 오르골은 영화에서 예쁜 여자 주인공들이 소중히 여기는 물건이어서 더욱 동경의 대상이 되는 듯하다. 어느 순간부터 우리의 거실을 장악해버린 커다란 텔레비전에서는 광폭한 세상을 반영하듯이 뉴스건 드라마건 헐뜯고 파괴하는 소식과 이야기만 무성하다. 만일 여러분의 거실에 폭력적인 텔레비전 소리 대신 은은한 오르골 소리가 들린다면? 상상만 해도 안온해지지 않는가? 이렇게 거실의 분위기를 평화롭게 바꿔줄 오르골은 과연 어떤 원리로 그렇듯 아름다운 소리를 내는 것일까?

중세 교회 시계탑의 자동연주기가 오르골의 시초

오르골은 음악이 자동으로 연주되는 기구이기는 하지만 악기보다는 음악 완구로 분류되는 편이다. 오르골은 영어식 발음이 아니라 일본어에서 유래된 명칭이다. 손으로 돌려 소리를 내는 오르겔(orgel)이 네덜란드에서 일본으로 전해지면서 일본식 발음으로 굳어진 것이지만 영어로는 'music box'라고 부르며, 한자어로는 '저절로 소리가 나는 악기'라는 의미에서 자명악(自鳴樂) 또는 자명금(自鳴琴)이라고 한다.

스위스 핸드메이드 오르골 제작사 REUGE에서 제작한 명품 오르골

오르골은 시간을 자동으로 알려주는 중세 교회의 시계탑에서 유래했다. 수동으로 종을 쳐서 시간을 알려주던 종소리를 자동으로 연주하게 만들려는 노력은 1381년에 브뤼셀의 니콜라스 시계탑을 낳는다. 이 시계탑은 처음으로 실린더식 오르골을 이용한 것이었다. 이와 같은 시계탑의 자동연주기를 '카리용'이라 불렀다. 카리용을 소형화시키려는 노력의 결실이 태엽장치의 고안으로 급진전을 이루어, 18세기말 스위스 제네바의 시계장인 앙투안 파브르Antoine Favre, 1734~1820에 의해 최초의 오르골이 탄생하게 되었다. 이 최초의 오르골은 길이를 다르게 해서 음계의 음을 낼 수 있는 금속편이 회전하는 원통의 돌기에 튕겨지면서 소리가 났다.

한때 유럽뿐 아니라 중국에까지 널리 유행을 하여 스위스의 기간산업으로까지 발전하였던 오르골은, 에디슨의 축음기 발명과 1차 세계대전, 경제대공항 등으로 소멸의 위기를 맞기도 했다. 그 후 2차 세계대전 당시 유럽에 주둔한 미군들 사이에서 선풍적인 인기를 얻으면서 다시 일어서기 시작했다. 그리고 1950년대부터는 일본에서 소형 오르골의 대량 생산이 시작되면서 스위스 중심의 오르골 산업이 일본으로 넘어가게 되었

다. 현재는 오르골의 매력을 잊지 않고 찾는 마니아들에 의해 그 명맥이 유지되고 있다.

금속편을 튕겨주는 방식에 따라 달라지는 오르골의 종류

오르골의 종류는 길이가 다른 금속편을 튕겨주는 방식에 따라 실린더식, 디스크식, 천공리더식 등이 있다.

오르골이 스위스에서 처음으로 만들어졌을 때에는 향수통이나 펜던트에 내장된 간단한 장치였다. 이때는 핀을 붙인 원통(실린더)이 돌면서 길이가 다른 금속편을 튕기며 멜로디를 연주하게 되는 실린더식 오르골이었다. 그 후 1820년대에 상자모양으로 현재의 오르골 형식을 갖추었다가, 1880년대에 독일에서 원반모양의 금속판이 돌면서 소리를 내는 디스크식 오르골이 발명되었다. 디스크식 오르골은 한 대의 기계만 있으면 디스크를 교환하면서 여러 가지 멜로디를 들을 수 있는 장점 때문에 급속하게 번져나갔다. 그 후 악보에 그려진 음표에 구멍을 뚫어 상자에 넣으면 그 구멍을 읽어서 소리를 내는 천공리더식 등 다양한 오르골이 개발되었다.

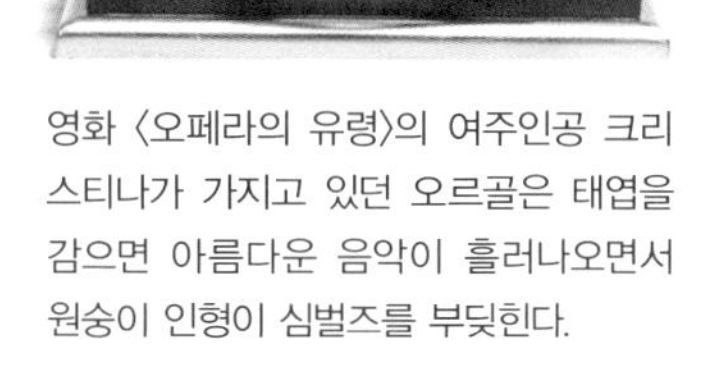

영화 〈오페라의 유령〉의 여주인공 크리스티나가 가지고 있던 오르골은 태엽을 감으면 아름다운 음악이 흘러나오면서 원숭이 인형이 심벌즈를 부딪힌다.

향수를 자극하는 아련한 멜로디 비밀

스위스에서 처음으로 고안되었고 지금도 가장 많이 사용되고 있는 실린더식 오르골은 아래 그림처럼 길이가 다른 금속편이 머리빗 모양으로 나란히 붙어 있다. 이 금속편을 하나씩 튕겨주면 길이가 다르기 때문에 다른 음계의 소리를 내게 된다. 머리빗 모양의 금속편과 좁은 간격을 두고 바짝 붙어 있는 실린더(원통)는 길이가 다른 금속편을 튕겨주는 역할을 한다. 실린더에 붙어 있는 조그맣게 튀어나와 있는 돌기가 실린더가 회전할 때마다 금속편을 건드리게 된다. 돌기는 연주하고 싶은 멜로디에 맞게 실린더가 돌아가는 시간을 고려해 음계의 위치에 붙여서 제작된다. 태엽을 감아 실린더가 회전하면, 돌기가 건드리는 음계를 정확하게 연주하면서 꿈을 꾸는 것 같은 아득한 소리를 내는 것이다.

실린더가 회전하는 방식에 따라 수동과 자동으로 나눌 수 있으나, 회전을 통해 연주되는 원리는 같다. 실린더식 오르골은 멜로디를 바꾸지

■ 실린더식 오르골의 구조

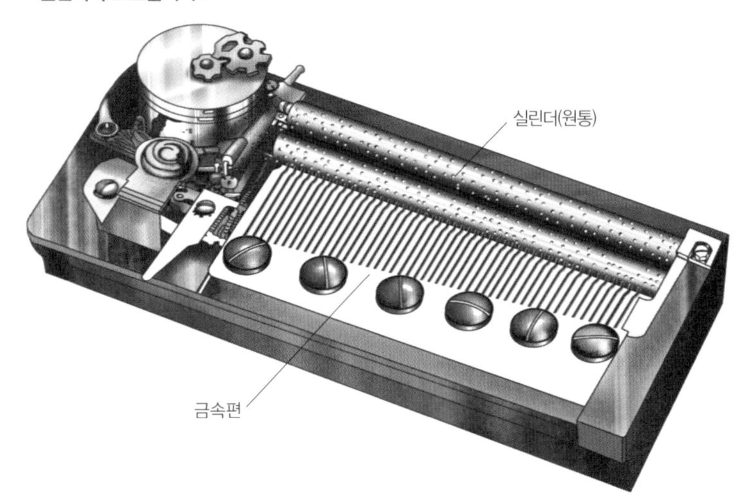

못하고 처음 만들어질 때부터 고정되어 있다는 점과, 짧은 멜로디가 반복될 수밖에 없다는 단점이 있다.

멜로디가 고정되어 있는 실린더 오르골의 한계를 극복한 디스크식 오르골의 구조는 아래 그림과 같다. ①번 그림처럼 디스크식 오르골에도 실린더식 오르골에서 보았던 것 같은 길이가 다른 금속편이 보인다. 길이가 다른 금속편을 튕겨주면 저마다 다른 음계의 소리를 낸다. 이 금속편은 ②번 그림처럼 구멍이 뚫린 원판형 디스크와 디스크 위에 스프링 모양을 하고 있는 금속핀이 튕겨 준다. 금속 원판(디스크)에 뚫려 있는 구멍의 위치는 내고 싶은 멜로디의 음계와 딱 맞는 위치이다. 원판이 돌아가면서 구멍에 맞는 음계를 디스크 위의 스프링 모양의 금속핀과 ①번 그림에서와 같이 막대모양 롤이 길이가 다른 금속편 끝을 건드리면서 소리가 나게 된다. 디스크식 오르골은 금속 원판을 바꾸어 가며 다른 멜로디를 연주할 수 있다는 장점이 있다.

천공리더식 오르골은 다른 오르골과는 조금 다른점이 있다. 디스크식

■ **디스크식 오르골의 구조**

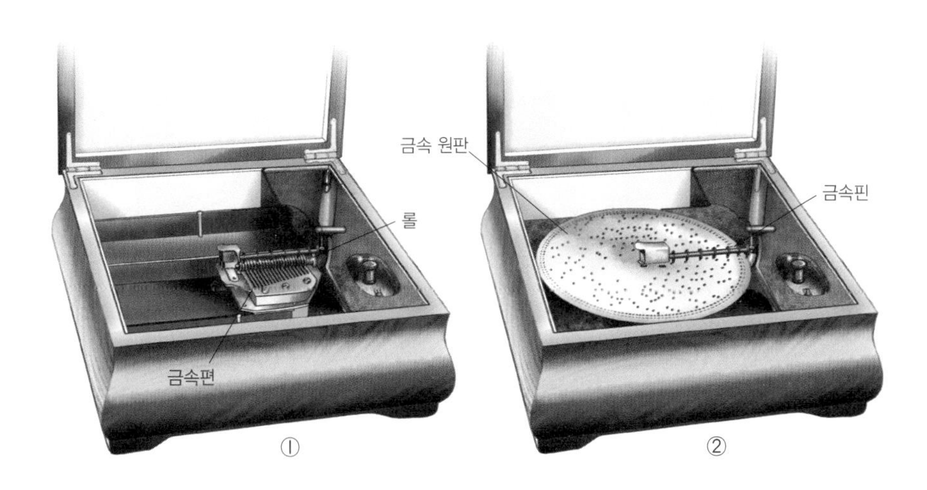

■ 천공리더식 오르골의 작동 모습

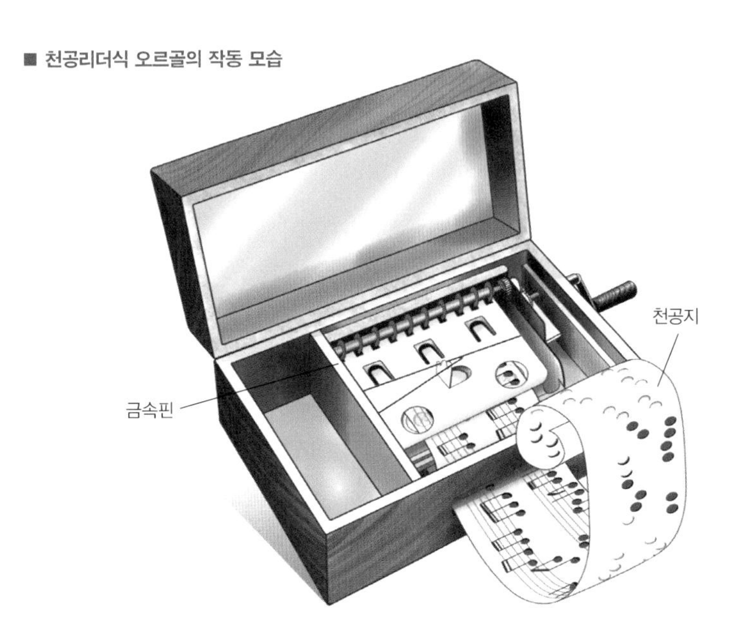

오르골 그림에서 보았던 머리빗 모양의 길이가 다른 금속편은 장치 안으로 들어가 있어 보이지 않지만, 스프링 모양의 금속핀은 위에 나와 있다. 구멍이 뚫린 천공용지를 오르골 상자에 넣으면 뚫린 구멍에 맞는 음계의 금속편을 스프링 모양의 금속핀이 튕기면서 소리를 내는데, 이 원리는 디스크식 오르골과 같다. 천공리더식 오르골의 장점은 천공용지를 바꿔가면서 다양한 멜로디를 들을 수 있고, 자신이 원하는 악보를 만들어 멜로디를 연주할 수 있다는 데 있다.

오르골의 소리는, CD나 디지털 음원을 통해 재생되는 인공의 소리와는 느낌이 전혀 다르다. 그 자리에서 생생하게 만들어졌다가 사라지는 '생음악'의 자연스러움이 전자음이나 인공음에 지친 현대인의 귀를 달래준다. 복잡한 일상에 시달리고 힘들 때 오르골과 함께 편안하고 느긋한 시간으로 빠져보는 것은 어떨까?

SECRET▪06

가슴까지 울리는 진동이 만들어내는 소리

스피커의 비밀

홈시어터 기기가 대중화 되면서 거실 사방에 성능 좋고 늘씬한 스피커들이 놓여 있는 집들이 많다. 바야흐로 영화관과 콘서트홀을 거실로 옮겨 놓는 것이 어렵지 않은 시절이다. 보는 것 못지않게 듣는 것에 감동하고 열광하는 행위는 어쩌면 인간의 본능에서 비롯한 것인지도 모르겠다. 소음 가득한 복잡한 거리를 걷다가 문득 거실 소파에 앉아 한가로이 차를 마시며 스피커에서 흘러나오는 헨델의 아리아에 취한 당신의 모습을 상상해 본다면, 입가에 절로 미소가 생길 것이다. 도대체 스피커에는 어떤 마력이 있기에 이처럼 당신을 미소 짓게 하는 것일까?

전기신호를 소리로 바꾸는 스피커

지금까지 많은 과학자들이 소리를 녹음하고 재생하려는 노력을 기울였다. 그러나 에디슨Thomas Alva Edison, 1847~1931이 축음기를 발명하기 전까지는 그다지 실용적인 성과가 없었다. 에디슨이 발명한 축음기는 구리로 만든 원통에 얇은 주석을 씌웠고, 소리의 진동이 바늘을 통해 주석에 기록되었다. 이렇게 기록된 소리는 바늘에 의해 재생되고 확성기를 통해 커지는 것이었다. 그 이후 녹음과 재생 기술은 많은 발전을 거듭했다.

스피커도 축음기처럼 소리를 재생하는 기기이다. 소리를 재생하려면 스피커에서 전기신호가 소리로 전환되어야 한다. 즉, 스피커에서 '진동'이 일어나야 하는 것이다.

구리로 만든 원통에 얇은 주석을 씌운 토마스 에디슨의 축음기.

코일에 붙은 진동판을 진동시켜 소리를 내는 스피커

북을 치면 소리가 난다. 북을 세게 칠수록 북의 가죽이 크게 진동하고, 주변에 있는 공기의 진동도 커져 소리의 세기가 커진다. 즉, 북의 가죽에서 진동이 일어나 소리를 낸 것이다. 그리고 북의 진동수가 많으면 높은 소리가 나고, 진동수가 적으면 낮은 소리가 난다. 스피커도 이와 마찬가지로 진동을 통해서 소리를 낸다.

도선 주위에 나침반을 놓고 전류를 흘러주면 나침반 바늘이 움직인다.

■ 스피커에서 소리가 나기까지의 과정

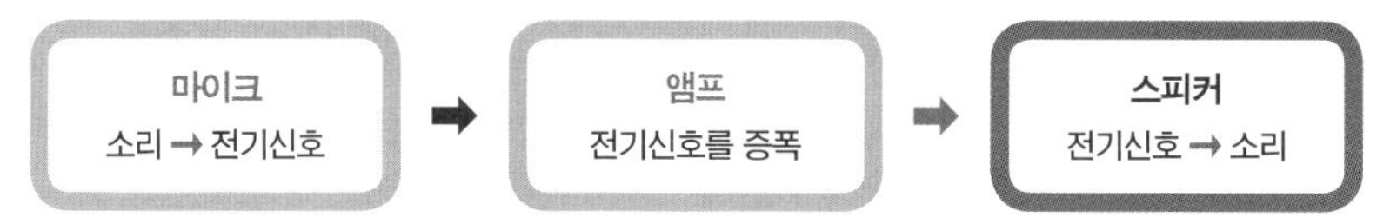

이는 도선에 전류가 흐를 때 그 주변에 자기장이 생긴다는 것을 의미한다. 이 성질을 이용하여 전자석을 만들 수 있다. 쇠못에 에나멜(enamel)선을 감고 전류를 흘러주면 쇠못은 자석이 된다. 자석이 된 쇠못을 영구자석*에 가까이 가져가면 밀어내거나 당기는 힘이 작용한다. 이러한 원리로 스피커를 만들 수 있다.

영구자석
한번 갖게된 자력을 오래 보존하는 자석으로 외부에서 전기에너지를 공급받지 않아도 자력을 유지한다.

진동판의 진동수와 진폭에 따라 달라지는 소리

스피커에는 진동을 하는 진동판이 있다. 이 진동판에 에나멜선을 감은 것처럼 코일을 감는다. 이 코일을 보이스 코일(voice coil)이라고 한다. 보이스 코일을 영구자석 가까이 놓고, 코일에 소리 정보를 가진 전류를 보내면 플레밍의 왼손 법칙*에 따라 코일이 힘을 받아 움직인다.

플레밍의 왼손 법칙
자기장의 방향과 도선에 흐르는 전류의 방향이 힘의 방향을 결정하는 법칙이다. 왼손의 엄지손가락은 위로, 집게손가락은 앞으로, 그리고 가운뎃손가락은 옆으로 펼쳐 서로 직각이 되도록 하자. 이때, 엄지손가락은 힘의 방향, 집게손가락은 영구자석에서 나오는 자기장의 방향, 가운뎃손가락은 보이스 코일에 흐르는 전류의 방향이 된다.

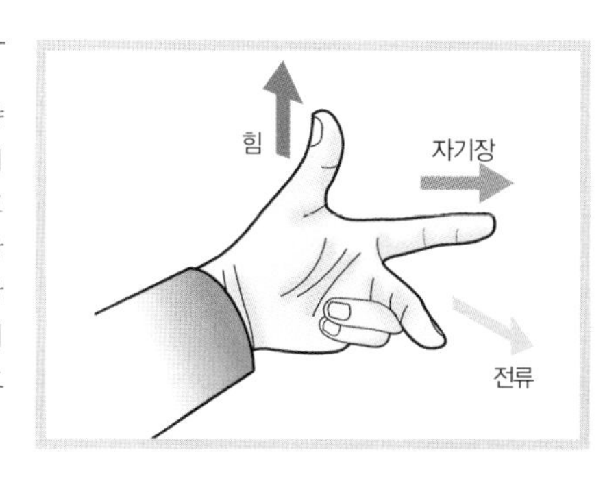

■ 다이내믹 스피커의 구조

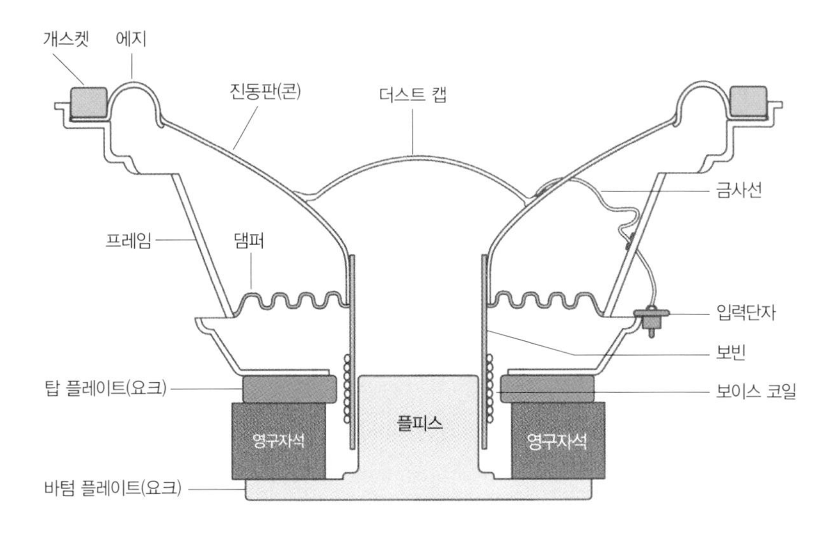

코일에 붙어있는 진동판이 진동을 하면 공기가 진동하여 소리가 나게 된다. 이것이 스피커에서 소리가 나는 기본 원리이다. 진동판을 진동시키는 방식에는 여러 가지가 있다. 구동 방식에 따라 다이내믹 스피커, 정전형 스피커, 압전 스피커, 이온형 스피커, 진동면이 얇은 박막형 스피커 등이 있다. 그 중에서 널리 사용되고 있는 다이내믹 스피커의 작동원리를 알아보자.

위의 〈다이내믹 스피커의 구조〉 그림을 살펴보면 원형의 영구자석이 탑 플레이트(top plate), 폴 피스(pole piece), 바텀 플레이트(bottom plate), 영구자석 아랫면으로 이동하는 자기장을 형성한다. 스피커에는 도선을 코일 모양으로 감은 보이스 코일이 있는데, 이 보이스 코일을 폴 피스와 탑 플레이트 사이에 놓고 코일에 소리 정보를 지닌 전기를 보내면 플레밍의 왼손 법칙에 따라 움직이게 된다. 보이스 코일에 교류를 보내면, 보이스 코일에 흐르는 전류의 방향이 정반대로 바뀔 때마다 힘의 방향도 정반대로 바뀌면서 상하로 움직이는 것이다. 그 결과 보이스 코일에 붙어있는 스피커의 진동판이 왕복운동을 하게 되고, 소리가 스피커로부터 재생된다. 이때, 진동판이 빠르게(진동수가 많이) 진동하면 높은 음이, 진동판이 느리게(진동수 적게) 진동하면 낮은 음이 재생이 된다. 또한, 진동판의 진폭이 크면 강한 소리가, 진폭이 작으면 약한 소리가 재생된다. 오디오 기기에 연결하여 사용하는 이어폰도 다이내믹 스피커와 같은 원리로 소리가 재생된다.

그렇다면 가동 코일형 다이내믹 스피커를 구성하는 각 부품은 소리를 내기 위해 어떤 역할을 할까? 진동판(콘)은 소리를 재생하는 역할을 한다. 진동판에 붙어있는 보이스 코일이 진동하면 공기를 진동시킨다. 진동판의 재료는 종이, 펄프, 활석, 운모, 폴리프로필렌, 흑연, 유리섬유, 탄소, 알루미늄 등을 사용한다. 이 중에서 종이를 사용한 진동판을 '콘지(cone)'라고 부른다. 콘지는 원추형 모양에서 유래된 개념이다. 보이스 코일은 보빈에 감긴 코일이다. 보이스 코일은 진동판을 진동시키는 역할을 한다.

진동판이 진동하려면 두 개의 자기장이 있어야 한다. 하나는 보빈 주변에 있는 영구자석이고, 다른 하나는 보이스 코일에서 흐르는 전류에 의하여 만들어지는 자석이다. 보이스 코일에 전류가 흐르면 플레밍의 왼손 법칙에 따라 코일에 연결된 진동판이 진동하게 된다. 에지(edge)는 진동판의 바깥쪽 부분을 올바른 위치에 지지시키는 장치로써 진동판의 상하운동을 원활하게 하는 역할을 한다. 댐퍼(damper)는 에지처럼 보이스 코일을 올바른 위치에 지지시키는 장치로서 보이스 코일 및 진동판의 상하운동을 돕는다. 그리고 영구자석은 플레밍의 왼손 법칙에 따라 보이스 코일을 상하로 진동하게 한다.

인공지능을 품은 스피커의 놀라운 진화

소리를 기기 밖으로 내보내왔던 스피커가 사람의 음성을 듣고 반응하는 시대가 왔다. 이른바 인공지능(AI) 스피커다. 스피커 내부의 UI 플랫폼을 이용해 사람의 음성을 알아듣고 음악을 재생하거나 통신망에 연결된 가전기기를 제어하기도 한다. User Interface의 약자인 UI는 사용자가 전자기기를 편리하게 사용할 수 있는 환경을 제공하는 설계를 총칭한다. 이를테면 사용자와 전자기기가 소통할 수 있도록 도와주는 중개 역할을 한다. AI 스피커의 UI는 '음성'을 감지한다. 스피커가 인공지능 알고리즘을 이용해 음성을 인식하는 플랫폼으로 진화해 냉장고와 세탁기, 에어컨 등 집 안에 있는 각종 가전제품을 제어하거나 관리한다. 이른바 '스마트홈' 시스템을 완성하는 것이다. AI 스피커는 사물인터넷(Internet of Thing) 기술을 통해 사람 대신 각종 전자기기와 소통한다. 사물인터넷은 인터넷을 기반으로 기기(사물)를 연결하여 사람과 기기, 기기와 기기가 서로 소통하는 지능형 통신 서비스를 말한다.

구글에서 출시한
인공지능 스마트홈 스피커

- 《스피커공학》, 오세진, 석학당, 2006

SECRET▪07

축축한 공기를 보송보송하게 만드는 제습기의 비밀

우리나라의 여름은 수은주가 높아 덥고 습해 많은 사람들을 힘들게 한다. 습도가 높으면 사람이 느끼는 불쾌지수가 높아지고 건강에도 좋지 않다. 실내의 습도가 높으면 곰팡이가 피기 쉽고, 좀이나 벼룩, 바퀴벌레 등의 유해한 벌레들도 활개를 친다. 특히, 가족들이 많은 시간을 보내는 거실과 같은 공간은 습도조절에 각별히 신경써야 한다.

불쾌지수는 상대습도로 가늠

습도에는 절대습도와 상대습도가 있는데, 불쾌지수를 따질 때의 습도는 상대습도(RH: Relative Humidity)를 말한다. 절대습도는 말 그대로 공기 중에 포함된 절대적인 수증기의 양을 말하고, 상대습도란 상대적인 습도, 즉, 현재 온도의 포화수증기량(공기가 최대한 품을 수 있는 수증기의 양)에

습도계

대한 대기 중의 수증기량을 말한다. 일기예보에서 말하는 습도는 상대습도이다.

쾌적한 실내를 위해서는 상대습도를 40~60%로 유지하는 것이 좋다. 포화수증기량이 많아지거나 대기 중 수증기량이 적어질수록 상대습도는 낮아진다. 포화수증기량은 온도에 따라 높아지게 마련이므로, 공기를 가열하면 포화수증기량을 늘일 수 있고, 이에 따라 상대습도를 줄일 수 있다. 또한 공기 중의 습기를 직접 제거해도 상대습도를 낮출 수 있다. 제습기는 이러한 방식으로 상대습도를 조절하여 공기를 쾌적하게 한다.

습기 제거 방식의 두 축, 건조식과 냉각식

공기 외에도 각종 기체 속에 포함되어 있는 습기를 제거하여 건조하게 만드는 과정을 모두 제습이라 할 수 있지만, 일반적으로 제습기라 하면 이렇게 공기 중의 수분을 제거하기 위해 사용하는 기계를 가리킨다. 예전에는 공장에서나 제습기를 썼지만 요즘은 가정에서도 습도를 조절하기 위해 제습기를 많이 사용한다. 제습기는 공기 중의 습기를 직접 제거함으로써 상대습도를 낮춘다.

공기 중의 습기를 제거하는 방식에는 냉각식과 건조식이 있다. 건조식은 화학물질인 흡습제를 이용하는 방식인데, 가정에서 사용하는 제습제품과 같이 공기 중의 습기를 직접 흡수하거나 흡착시킨다. 흡습제가 습기를 더 이상 흡수하지 못하면 흡습제를 다시 가열해서 이때 분리되는 습기를 제습기 바깥으로 내보내면 흡습제를 다시 사용할 수 있다. 이러한 방식은 밀폐된 공간에서 소량의 수분을 제거하는 데 유용하다. 흡습제에는 수분을 흡착하는 능력이 뛰어난 다공성 물질인 실리카겔(silica gel)*, 알루미나겔(alumina gel), 몰레큘러시브(molecular sieves), 염화칼슘(calcium chloride) 등이 있다. 흔히 옷장, 신발장 등에 넣어 습기를 제거하는 제품에 들어 있는 염화칼슘은 흡수한 물에 녹아들어갈 정도로 수분을 좋아해서 다 사용한 습기제거제 통에 물만 가득 차 있게 된다.

실리카겔(silica gel)
규소와 산소가 주 성분인 다공성 물질. 흡습효과가 좋아 주로 포장용 흡습제로 사용된다.

이슬점
공기가 포화되어 수증기가 응결될 때의 온도. 공기의 온도가 이슬점에 도달할 때 공기 안의 수증기가 액체인 물로 응결된다.

냉각식 제습기는 공기 중의 수증기를 물로 응축시켜 습기를 조절한다. 수증기를 응축시키기 위해서는 이슬점* 이하로 공기의 온도를 내려야

■ 냉각식 제습기의 내부와 제습과정

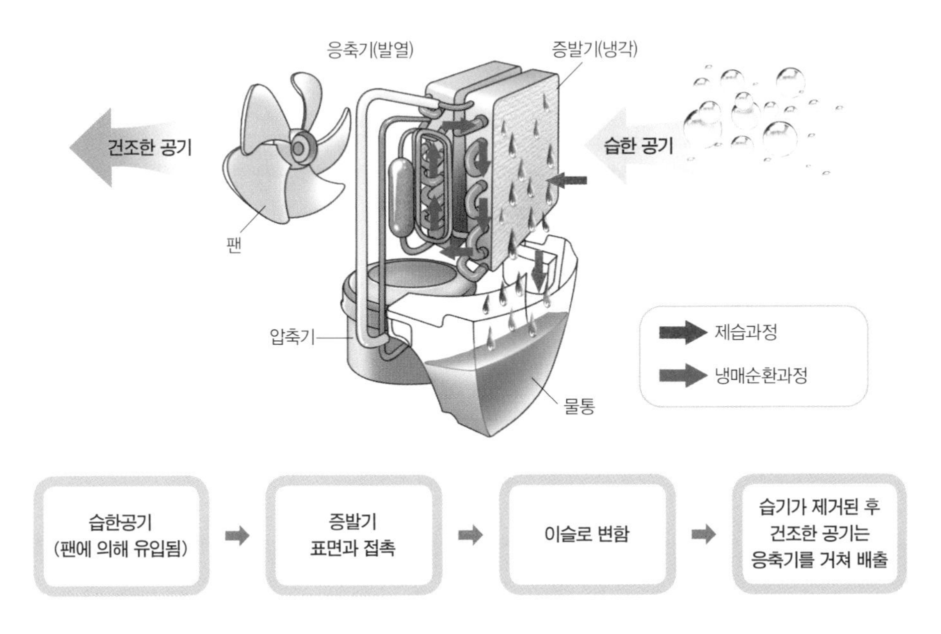

한다. 때문에 냉각식 제습기는 냉각을 위해 에어컨과 같이 냉매를 이용한다. 프레온 냉매는 여러 종류가 있는데, 제습기에는 R-22가 사용된다. 습한 공기를 팬으로 빨아들인 뒤 냉매를 이용한 냉각장치(증발기)로 통과시킨다. 냉각장치를 통과하면 공기의 온도가 낮아지고, 공기가 이슬점에 도달해 수증기가 물로 변해 냉각관에 맺혀 물통에 떨어져 모인다. 찬물을 담은 컵의 표면에 물방울이 맺히는 것과 같은 원리인 셈이다. 습기가 제거된 건조한 공기는 응축기를 거쳐 다시 데워진 후에 실내로 방출된다. 상대습도가 높을수록 공기 중의 수증기가 물로 변하기 쉬워 제습에 효과적이다.

에어컨 vs 제습기의 제습 효과

이러한 제습기의 원리는 에어컨과 비슷하다(16쪽 '에어컨의 비밀' 참조). 다만, 에어컨에는 응축기가 실외기의 형태로 외부에 분리되어 있는데, 제습기는 응축기가 본체에 같이 붙어 있는 점이 다르다. 에어컨은 증발기를 통과해 차가워진 공기를 그대로 방 안으로 배출하는데 역시 이때 습기가 제거된다. 응축된 물은 관을 통해 외부의 실외기에서 배출된다. 반면에 제습기는 증발기를 통과해 냉각된 공기가 응축기를 통과한 다음 건조되고 약간 온도가 올라간 상태로 실내로 배출된다. 제습기와 에어컨이 비슷한 원리로 작동하기 때문에 에어컨을 제습기 대용으로 사용할 수 있다.

에어컨은 작동 시 기본적으로 제습의 기능을 수행한다. 그러나 요즘의 에어컨을 보면 '제습운전'이라는 기능을 따로 가지고 있는 경우가 많다.

에어컨의 냉방운전과 제습운전은 냉각 사이클 상의 기본적인 원리는 같다. 다만 제습운전을 할 때는 실외기의 작동시간을 조절하여 실내의 공기가 너무 차가워지는 것을 막는다. 실내 온도에 따라 실외기가 작동할 때는 실내로 차가운 바람이 나오게 하고 실외기가 작동하지 않을 때는 실내로 선풍기 바람과 같은 바람만 나오게 하여 전체적으로 차가운 공기가 배출되는 시간을 줄이는 것이다.

제습기는 에어컨에 비해 전력을 적게 쓰기 때문에 유지비가 절약되는 장점이 있다. 10평형 정도를 비교할 때 에어컨의 소비전력이 1600~1800W정도라면, 제습기는 200~600W정도이다. 최근의 제습기는 필터를 이용한 공기정화기능, 물통이 꽉 차면 자동으로 운전을 정지하는 만수정지기능, 습기를 제거한 바람으로 의류 및 신발을 건조하는 기능까지 갖추는 등 다양하게 변모하고 있다.

제습기의 용량은 국내 KS표준환경기준에 의거하여 온도 27℃, 상대

에어컨의 냉방운전과 제습운전은 냉각 사이클 상의 기본적인 원리는 같지만, 제습운전을 할 때는 실외기의 작동시간을 조절하여 실내의 공기가 너무 차가워지는 것을 막는다.

습도 60%의 실내조건에서 24시간 연속 가동할 때 제거되는 습기(응축수)의 양으로 나타낸다. 가정용으로 사용되는 제습기의 용량은 보통 6~10리터이다.

정밀기기를 보관하는데 유용한 전자식 제습

이러한 유형의 제습 외에 전자식으로 제습을 하는 기기들도 찾아볼 수 있다. 전자식 제습은 펠티에 효과(Peltier effect)를 이용한 열전냉각 방식으로 작동한다. 프랑스의 물리학자 장 펠티에Jean Peltier, 1785~1845가 1843년에 발견한 펠티에 효과는, 다른 두 금속의 양 단면을 서로 연결하고 전기를 통하게 하면 그 양 단면에서 발열과 냉각이 동시에 일어나는 현상이다. 전자제습기는 이 효과를 적용한 열전반도체 소자를 사용하며, 냉각되는 금속판 쪽에서 공기 중의 수증기가 응축되어 밖으로 배출된다. 이러한 전자식제습기는 소음이 없고 소형화가 가능해 카메라나 보청기와 같은 정밀기기를 보관하는 제습함에 이용된다.

■ 펠티에 효과

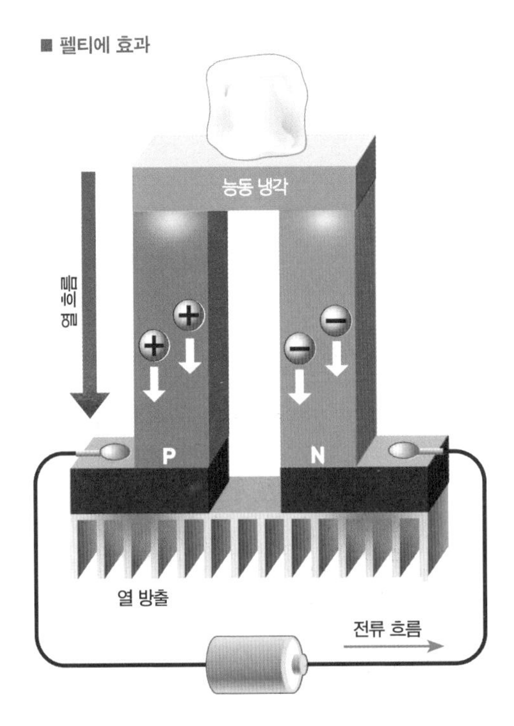

SECRET•08

도둑의 침입과 물건의 분실을 막는 잠금장치

자물쇠의 비밀

먼지가 뽀얗게 쌓인 어린 시절의 추억을 들춰내다 보면, 보물함처럼 작은 자물쇠를 채워두었던 그 시절의 일기장이 떠오른다. 그런데 가끔 어처구니없게도 남에게 감추려던 비밀이 나에게조차 비밀로 남는 경우가 있다. 은밀하게 일기장을 열어보려는 순간, 쥐도 새도 모르게 종적을 감춰 버린 열쇠 때문이다. 끙끙거리며 그 작은 자물쇠 구멍을 한참 들여다보도록 만든 어린 시절의 일기장 지킴이. 도대체 그 자물쇠에는 어떤 원리가 숨어 있는 걸까?

고대부터 시작된 자물쇠의 역사

자물쇠의 시작은 아주 오래 전으로 거슬러 올라간다. 외국의 경우 자물쇠와 열쇠에 관한 기록이 《구약성서》에도 많이 나오고, 고대 이집트에서는 이미 BC 2000년 무렵에 열쇠와 자물쇠를 사용한 흔적이 사원 벽

BC 2000년 경 고대 이집트 사원 벽화를 통해 큰 칫솔모양의 목제열쇠를 사용하고 있었다는 사실이 밝혀졌다. 이 열쇠는 문짝에 뚫려 있는 구멍에 손을 넣어 안에 있는 자물쇠에 열쇠를 꽂아 핀을 쳐들고 빗장을 벗겨 문을 열도록 고안됐다.

화를 통해 나타나기도 했다. 중국은 BC 2세기 무렵에 자물쇠를 사용한 것으로 추정되고, 로마시대부터는 현재 사용하는 자물쇠와 비슷한 소형 자물쇠가 출현했다고 알려져 있다. 중세 이후는 기능적인 면에서는 뚜렷한 발전이 없었으나 장식적인 면에서 발전을 이루었으며, 현재와 같은 자물쇠는 18세기 말부터 19세기에 이르러서 모습을 보였다.

문헌에 따르면 우리나라의 자물쇠와 열쇠의 기원은 5세기쯤으로 추정된다. 삼국시대 철기문화의 발달시기와도 맞물리고 무녕왕릉(6세기 초)에서 발굴된 철제류 잔편들과 신안 해저 대발굴 인양작업에서 발굴된 자물쇠 6점도 같은 시대의 것으로, 이러한 추정을 뒷받침한다. 발굴된 유물로 확인된 바에 따르면, 철제 자물쇠는 삼국시대에서 조선시대를 거쳐 꾸준한 발전을 거듭해왔다. 조선시대의 자물쇠가 지금의 일반적인 자물쇠와 기능과 형식 면에서 유사하여 자물쇠의 역사를 파악하는 기준이 되고 있다.

동합금 재질로 된 조선시대 ㄷ자형 붕어형상 자물쇠.

한편 가구의 기능과 구조가 변모하고 발전함에 따라 자물쇠의 종류와 형태도 함께 발전해왔다. 자물쇠의 재료도 철제 위주에서 조선 후기에는 구리에 아연과 납을 합금한 백동에 이르기까지 꾸준한 발전을 보여왔다. 우리나라 자물쇠의 종류는 가장 일반적인 형태인 ㄷ자형 대롱자물쇠와 붕어·용·박쥐 등 동물의 모습을 본떠 만든 물상형(物象形)자물쇠, 함박자물쇠, 붙박이자물쇠 등으로 구별된다.

구조가 단순해서 안전도가 낮은 워드자물쇠

자물쇠는 그 종류가 너무 다양해 간단하게 분류하기가 곤란하다. 따라서 자물쇠 종류를 열거하기보다는 주종을 이루는 자물쇠의 구조를 통해 열림원리를 살펴보는 게 훨씬 흥미롭다.

구조가 단순하여 손쉽게 사용되는 워드자물쇠(warded locks)는 홈이 있는 자물쇠를 말하며 대부분 맹꽁이 자물쇠 형태를 지닌다. 아래 그림과 같은 구조인 워드자물쇠는 열쇠구멍 안에 장애물을 만들고, 이 장애물에 걸리지 않도록 홈을 만든 열쇠로만 열 수 있다.

다음 페이지에서 볼 〈워드자물쇠의 구조〉 그림 같이 톱니처럼 홈이 파

■ 워드자물쇠의 구조

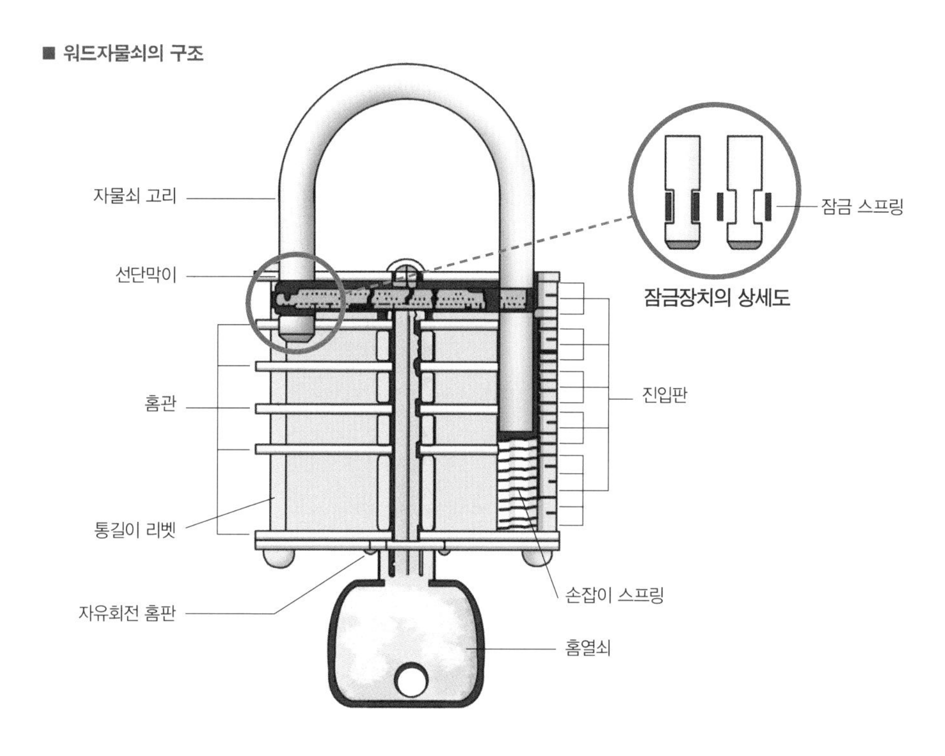

여 있는 열쇠는 자물쇠 안에서 자물쇠 안쪽 장애물인 홈판에 걸리지 않고 자유로이 회전할 수 있다. 열쇠를 회전하기 전에는 자물쇠 고리 기둥을 가운데에 두고 앞쪽과 뒤쪽에서 잠금 스프링 양날이 자물쇠 고리 기둥을 물고 있다.

그림에서 보는 것과 같이 열쇠는 앞쪽 잠금 스프링 날과 뒤쪽 잠금 스프링 날 사이에 있는 자물쇠 중앙의 좁은 공간으로 들어가게 된다. 이 좁은 공간은 열쇠의 편편한 두께가 들어갈 정도로 좁았다가 열쇠가 돌아가면서 그 공간을 열쇠를 세운 두께만큼 벌려주게 된다. 벌려진 공간이 생기는 이유는 잠금 스프링의 양날이 벌어지기 때문이다. 잠금 스프링의 양날이 벌어지면서 물고 있던 자물쇠 고리 기둥을 놓아 주면, 압축되어 있던 손잡이 스프링이 이완된다. 다음에는 자물쇠 고리가 '툭' 튀어나오면서 자물쇠가 열린다. 워드자물쇠는 구조가 간단해서 가장 흔하게 사용되는 반면에 안전도가 낮은 단점도 있다.

경제성과 안전도가 높은 핀텀블러자물쇠

핀텀블러자물쇠(pin tumbler locks)는 실린더형 자물쇠라고도 하는데, 오른쪽 그림에서 보는 바와 같이 실린더라 불리는 원통형의 틀 내부에 실린더 플러그라고 불리는 작은 원통형 틀이 들어 있는 이중 원통구조를 한 자물쇠를 말한다. 작은 원통형 틀인 실린더 플러그에 열쇠구멍이 뚫려 있어 열쇠를 넣어 돌리면 실린더 플러그가 함께 돌아가면서 잠금 볼트가 열리게 되는 비교적 안전도가 높은 자물쇠이다. 자물쇠가 잠겨 있어야 할 때는 실린더 플러그가 돌아가지 않도록 하기 위해 실린더 플러그 원통면에 구멍을 뚫어서 핀들을 넣어 장애물이 걸리도록 만들어 놓았다.

■ 핀텀블러자물쇠의 구조와 명칭

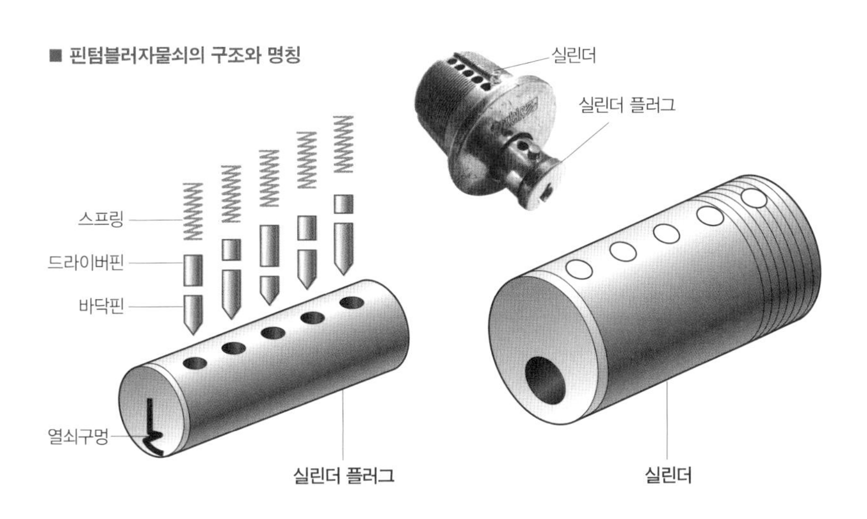

■ 열쇠를 넣었을 때 핀텀블러자물쇠 안의 구조

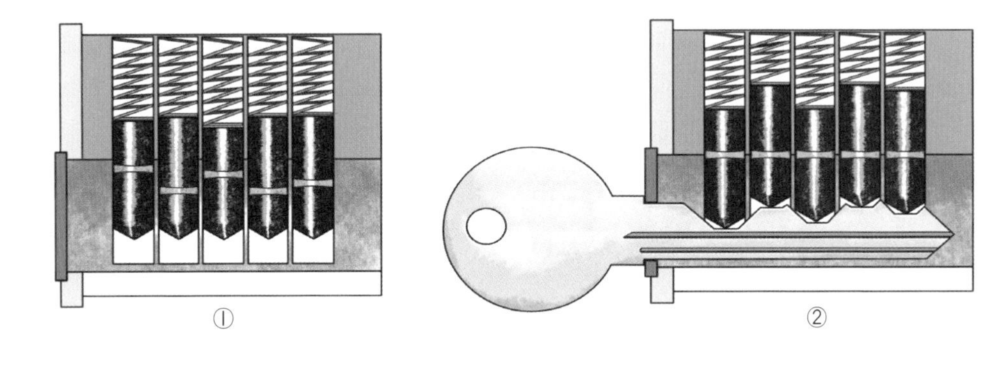

핀텀블러자물쇠의 각 부분은 다음과 같은 역할을 한다.

- **드라이버핀** : 상핀이라고도 하며 바닥핀 위에 위치하여 바닥핀을 누른다. 드라이버핀이 구멍 밑으로 들어가면 실린더 플러그가 회전하는 것을 방지하고, 구멍에서 솟아나와 실린더 플러그 원통 라인과 일치하게 되면 실린더 플러그가 회전할 수 있게 하는 역할을 한다.
- **바닥핀** : 하핀이라고도 하며 한쪽 끝은 뾰족하고 반대쪽 끝은 편편하다.
- **스프링** : 드라이버핀을 위에서 아래로 눌러 내리는 역할을 한다.
- **실린더** : 실린더 플러그를 감싸는 외부의 원통형 틀로, 그 내부에 있는 작은 원통형인 실린더 플러그의 회전과 고정을 돕는 역할을 한다.
- **실린더 플러그** : 원통면에 구멍이 뚫려져 있고, 그 구멍에 핀이 들어 있다. 구멍 안에 들어 있는 핀이 실린더 플러그의 원통 라인과 일치되어 일직선이 되면 실린더 안에서 회전한다.

열쇠를 넣지 않은 평소에는 ①번 그림과 같이 드라이버핀과 바닥핀이 스프링에 의해, 이완된 스프링의 길이만큼 같은 깊이로 눌려 있는 상태에 있다. 이때는 실린더 플러그를 돌릴 수 없는데 이는 드라이버핀이 실린더 플러그 안으로 울퉁불퉁 박혀 있어서 회전을 방해하기 때문이다.

드라이버핀의 아래 라인을 일직선이 되게 하고 실린더 플러그 원통라인과 일치시키려면 ②번 그림과 같이 드라이버핀의 길이와 상보적인 모양의 열쇠를 넣으면 된다. 드라이버핀은 위에서 누르는 스프링에 의해서 눌려 있다가 상보적인 요철을 갖고 있는 열쇠가 들어오면 핀들이 정확한 높이로 들어 올려져 드라이버핀의 아래 라인은 실린더 플러그 원통 라인과 일치하는 일직선이 된다. 물론 바닥핀들의 윗라인도 실린더 플러그 안쪽에 일직선으로 늘어서게 된다. 이때는 열쇠를 돌리면 회전을 방해하는 것이 없어 실린더 플러그가 함께 회전하게 된다. 실린더 플러그의 회전은 잠금 볼트를 움직여 자물쇠를 열리게 한다.

이렇듯 핀텀블러자물쇠는 꽤나 복잡한 구조 때문에 다른 방법으로는 쉽게 열리지 않아 안전도가 높다. 또한 경제적인 면에서도 저렴해 대중적으로 널리 사용되고 있다.

• 《잠금장치 기술의 이해》, 이석구, 은행나무사, 1999

SECRET

두 번째 시크릿 스페이스

KITCHEN

SECRET ■ 09

인스턴트 음식과 환상의 짝꿍

전자레인지의 비밀

바쁜 아침시간에 전자레인지가 없었다면 지각하는 직장인이 훨씬 많아졌을 것이다. 인스턴트 음식과 환상의 짝꿍인 전자레인지는 단 몇 분만에 식은 반찬을 데우거나 냉동식품을 해동할 수 있는 편리함 덕분에 국내시장 보급률 80~90%를 기록하면서 우리 부엌에서 빼놓을 수 없는 살림살이로 자리 잡았다.

마이크로파로 가스불 없이도 음식물을 뜨겁게

전통적인 조리는 용기를 가열해 전도나 대류를 통해 열이 전달되고, 용기 안의 재료를 데운다. 오븐은 오븐 안의 공기를 뜨겁게 해 대류열로 내부의 음식물을 익힌다. 가스레인지는 가스불로 용기를 가열하면 용기 안의 음식물로 열이 전도된다.

전자레인지는 음식물을 데우는 데 마이크로파(micro wave)를 이용한다. 그래서 전자레인지를 영어로 'microwave oven'이라고 한다(우리말 '전자레인지'는 최초의 전자레인지인 'Radarange'에서 따온 일본식 조어이다). 마이크로파는 주파수(진동수) 300MHz~300GHz, 파장으로 보면 1mm~1m인 전자기파의 한 영역을 뜻한다. 전자기파의 영역은 진동수에 따라 임의로 구분된다. 진동수는 1초 동안 파동이 진동하는 횟수로, 단위는 Hz로 나타낸다. 1Hz는 1초에 파동이 1번 진동했다는 뜻이다.

진동수, 파장, 빛의 속도의 관계는 다음과 같다.

$$f = \frac{c}{\lambda}$$

f: 진동수, λ: 파장, c: 빛의 속도

즉, 파장이 짧을수록 진동수가 많고, 파장이 긴 전자기파는 진동수가 적다.

이렇게 전자기파는 파장에 따라 파장이 가장 짧은 영역인 감마선, X선, 자외선, 가시광선, 적외선, 마이크로파, 라디오파 등으로 구분된다. 마이크로파는 진동수가 매우 많고 파장이 짧은 전자기파로 레이더나 네비게이션, 통신 등에 이용된다.

■ 전자기파의 구분

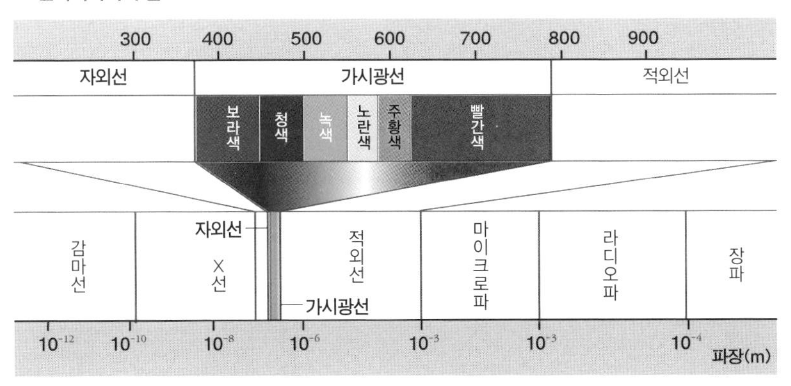

최초의 전자레인지는 냉장고보다 크고 무거웠다?

1945년 군사용 레이더를 점검하던 미국의 한 연구원이 주머니 속의 과자가 녹는 것을 관찰한 데서 전자레인지에 대한 아이디어를 얻었고, 1947년에 'Radarange'라는 첫 제품이 탄생했다. 이 최초의 전자레인지는 높이 1.8m, 무게 340kg의 거대한 몸집에 가격도 5천 달러로 매우 비쌌다. 이후 개량을 거듭하여 현재 가정에서 흔히 볼 수 있는 크기의 전자레인지가 보급되기에 이르렀다.

특정 분자에만 흡수돼 음식물을 데우는 마이크로파

전자레인지에는 2.45GHz의 진동수를 가진 전자기파가 사용된다. 이 마이크로파는 통신용으로 쓰이지 않는 범위의 주파수로, 저렴하고 전 세계적으로 사용이 가능하다. 이러한 마이크로파에 의한 음식물의 가열원리를 유전가열(dielectric heating) 방식이라 불린다. 유리나 종이, 플라스틱과 같은 물질은 이 마이크로파에 의해 영향을 받지 않고 통과시키지만, 음식물 속 대부분을 차지하는 물 분자나 지방, 당과 같은 분자에는 흡수되어 음식물을 데우는 작용을 한다.

물 분자는 수소와 산소 원자로 이루어져 있는데, 수소원자 쪽이 양전하를 띠고 산소원자 쪽이 음전하를 띠는 극성분자이

1947년에 나온 최초의 전자레인지 'Radarange'.

■ 전자레인지 속에서 음식물이 데워지는 과정

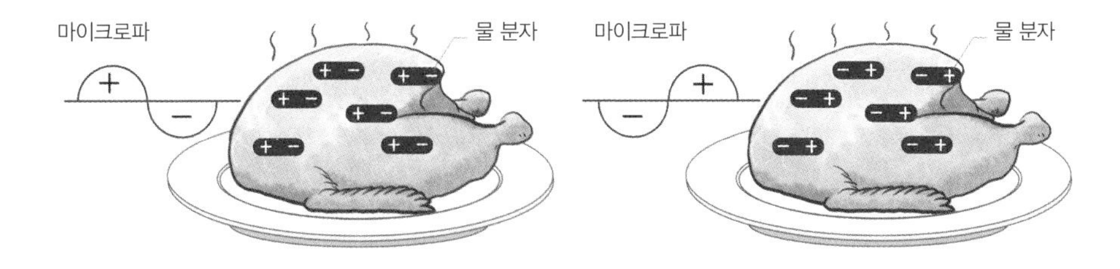

다(176쪽 '드라이클리닝의 비밀' 참조). 마이크로파를 쏘면 음식물 속에 들어 있는 극성분자는 양과 음의 방향을 바꾸며 매우 빠르게 회전해 전자기장을 따라 정렬한다. 분자들은 회전하면서 서로 밀고 당기거나 충돌하는데, 이러한 운동에너지가 음식물의 온도를 높이는 것이다. 전자레인지에서 만들어지는 전자기파의 진동수는 물 분자의 고유 진동수에 가까워 물 분자가 매우 강하게 진동한다.

마이크로파를 만들어내는 전자레인지의 핵심 '마그네트론'

전자레인지의 핵심은 마이크로파를 만들어내는 마그네트론(magnetron)이다. 마그네트론은 높은 주파수의 진동을 만들어내는 장치이다. 기본적으로 음극, 필라멘트로 된 양극, 안테나 그리고 자석으로 구성된다. 가정 내 교류 전압인 220V를 4000V 이상의 고전압으로 바꾸어 마그네트론에 전류를 흘리면, 마그네트론에서 2.45GHz의 높은 주파수로 진동하는 마이크로파가 만들어진다. 이 마이크로파가 웨이브가이드를 따라 전자레인지 용기 내부에 쏘이면 금속 벽에 반사되어 식품에 흡수되어 가열시키는 원리이다.

■ 전자레인지의 구조

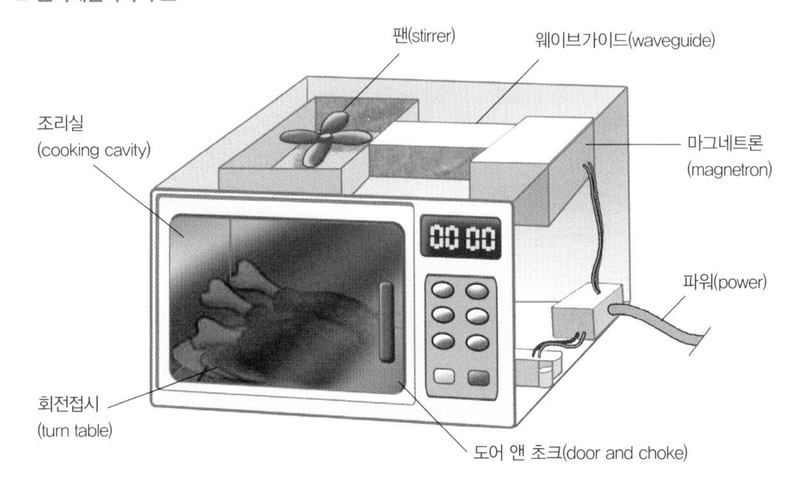

왜 전자레인지에 금속용기를 넣으면 안 될까?

전자레인지 내부는 철로 만들어져 있고, 투시창을 통해 전자기파가 외부로 나오는 것을 막기 위해 설치한 그물망도 금속이다. 전자레인지 용기 밖으로 전자기파가 유출되는 것을 막기 위해, 2.45GHz의 마이크로파가 투과하지 못하고 반사되는 금속을 사용한 것이다. 그런데 전자레인지에는 금속용기의 사용을 금하고 있다. 그 이유는 우선 마이크로파가 금속을 통과하지 못하므로 금속용기를 사용하면 음식물을 데울 수 없기 때문이다. 또한 내벽도 금속이므로 금속을 넣을 경우 금속과 금속의 접촉에 의한 마찰 부위에서 전자기파의 간섭이 일어나 스파크나 화재가 발생할 수 있다. 특히 금속의 뾰족한 모서리나 꼭짓점과 같은 부분에는 전자기파의 집중도가 커지므로 주의해야 한다. 전자레인지 유리문에는 금속망이 있어 전자기파의 유출을 막아주지만, 안전을 위해 전자레인지가 작동하는 동안에는 너무 가까이에 있지 않는게 좋다.

SECRET▪10

식품을 시원하고 신선하게 보관하기 위한 주방 필수품

냉장고의 비밀

음식을 오랫동안 신선하게 보관할 수는 없을까? 이 문제를 해결하기 위해 옛날부터 사람들은 많은 노력을 해왔다. 우리 선조들은 삼국시대부터 얼음을 저장할 수 있는 석빙고를 만들어 음식을 보관하였다. 오늘날에는 음식을 신선하게 보관하기 위해 냉장고를 사용한다. 그렇다면 이렇게 유용한 냉장고는 어떻게 작동할까?

신라 지증왕 때인 505년에 얼음을 저장한 '빙고전(氷庫典)'이란 관청이 있었다는 기록이 전해진다. 삼국시대 빙고는 하천변에 흙 구덩이를 넓게 파고 한쪽을 약간 낮게 만든 후 지하식의 긴 배수로를 연결하여 온기가 들어가지 않도록 하는 구조이다. 그 안에 얼음을 넣고, 쌀겨로 채운 후 지붕을 덮으면 여름에도 냉기가 유지되었다. 사진은 석빙고 내부.

냉매의 상태변화를 통해 주변의 열을 흡수

물질은 고체, 액체, 기체 상태로 존재하며, 상태가 변화할 때 열을 흡수하거나 방출한다. 즉 얼음이 녹아 물이 되거나, 물이 증발하여 수증기가 될 때 열을 흡수한다. 반대로 수증기가 액화하여 물이 되거나, 물이 응고되어 얼음이 될 때는 열을 방출하게 된다. 액체가 기체로 될 때 흡수하는 열을 기화열이라고 한다. 물을 몸에 바르면 시원하게 느껴지는데, 이것은 물이 증발할 때 피부의 열을 빼앗아 가기 때문이다. 에탄올을 몸에 바르면 물보다 더 시원한 느낌이 든다. 그 이유는 물보다 끓는점이 낮은 에탄올은 분자 사이에 작용하는 인력이 약해 증발이 더 잘 일어나기 때문이다.

냉장고는 액체 상태에서 기체 상태로 쉽게 변할 수 있는 냉매를 사용해 주변의 열을 흡수하는 원리를 이용한다. 초기에는 에테르를 이용하여 냉장장치를 만들려는 노력을 하였다. 그렇다면 에테르보다 냉장효과를 더 크게 얻을 수 있는 물질은 없을까? 기체를 고압으로 압축하면 액체가 되는데, 이 액체가 기화하면서 주변의 열을 빼앗아 갈 수 있도록 하면 효과적인 냉장장치가 될 수 있다. 고민의 결과, 1913년 미국에서 끓는점이 낮고(-33.4℃) 상온에서 쉽게 압축할 수 있는 암모니아를 냉각제로 사용한 최초의 가

■ 냉장고의 기본 구조

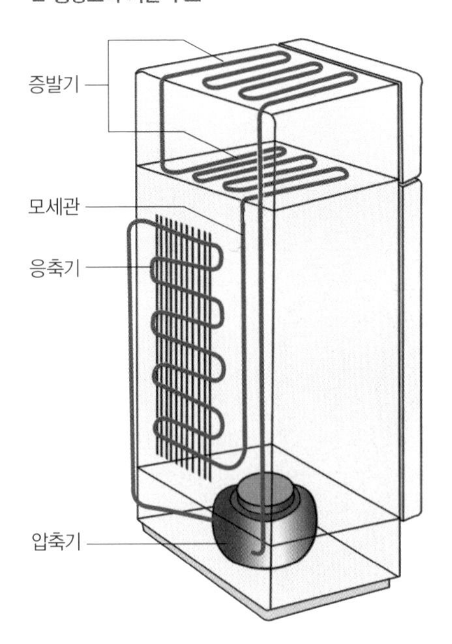

정용 전기냉장고가 나왔다. 그 후 암모니아가 프레온으로 대체되었으며 최근에는 천연가스 및 이산화탄소를 이용한 대체냉매가 사용되고 있다.

냉장고의 뒷부분이 뜨거운 이유는?

냉장고가 차갑게 유지되기 위해서는 냉매가 기체가 되고, 다시 액체가 되는 과정을 끊임없이 반복해야 한다. 이러한 순환은 압축기에서 압축과정, 응축기(방열기)에서 응축 및 열방출과정, 모세관(또는 팽창밸브)을 지나면서 팽창과정, 증발기에서 증발과정으로 나누어진다. 이 과정들이 서로 연결되어 냉장과 냉동 역할을 한다.

압축기(컴프레서)에서의 압축과정은 냉매가 쉽게 기화할 수 있도록 준비하는 단계이다. 증발기에서 오는 저압의 기체 상태인 냉매가 고압의 상태로 유지되어야 냉각 시스템을 잘 순환할 수 있다. 그래서 압축기에서 전동기를 가동하여 냉매를 압축하고 순환시켜주는 역할을 한다. 압축기에서 압축된 냉매 가스는 고온(약 80℃) · 고압의 기체 상태이다. 우리 몸에 비유하면 압축기는 심장, 냉매는 혈액이라 부를 수 있다. 냉장고에서 '위잉' 하는 소리가 날 때가 있는데, 이 소리는 냉매가 압축될 때 나는 소리이다.

압축기에서 나온 고온 · 고압의 냉매는 기체 상태이다. 기체 상태인 이 고압의 냉매가 응축기(방열기)에서 액화되어 온도가 낮은(약 40℃) 액체로 변하게 된다. 이때 응축기 표면으로부터 열이 방출된다. 응축기는 열이 잘 발산할 수 있는 구조로 되어 있다. 냉장고의 뒷부분이 뜨거운 이유는 응축기에서 나오는 열 때문이다. 응축기에서 나온 냉매는 고압이므

■ 냉각의 원리

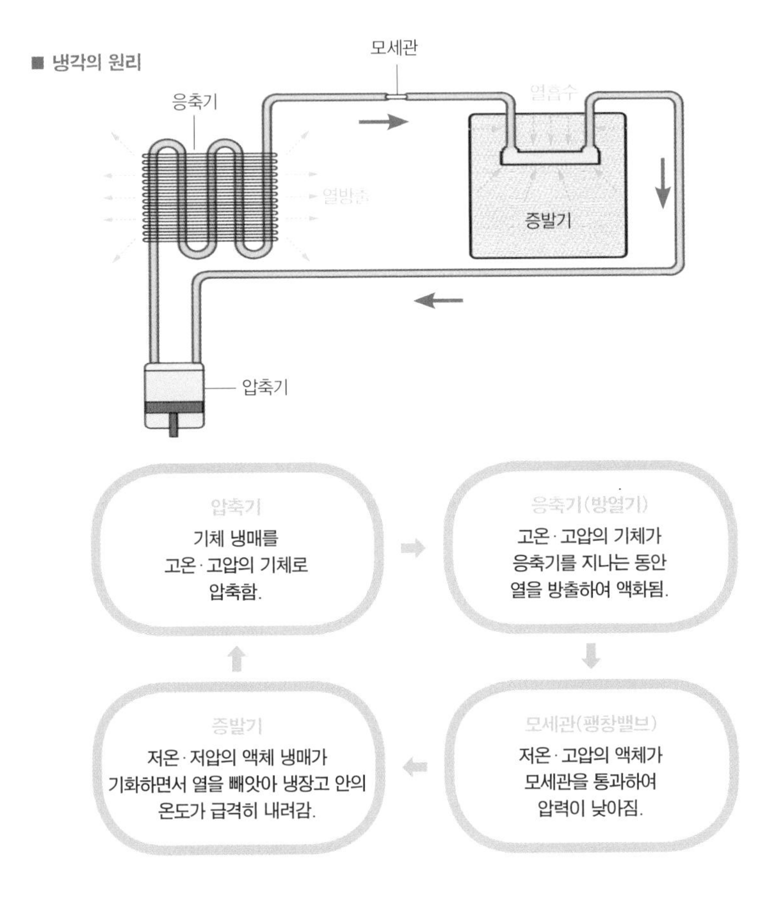

로 끓는점이 높아 기체로 변하기 어렵다. 그러므로 압력을 낮추어 쉽게 기화가 일어나도록 해야 한다. 압력을 낮추는 원리는 베르누이의 정리* 로 설명할 수 있다. 베르누이의 정리는 유체의 속력이 빠르면 압력이 낮아지고 유체의 속력이 느리면 압력이 높아진다는 원리이다. 관의 굵기가 가는 모세관을 장치하면 관속의 지나는 냉매의 속력이 빨라지고 압력이 낮아지기 때문에 증발이 쉽게 일어날 수 있다. 즉, 모세관은 압력이 높은 냉매를 압력이 낮고 차가운 냉매로 바꾸어주는 역할을 한다.

모세관을 통과한 저온·저압의 액체인 냉매는 증발기로 들어가 주변으로부터 열을 빼앗으며 기체 상태가 된다. 이 과정에서 급격히 온도를 떨

베르누이의 정리

이상적인 유체가 규칙적으로 흐를 때 속력과 압력 및 높이 사이의 관계를 이끌어 낼 수 있는 법칙이다. 1738년 스위스의 물리학자 겸 수학자 베르누이(Daniel Bernoulli, 1700~1782)가 발표하였다. 예를 들면, 유체는 좁은 관을 통과할 때 속력이 증가하고 넓은 관을 통과할 때 속력이 감소한다. 속력이 증가하면 압력이 감소하고, 속력이 감소하면 압력이 증가한다. 비행기가 날아가는 원리도 베르누이의 정리로 설명할 수 있다.

어뜨려 냉장고 전체를 시원하게 해주는 것이다. 그리고 기체로 된 냉매는 증발기에서 나와 다시 압축기로 돌아가게 된다. 이러한 순환과정을 거치면서 냉장고 안의 낮은 온도가 계속 유지되는 것이다. 즉, 냉장고는 전기의 힘으로 압축기를 작동하여 냉매를 순환시키면서 냉매의 기화열 및 액화열을 이용하는 기기라고 할 수 있다.

오존층 파괴, 온난화를 가속시키는 프레온

냉장고의 냉각 방식에는 직접냉각식(직냉식)과 간접냉각식(간냉식)이 있다. 직냉식은 냉각기가 냉장고 안에 노출되어 있는 방식이고, 간냉식은 냉각팬에 의해 냉기를 순환시키는 방식이다. 직냉식은 성에가 잘 끼지만 소비전력이 적고, 간냉식은 성에가 덜 끼지만 소비전력이 많다. 냉각 성능의 경우 직냉식이 더 좋다. 이 밖에도 냉장고는 온도센서를 장치하여 냉장고 내의 온도가 설정값이 되면 모터를 정지시키거나 서리를 제거하기 위한 자동제어장치를 연결해 효율을 높이고 있다.

과거에는 냉장고의 냉매로 암모니아나 이산화황, 염화메틸을 사용했는데, 이들은 독성, 인화성, 부식성, 자극성, 악취, 환경오염 등의 문제를 일으켰다. 이러한 문제점을 해결하기 위해 대체 가스로 프레온(R-12)이 발명되어, 냉장고와 에어컨의 냉매로 사용되어왔다. 그러나 프레온은 지구 대기의 오존층을 파괴하는 물질로 밝혀져, 1987년부터는 '몬트리올 의정서(Montreal Protocol:오존층 파괴물질의 규제에 관한 국제협약)'에 의해 사용이 금지되었다. 우리나라 가정용 전기냉장고의 경우에는 대체 용매로 R-132a와 R-134a, 천연가스 이소부탄(R-600a)을 많이 사용하고 있다.

공기의 밀도 차를 통해 냉기단속력을 높인 김치냉장고

최근에는 각 가정마다 김치냉장고를 많이 사용하고 있다. 김치냉장고는 일반냉장고에 비해 뛰어난 냉기단속능력으로 김치를 오랫동안 보관할 수 있게 한다. 일반냉장고는 문을 열면 외부의 공기가 냉장고 안으로 들어간다. 그러나 김치냉장고는 서랍식, 또는 상부 개폐식으로 만들어져 문을 열어도 외부의 따뜻한 공기가 들어가기가 어렵다. 따뜻한 공기는 차가운 공기보다 밀도가 작아 위로 상승하기 때문이다. 이러한 원리로 온도 변화가 작은 김치냉장고는 식품을 오랫동안 신선하게 보관한다.

냉장고가 있어 인류가 건강해질 수 있었다

냉장고 즉, 냉동·냉각 기술의 발명 덕에 인류는 보다 건강하게 살 수 있게 되었다. 우선 식품의 안전한 보관이 가능해짐에 따라 식중독 발생과 설사병이 크게 줄어들었다. 특히 백신의 안전한 보관은 의료분야에 일대 혁신을 가져왔다. 백신은 실온에 보관하면 일주일만 지나도 효력이 사라진다. 냉동기술이 없던 시절에는 백신 접종이 제대로 이루어질 수 없었다. 즉 백신이 지금과 같이 큰 효과를 발휘하게 된 것도 결국 안전한 냉동기술이 뒷받침되었기 때문이다.

또한, 냉동기술의 발전은 인류에 커다란 변화를 가져왔다. 초전도체를 만들어 자기부상에 이용하고, 전자부품을 급속 냉각하여 반도체 산업의 발달을 이끌었다. 또한 냉동기술은 난자와 정자를 보관하여 불임부부들이 아기를 가질 수 있도록 돕고 있다. 최근에는 인공위성에 초소형 냉장고가 탑재되기도 했다. 이처럼 냉장고는 인류의 건강뿐 아니라 미지의 우주를 탐사하는 데도 큰 역할을 하고 있다.

냉동기술의 발전으로 인간은 식중독의 고통을 줄일 수 있었고, 백신의 안전한 보관으로 의료 분야의 진보를 이끌었다. 그림은 미국 워싱턴 스미소니언 박물관이 소장한 화가 해리 고틀립의 1934년 작품 〈얼음창고〉.

- 《알기 쉬운 전기의 세계》, 송길영, 동일출판사, 2004

SECRET▪11

따끈하고 맛있는 밥을 빠르게 지어주는

압력밥솥의 비밀

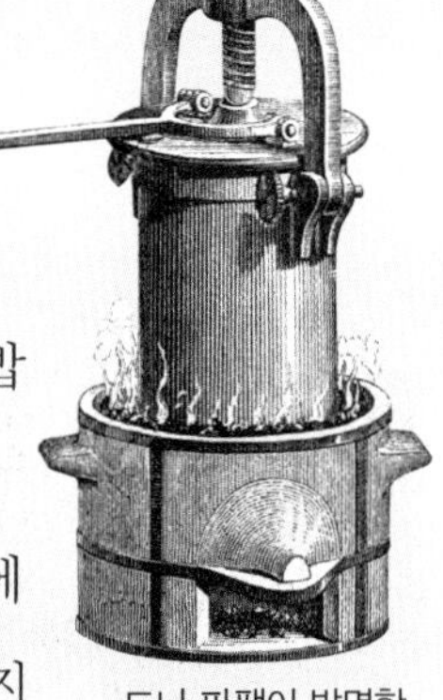

드니 파팽이 발명한 증기찜통의 일러스트

압력밥솥이 나오기 전에는 질긴 고기요리나 잡곡밥을 할 때, 재료가 잘 익도록 미리 어떤 처리를 한 후에 요리를 해야 하는 경우가 많았다. 그러나 근래에는 압력밥솥이 대중화되면서 요리가 훨씬 간편해지고 조리시간 또한 절약되고 있다. 이러한 가정용 압력밥솥은 1679년 프랑스의 물리학자 드니 파팽Denis Papin, 1647~1712이 발명한 증기찜통을 개량한 것이 그 시초이다. 우리나라에서는 오래전부터 사용해왔던 가마솥을 그 시초라고 볼 수 있다.

솥의 내부 압력을 높여 조리시간 단축

대부분의 음식물은 1기압, 약 100℃의 물에 일정한 시간 동안 넣어두면 조리가 된다. 그러나 높은 산에서는 기압이 낮아 조리를 하기가 어려워진다. 왜냐하면 액체의 끓는점은 압력에 따라 달라지는데, 높은 산에서는 압력이 낮아 끓는점이 100℃보다 낮아지기 때문이다. 즉, 액체의 끓는점은 압력이 낮으면 떨어지고 압력이 높으면 올라간다.

이런 점을 이용해 솥 속의 증기가 빠져나가지 못하도록 함으로써 압력이 높아지도록 만든 것이 압력밥솥이다. 이렇게 하면 끓는점이 올라가 잘 익지 않는 음식을 조리하기가 쉬워진다. 또 같은 시간에 더 많은 열이 음식물로 전달되어, 요리를 빨리할 수 있다. 이처럼 조리시간이 짧아지면 요리과정에서 쉽게 파괴되는 비타민이나 무기질의 손실을 최소화 할 수 있으며 연료도 줄일 수 있는 등 여러 가지 이점이 있다. 대부분의 압력밥솥은 내부의 압력을 대기압보다 높은 1.2기압 정도로 높여 물이 약 120℃에서 끓게 한다.

열 공급원과 가열방식에 따라 달라지는 압력밥솥의 종류

압력으로 밥을 하는 취사도구는 가스불을 이용하는 일반 압력밥솥과 전기를 이용하는 전기압력밥솥으로 나눌 수 있다. 일반 압력밥솥은 다시 재질에 따라 알루미늄과 스테인리스 스틸 압력밥솥으로 구분된다. 전기압력밥솥은 가열하는 방식에 따라 열판가열방식과 IH(Induction Heater, 전자기 유도가열) 방식으로 나눌 수 있다. 열판가열방식은 바닥면에 있는 열판 내부

가스불을 이용하는 일반 압력밥솥(왼쪽)과 전기를 이용하는 전기압력밥솥.

히터의 열을 이용해 열판이 가열되고 이 열이 내통에 전달돼 밥을 하는 간접가열방식이다. 반면 IH가열방식은 내솥 전체에 둘러싸인 전기 코일의 전자기 유도작용에 의해 내통 자체가 직접 발열하는 직접 가열방식이다. 또한 전기압력밥솥의 내통은 재질·도금의 종류에 따라 알루미늄·황금동·황동·스테인리스 스틸 등 여러 가지가 있다.

가스불을 사용하는 일반 압력밥솥

일반 압력밥솥의 구조는 아래 그림처럼 솥뚜껑과 솥 사이에 고무를 끼우고 나사를 조여서 증기가 새지 않게 한다. 뚜껑 위쪽에는 작은 구멍이 있으며 압력추가 구멍을 막고 있다. 이때 솥 안의 증기압이 압력추가 누르는 힘보다 크면 구멍이 열려서 증기가 방출되어 위험을 피하게 된다. 압력추는 일정한 압력 이상이 되면 증기가 배출되어 안전을 유지하도록 만들어져 있고, 안전도를 높이기 위해 보조 안전장치도 부착되어 있다.

■ 일반 압력밥솥의 구조

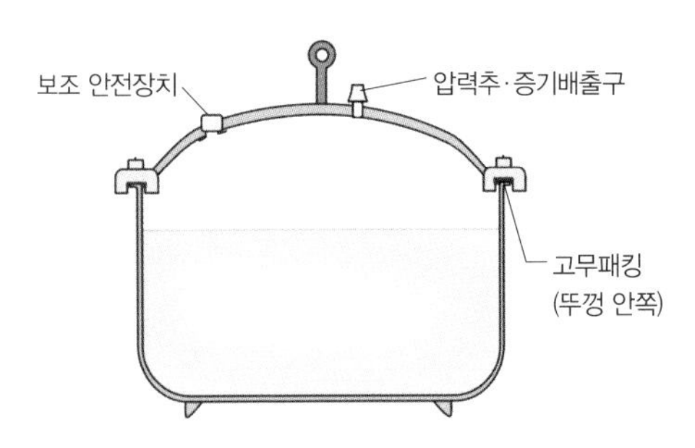

전기를 사용하는 IH 전기압력밥솥

전기압력밥솥은 1990년대 출시 초기에는 대부분 밑바닥만 가열하는

■ IH 전기압력밥솥 구조

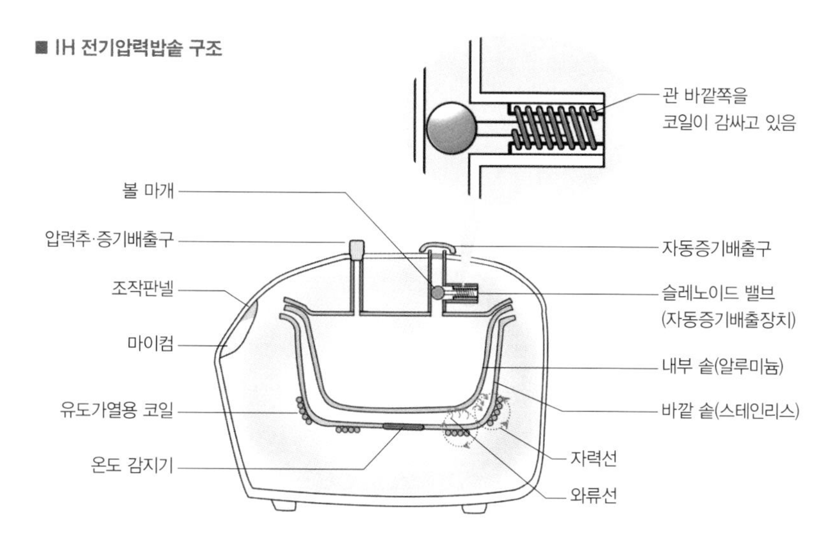

솥 주변의 유도가열용 코일에 전기가 흐르면 1초에 2만 5000~3만 5000번 정도로 방향이 바뀌는 와전류가 발생한다. 바깥 솥의 스테인리스가 전기저항이 커서 발생한 와전류 에너지의 대부분은 열로 바뀌고 이 열이 안쪽 알루미늄 솥 전체를 통째로 가열한다.

열판식이었다. 열판식은 아래부터 천천히 가열되기 때문에 한번에 많은 양의 밥을 지을 경우 종종 밑은 타고 위는 질어서 층을 이루는 층층밥이 되곤 했다. 이러한 단점을 없애기 위해 고안한 것이 IH 전기압력밥솥이다.

IH 전기압력밥솥은 내통 자체가 직접 발열하는 통가열방식으로, 바깥쪽 스테인리스 솥과 안쪽 알루미늄 솥의 이중구조로 되어 있다. 그리고 바깥쪽 솥의 바닥과 측면에는 전기코일이 붙어 있다. 밥을 지을 때 인버터(inverter, 직류를 교류로 전환시키는 장치)회로로 주파수가 20~40kHz가 되도록 이 코일에 교류전류를 흘려보냈다가 끊는 작용을 반복한다. 그렇게 하면 전류가 흐를 때는 코일 주변에 자기장이 만들어지고, 끊어질 때는 자기장이 사라진다. 교류전류는 전류가 흐르는 방향이 번갈아 바뀌므로, 코일 주변에 N극과 S극의 방향도 주기적으로 바뀌는 교류자장이 발생한다. 이 자력선의 변화로 전기가 발생하는 것이 전자기유도현상이다.

이 전자기유도로 바깥쪽 스테인리스 솥에는 소용돌이 형태의 와전류가 생긴다. 스테인리스는 전기저항이 커서 이 와전류 에너지의 대부분이 열로 바뀌고 이 열이 안쪽 알루미늄 솥 전체를 통째로 가열한다. 그리고 몸통과 뚜껑 사이에는 고무로 만든 가스켓(gasket, 두 개의 고정된 부품 사이에 위치한 밀봉기구)이 압축된 공기가 새지 않도록 밀폐하는 역할을 한다.

뚜껑에는 압력조정장치가 있다. 압력조정장치는 압력밥솥 내의 증기압력을 일정하게 유지시켜주다가 취사완료 후 유지된 압력을 외부로 배출시키는 기능을 한다. 압력조정장치의 종류에는 일정한 무게를 가진 추를 이용하는 '추식'과 스프링의 탄성을 이용하는 '스프링식'이 있는데 대개 스프링식을 이용하고 있다. 또한 압력조정장치의 구멍에 이물질이 끼는 등의 이유로 압력조정 기능이 상실되었을 때를 대비해 2차적으로 증기를 배출시켜 주는 압력안전장치도 있다.

이밖에도 여러 가지 안전장치를 탑재한 전기압력밥솥이 있다. 안전장치로는 뚜껑온도감지센서, 과열방지알림장치, 온도과열방지장치, 증기자동배출장치, 뚜껑열림방지장치, 뚜껑결합감지장치, 자동온도센서, 연속가열차단장치, 압력안전장치, 압력계 등이 사용되고 있다. 이 가운데 자동온도센서는 바이메탈*을 이용한 것으로 일정한 온도에 이르면 자동으로 회로가 열려서 과열을 막는다. 만약 자동온도센서가 고장 나면 퓨즈가 끊어지면서 전류를 차단시킨다.

바이메탈(bimetal)
열팽창률이 매우 다른 두 종류의 얇은 금속판을 포개어 붙여 한 장으로 만든 막대 형태의 부품을 가리킨다. 열을 가했을 때 휘는 성질을 이용하여 기기를 온도에 따라 제어하는 역할을 할 수 있다(287쪽 참조).

우리나라 전통 압력밥솥 '가마솥'

가마솥에 밥을 하면 밥맛이 좋다고 한다. 밥맛의 비결은 솥뚜껑 무게, 바닥 두께, 그리고 모양과 관련이 있다. 쌀이 잘 익으려면 대기압(1기압) 이상의 압력이 필요한데 가마솥의 솥뚜껑은 솥 전체 무게의 3분의 1에 달할 정도로 무겁다. 따라서 수증기가 솥 밖으로 잘 빠져나가지 못하여 내부압력이 대기압 이상으로 올라가게 된다. 그러면 밥이 100℃ 이상에서 지어지므로 쌀이 충분히 익게 된다. 또한 솥뚜껑이 무거운 만큼 쉽게 식지도 않기 때문에 뜸도 잘 들게 된다. 가마솥의 바닥은 모양이 둥글기 때문에 열이 입체적으로 전달되며, 불에 먼저 닿는 부분은 바닥 두께가 두껍고 가장자리 부분은 얇아 열을 고르게 전달시킨다

가마솥은 무거운 솥뚜껑이 수증기가 솥 밖으로 빠져나가지 못하게 하여 내부압력을 올린다.

압력밥솥 안전하게 사용하기

22일 오전 11시 7분께 강원 강릉시 초당동 D음식점에서 압력밥솥이 폭발했다. 이 사고로 음식점 직원 최모(60.여) 씨가 머리와 눈을 다쳐 119 구급대에 의해 병원으로 옮겨져 치료를 받고 있다. 〈연합뉴스〉(2010. 1. 22.)

위의 기사는 압력밥솥을 사용하다가 가끔씩 일어나는 사고 가운데 한

사례를 나타낸 것이다. 그러면 이러한 사고를 방지하기 위해 압력밥솥을 사용할 때는 어떤 점에 유의해야 하는지 몇 가지만 살펴보자.

첫째, 취사 중 압력이 남아있는 상태에서는 절대로 뚜껑을 무리하게 열지 말아야 한다. 둘째, 압력조정장치에 이물질이 끼여 있는지 여부를 항상 확인하며 자주 청소한다. 셋째, 고무패킹 등 소모품은 교환시기를 확인한다. 넷째, 사용설명서에 따라 압력밥솥으로 요리 가능한 음식 이외에는 조리하지 않도록 한다.

다음은 한국전기제품안전진흥원에서 소개하는 압력밥솥을 안전하게 사용하기 위한 요령이다.

1. 음식 찌꺼기 등으로 증기 배출구가 막히면 압력이 높아져 위험하다. 증기배출구가 막히지 않았는지 수시로 점검한다.
2. 찜이나 국, 탕류를 조리하면 증기 속의 찌꺼기가 압력조정장치의 밸브를 막을 수 있으니 피한다.
3. 증기가 빠지기 전 전기압력밥솥의 뚜껑을 여는 것은 절대 금물이다.
4. 음식물이 증기 배출구를 막을 수 있으니 정해진 용량을 준수한다.
5. 이상한 소리나 연기가 나면 즉시 전원플러그를 뽑고 압력추를 젖혀 내부 압력을 낮춘 뒤, AS를 요청한다.

도움 받은 자료

- 《도구와 기계의 원리》, 데이비드 맥컬레이, 서울문화사, 2002
- 《가정생활기기론》, 이정우, 수학사, 1998
- 《가정물리》, 신희명, 교문사, 1984
- 《일상에서 과학을 보다》, 사토 긴페이, 한티미디어, 2009

SECRET▪12

힘겨운 노동이던 빨래를 손쉽게

세탁기의 비밀

김홍도와 박수근의 작품 〈빨래터〉에는 제목에서 암시하듯 개울에 모여 빨래하는 여성들이 등장한다. 우리나라처럼 역사적으로 남존여비 사상이 팽배했던 사회에서, 빨래터는 여성들이 억압된 마음 속 한을 푸는 장소였다. 어쩌면 이런 이유로 여러 거장들이 빨래터를 화폭에 담아냈는지도 모르겠다. 그러나 빨래는 여성들의 손과 허리를 망가뜨리는 힘겨운 가사노동의 현실이기도 했다. 특히 한 겨울에 얼음을 깨고 차디찬 개울에서 맨손으로 빨래를 해야 하는 고통은 이루 말할 수 없었을 것이다.

김홍도의 〈빨래터〉

그러하건대 세탁기의 발명은 아마도 여성들에게는 커다란 축복과도 같은 것이었으리라.

손빨래로부터의 해방, 세탁기의 역사

현대적인 세탁기의 시초로는 1851년 미국의 제임스 킹James King이 발명한 실린더식 세탁기를 든다. 이 세탁기는 전동기를 주 동력으로 하고 물과 세제의 작용 및 물리적 힘에 의해 세탁과 헹굼, 탈수 과정이 이루어진다.

1874년 윌리엄 블랙스톤William Blackstone은 부인의 생일 선물로 손으로 돌리는 세탁기를 고안했다. 그 후 1908년 아버 피셔Aber Fisher가 전기모터가 달린 드럼통 세탁기를 발명했는데, 이것이 오늘날 드럼세탁기의 원조가 됐다.

1911년 미국의 가전업체 메이택이 판매용 전기세탁기를 처음으로 고안했고, 이어 월풀 사가 자동세탁기를 만들어 바야흐로 전기세탁기의 시대를 열었다. 우리나라에서 세탁기가 최초로 생산된 것은 1960년대 후반으로 알려져 있다.

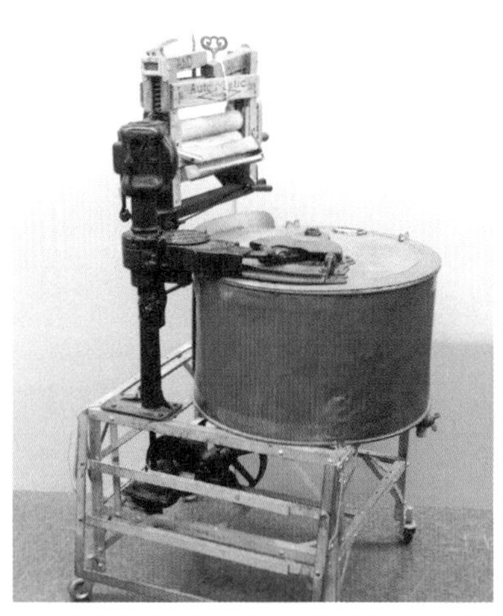

1920년대에 나무와 구리와 철을 사용해 제작된 세탁기(왼쪽)와 비슷한 드럼통이 1824년에 그린 프랑스의 화가 밀레의 작품 〈세탁하는 여인〉에도 등장한다. 개울가에 쪼그리고 앉아서 빨래를 하던 우리나라와는 달리 서양에서는 허리 높이의 드럼통을 이용해서 빨래를 했는데, 이것이 지금의 세탁기에 그대로 적용된 것이다.

손빨래 과정을 고스란히 프로그램화

전기세탁기는 동력장치인 전동기와 빨래에 에너지를 전달하는 기계부, 세탁과정을 조정하는 제어부(조작판), 그리고 물을 넣고 빼는 급수장치와 배수장치들로 이루어져 있다.

세탁기의 종류에는 세탁의 기능에 따라 세탁, 헹굼, 탈수를 하나의 통에서 전자동으로 수행하는 전자동세탁기, 세탁과 헹굼을 하는 통과 탈수를 하는 통이 나뉘어져 있는 2조식 세탁기, 세탁기의 드럼이 회전하면서 세탁하는 드럼세탁기 등이 있다. 또한 세탁방식에 따라, 밑 부분에 있는 날개가 회전하면서 형성되는 물살을 이용하는 펄세이터식(pulsator type: 회전빨래판식), 세탁통 중앙에 회전날개가 달린 세탁봉이 회전해 세탁하는 방식인 아지테이터식(agitator type:봉세탁식), 드럼을 회전시켜 드

■ 세탁기의 구조

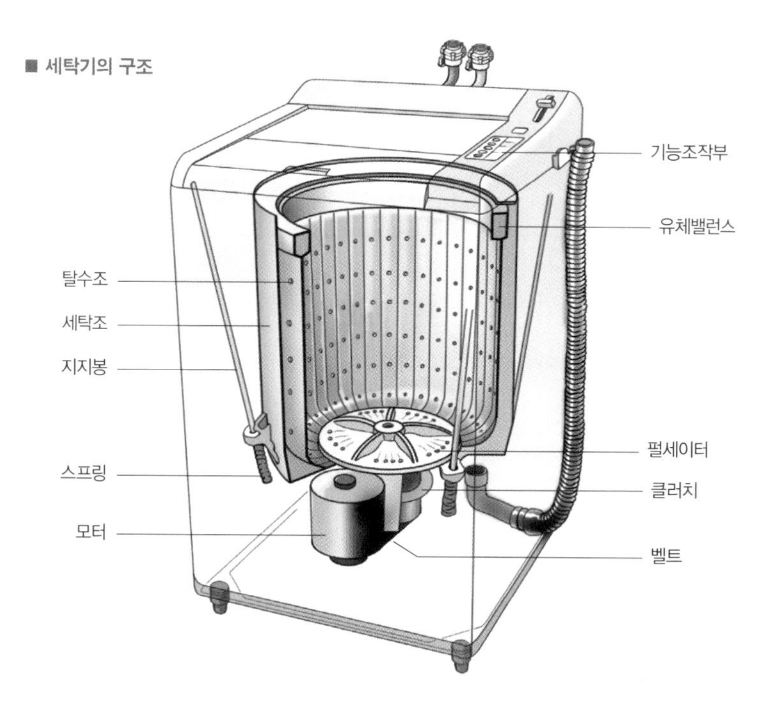

럼 내에서 세탁물이 떨어지는 힘을 이용해 세탁하는 방식인 드럼식(drum type: 원통형식)으로 분류된다. 여기에서는 우리나라 가정에서 일반적으로 사용하는 전자동세탁기(펄세이터식)에 대하여 알아보도록 한다.

수돗가에서 빨래를 한다고 하자. 손으로 빨래하는 과정을 보면 빨래를 물에 담근 후 비누를 칠한다. 그 다음 빨래를 손으로 비비거나 방망이로 두드리고 헹군다. 마지막으로 빨래를 꼭 짠 후 빨랫줄에 넌다. 이러한 과정은 세탁기에도 그대로 적용되는데, 마이컴*에 입력된 프로그램에 따라 전자동으로 이루어진다.

마이컴
마이컴은 마이크로컴퓨터를 줄인 말로 마이크로프로세서와 메모리를 하나의 IC(집적회로)로 합친 것을 말한다.

전자동세탁기는 빨랫감을 넣고 전원 스위치를 누르면 물이 들어오기 전에 2~3회 정도 공회전을 한다. 이는 발전기의 역할을 하는 센서가 전압의 차이로 회전저항(회전에 저항하는 성질)을 알아내어 빨래의 양을 감지하기 위해서이다. 빨래의 양을 감지하면 전자석으로 된 급수밸브에 전원이 켜지면서 전자석을 당기면 물을 막고 있던 판이 당겨져 물이 들어온다. 물이 세탁에 필요한 만큼 들어오면 수위를 감지하는 수위센서가 이 정보를 마이컴에 전달하여 급수밸브의 전원을 차단하고 세탁이 시작된다. 세탁이 시작되면 세탁조 아래에 있는 날개(펄세이터)가 좌우로 회전하면서 강한 물살이 생기고, 이 물살의 마찰에 의해 세탁이 이루어진다. 세탁이 끝나면 헹굼을 위한 배수가 시작되고, 배수모터가 작동하여 세탁조의 물을 밖으로 내보낸다. 마이컴에 입력된 프로그램에 따라 헹굼과 배수를 되풀이 한다. 헹굼과 배수가 끝나면 탈수가 시작된다. 탈수조가 고속으로 회전하면 원심력에 의해 빨래의 탈수가 이루어진다.

옷이 올라갔다가 떨어질 때 생기는 힘을 이용하는 드럼세탁기

펄세이터식 세탁기와 아지테이터식 세탁기는 짧은 시간 안에 세탁을 할 수 있어 경제적이며 세척력이 뛰어나다. 그러나 세탁물이 엉키고 삶을 수 없다는 단점이 있다. 이러한 단점을 해결한 것이 드럼세탁기이다.

보통 손빨래에서는 옷을 비벼 때를 빼낸다. 반면, 드럼세탁기는 전기세탁기의 원리에 덧붙여 드럼의 안쪽에 물, 세제, 빨래를 넣고 회전시켜 빨래가 드럼통에 의해 올라갔다가 떨어질 때 생기는 힘을 이용하여 세탁을 하게 된다. 이 방식은 옷끼리 서로 마찰이 일어나는 경우가 적어 빨래의 손상이 거의 없고, 옷이 바닥에 부딪힐 때만 물이 필요하기 때문에 물을 적게 사용할 수 있는 장점이 있다.

또한 물을 데워 빨랫감을 삶아 찌든 때를 쉽게 제거할 수 있으며 건조도 할 수 있다. 그러나 세척력이 약하고 전기 히터를 사용해 물을 데워줘야 하므로 전력 소모가 많다. 또한 세탁 시간이 오래 걸리고 소음이 크다. 최근에는 이러한 단점을 조금씩 개선한 제품이 나오고 있다.

진화를 거듭하는 세탁기, 세제 없이 물만으로 세탁

세탁기는 펄세이터식, 아지테이터식, 드럼식 이외에도 기계적 충격으로 진동판을 진동시키는 진동식 세탁기, 전기적으로 진동자를 발진시키는 초음파세탁기, 고압펌프를 이용한 수압식 세탁기, 세탁소에서 사용되는 드라이클리닝용 세탁기가 있다. 드라이클리닝용 세탁기는 보통의 세탁기와는 달리 물을 사용하지 않고 드라이클리닝용으로 만들어진 석유계 용제나 퍼클로로에틸렌 등을 이용하여 세탁을 하므로 건식세탁기로 구분된다. 물세탁을 하면 옷의 형태가 손상 및 변형되기 쉬운 모직물이나 견직물 제품에 주로 이용된다(176쪽 '드라이클리닝의 비밀' 참조).

세탁소에서 사용하는 드라이클리닝용 세탁기 이외에 물이 매우 적게 드는 세탁기는 없을까? 이 세탁기가 바로 스팀세탁기이다. 고농도의 세제수와 98℃ 고온의 스팀(수증기)을 분사해 세제수로 세탁물을 적시고 스팀으로 때를 불려 깨끗이 세탁할 수 있다. 즉 스팀과 열풍만으로 구김과 냄새를 제거할 수 있다. 이 세탁 방식은 세탁을 물로만 하는 것이 아니라 스팀으로도 할 수 있어 세척력이 뛰어나다. 또한 물과 전기 소모가 비교적 많지 않다.

최근에는 무세제 세탁기도 눈길을 끈다. 무세제 세탁기의 원리는 물을 전기분해하여 성질을 변화시킨다. 물에 전해질 탄산나트륨을 넣으면 물이 전기분해되어 물보다 작은 이온들이 생성된다. 이 이온들이 오염물질을 분해하거나 살균한다. 무세제 세탁기는 세제를 사용하지 않아 환경보호에 안성맞춤이다.

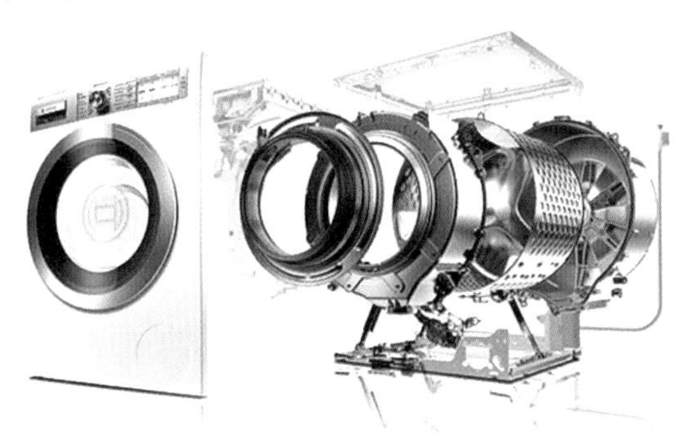

도움 받은 자료

- 《과학에 둘러싸인 하루》, 김형자, 살림출판사, 2008
- 《일상생활에서 과학을 보다》, 일본화학회, 한티미디어, 2009

SECRET ▪ 13

무게에 대한 주관적인 표현이 주는 모호함을 극복

저울의 비밀

이 세상에 존재하는 모든 물체는 일정한 공간을 차지하며, 그로 인해 질량을 가지고 있다. 생활이 점점 복잡해지고 다양한 거래가 이루어지면서 물체의 질량을 정확하게 잴 필요성은 점점 커져갔다. 저울은 바로 그런 필요에 부합하는 도구이다. 저울이 없었다면 정육점에서 고기를 살 때마다 의심의 눈초리를 거둘 수 없을 것이며, 모든 요리는 눈대중과 짐작으로 해야 할 것이다. 그렇다면 물체의 질량을 나타내는 수치는 그 기준이 무엇이며 물체의 질량이나 무게를 측정하는 저울은 어떤 원리로 만들어졌을까?

기원전 128년 경에 그려진 것으로 추정되는 이집트의 〈사자(死者)의 서(書)〉. 죽은 자의 양심의 무게를 잰다는 그림 속 저울은 오늘날의 저울과 크게 다르지 않은 모습이다.

한 톨의 보리, 한 톨의 쌀…… 각자 다른 무게기준을 통일

1799년, 지역마다 무게의 기준이 달라서 많은 불편함을 느낀 과학자들은 증류수 1리터에 해당하는 정도의 질량을 1kg으로 하자는 결정을 내렸다. 그리고 쉽게 사용하기 위해 증류수 1리터와 같은 질량을 갖는 분동인 국제킬로그램원기*를 만들어 사용하기로 했다. 현재 사용하는 분동은 1889년 제1회 국제도량형총회에서 결정한 것으로 이후 국제킬로그램원기로서 계속 사용되어 왔다. 이 분동의 질량을 1kg으로 정하고 다른 모든 물질의 질량을 이 분동을 기준으로 측정한다.

이런 기준이 정해지기 전에 고대 이집트에서는 한 톨의 보리를, 고대 중국에서는 한 톨의 쌀을 무게의 기준으로 삼는 등 각자 다른 무게기준을 가지고 있었다. 그러나 이제는 각자 다르게 사용하던 무게기준이 통일되어 생활이 더 편리해졌다.

저울의 원리를 살펴보기 전에 평상시 혼용해서 사용하는 '질량'과 '무게'는 어떻게 다른지 짚고 넘어가보자. 질량은 무게가 가지고 있는 고유한 양으로 킬로그램원기를 기준으로 한 분동과 비교하여 나타내는 물체의 값이다. 그러므로 어느 곳에 가더라도 변하지 않는다. 무게는 중력의 크기를 가리키며, 단위는 N이나 kg중으로 표시한다. 중력은 측정하는 장소에 따라 변하므로 결국 무게는 측정 장소에 따라 달라진다. 그러나 지구에서는 질

국제킬로그램원기
킬로그램원기는 높이와 지름이 각각 39mm이고 밀도가 약 21.5g/㎤인 원통형으로, 백금 90%, 이리듐 10%의 합금으로 이루어져 있다. 사진은 프랑스 파리 국제도량형국에 보관되어 있는 1kg의 킬로그램원기. 이 킬로그램원기를 기준 삼아 똑같이 만들어진 분동이 조약 가맹국에 배부되어 사용되고 있으며 정기적으로 국제도량형국에서 국제원기와 비교·검사되고 있다.

량과 무게의 크기가 수치상으로는 같으므로 일상생활에서는 구분 없이 쓰인다. 엄밀히 말하면 몸무게는 40kg이 아니라 40kg중이라고 해야 옳은 표현이다.

지렛대의 원리를 이용한 양팔저울과 대저울

저울은 여러 가지 유물로 살펴보건대 선사시대 때부터 동양이나 서양 모두에서 사용된 것으로 추정된다. 주로 양팔저울 같은 것이 먼저 발견되었고, 이후 현재의 대저울과 같은 원리를 이용하여 만든 저울이 발견되었다. 저울의 종류는 수없이 많으나 우리가 흔히 접하는 저울은 주로 아래 두 종류라 할 수 있다.

양팔저울(천칭, 윗접저울)과 대저울은 지렛대의 원리를 응용한 저울이다. 엄마와 아이가 시소를 타려면 엄마는 시소의 앞쪽에 타고 아이는 시소의 뒤쪽에 타야 균형이 맞는다. 이런 현상은 아래 그림과 같은 지렛대의 원리로 설명된다. 양팔저울은 지렛대의 중앙을 받침점으로 하고, 양

■ 지렛대의 원리를 이용한 저울의 종류

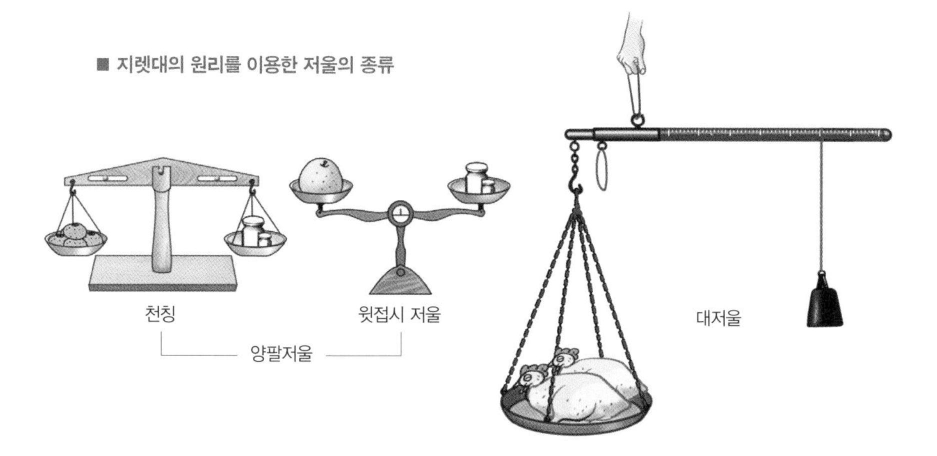

■ 지렛대의 원리

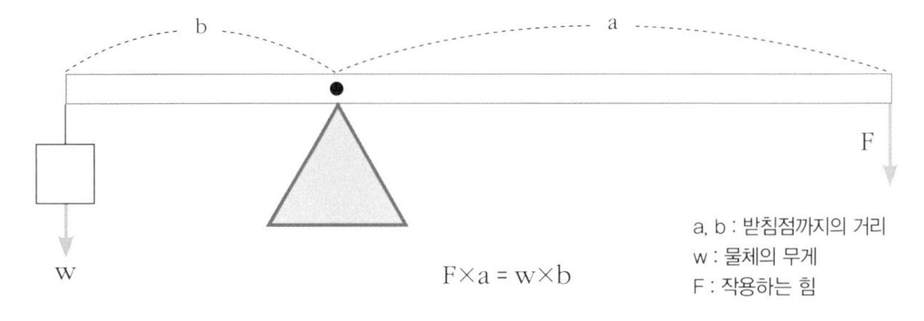

쪽의 똑같은 위치에 접시를 매달거나 올려놓은 것이다. 한쪽 접시에는 측정하고자 하는 물체를, 다른 한쪽에는 분동을 올려놓아 지렛대가 수평을 이루었을 때의 분동의 질량이 바로 물체의 질량이 되는 것이다. 그러나 양팔저울은 무겁거나 부피가 큰 물체의 질량을 측정하기에는 한계가 있었다.

이런 점을 보완한 저울이 바로 대저울이다. 대저울은 받침점 가까운 곳에 측정하고자 하는 물체를 걸고 반대쪽에는 작은 분동이나 추를 걸어 움직여서, 지렛대가 평형을 이루는 지점을 찾는 방법으로 물체의 질량을 측정한다. 받침점으로부터 평형을 이루는 지점을 알면 지렛대의 원리를 이용하여 물체의 무게를 간단히 계산할 수 있다.

물체의 질량 × 받침점과 물체 사이의 거리
= 분동의 질량 × 받침점과 분동 사이의 거리

이렇게 대저울을 이용하면 작은 양의 분동이나 추로도 무거운 물체의 질량을 쉽게 측정할 수 있다.

스프링의 탄성을 이용한 체중저울

스프링의 탄성을 이용하여 만든 저울도 우리 주변에서 흔히 접할 수 있다. 가정집에 많이 있는 체중저울이 스프링의 탄성을 이용한 저울의 대표적인 예이다. 이 저울은 스프링이 잡아당기는 힘의 크기에 비례하여 늘어난다는 사실을 이용하여 만든다. 앞서 소개한 천칭이나 대저울은 분동과의 균형을 이용하여 측정하는 것이므로 물체의 질량을 측정하는 것이다. 이에 반해, 체중저울은 물체에 작용하는 중력인 무게를 측정하는 것이다. 이는 체중저울이 중력에 의해 당겨지는 스프링의 길이를 이용하

■ 체중저울의 작동원리

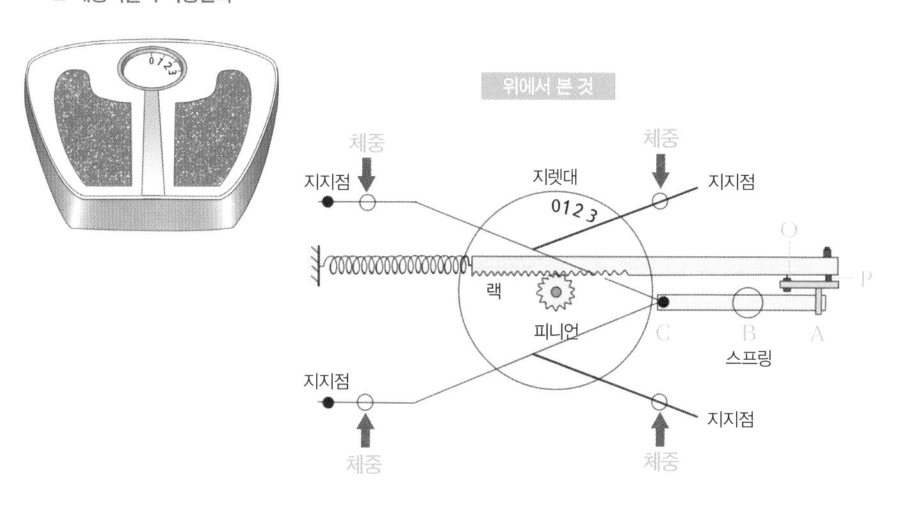

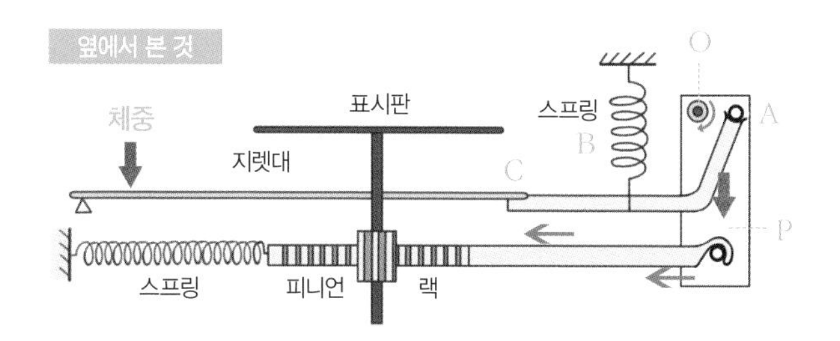

기 때문이다. 체중저울은 정밀도는 떨어지나 사용이 간편하므로 가정에서 체중을 재거나 식당에서 음식의 무게를 재는 등의 용도로 널리 사용된다.

체중저울은 크게 지렛대, 스프링, 랙, 피니언으로 구성되어 있다. 저울 위에 올라서면 체중이 지렛대의 지지점 가까이 걸리게 된다. 앞쪽 그림 〈체중저울의 작동원리〉에서 지렛대에 걸린 힘은 모두 C점을 통해서 B에 걸려있는 스프링으로 전달되어 스프링이 아래로 당겨지게 된다. 그러면 지렛대의 앞부분인 A부분이 아래로 내려오게 되고 그 결과 A에 걸려있던 판 P도 같이 아래로 처지게 된다. 그러나 판 P는 지지점 O에 걸려있으므로, O 둘레를 시계방향으로 회전하게 된다. 이 회전은 다시 판의 아래에 걸려있는 랙으로 전달된다. 그런데 랙은 왼쪽 끝에 있는 스프링에 의해 늘 왼쪽으로 당겨져 있으므로, 판 P가 시계방향으로 회전하면 랙도 왼쪽으로 움직이게 된다. 그러면 랙에 맞물려있는 피니언은 상대적으로 랙과 반대방향으로 회전하게 된다. 그결과 피니언에 연결되어 있는 표시판의 눈금이 회전하게 돼 체중을 표시하게 된다. 이때 지시판의 바늘이 0에 있어야 정확한 체중을 잴 수 있으므로, 체중계의 측면에 B점을 인위적으로 움직일 수 있는 장치를 만들어 놓은 것이다. 이 장치를 손으로 움직이면 B점에 걸려있는 스프링도 움직이므로 평소에 눈금을 0점에 맞추어 사용할 수 있다.

그 밖의 특수한 저울, 그리고 저울이 없는 세상

무게를 액체의 압력으로 변화시키는 압력식 저울, 액체의 부력과 균형을 이루는 부력식 저울, 탄성체의 변형을 전기량으로 바꾸어 전자기적 양을 무게로 나타내는 전기식 저울, 무게를 자동으로 지시하거나 기록하는 공업용으로 사용되는 저울 등 다양하고 정밀한 저울들이 개발되고 있다.

이처럼 물체의 질량과 무게를 정밀하게 재는 저울이 없었다면 우리의 생활은 어떻게 달라졌을까? 아마 지금보다 분쟁과 마찰이 훨씬 많았을 것이다. 그런 의미에서 저울은 공정함의 상징으로 인식되곤 한다. 그리스 신화에 나오는 정의의 여신 디케(Dike)가 한 손에는 칼을, 다른 한 손에는 저울을 쥐고 있는 것도 같은 맥락이라 하겠다.

도움 받은 자료

- 《즐거운 생활과학이야기》, 이영준, 대일출판사, 1991
- 《기계의 재발견》, 나카야마 히데타로, 전파과학사, 1991

SECRET▪14

시간의 흐름을 시각적으로 보여주는 모래시계의 비밀

이탈리아나 프랑스의 일류 요리사들이 반드시 주방에 두는 기구는 다름 아닌 모래시계이다. 파스타의 면을 삶는 시간, 오븐에서 빵이나 생선을 굽는 시간, 해산물을 데치는 시간, 후식으로 내올 홍차를 우려내는 시간 등등. 이 모든 시간을 모래시계로 측정한다. 결국 음식 맛의 열쇠는 다름 아닌 모래시계에 달려 있는 것일까? 요리사들은 알고 있는 것이다. 최고의 맛을 내기 위해서는 양념통을 거꾸로 흔들기에 앞서 모래시계를 거꾸로 세워둬야 한다는 사실을!

자, 지금부터 신비로운 모래시계의 레시피를 들여다보자.

시간을 측정하기 위한 인류의 노력

인류 역사에서 시간을 측정하는 것은 특히 농사에서 매우 중요한 일이었다. 시간의 측정을 위해 최초로 사용한 것은 해시계였다. 인류 최초의 해시계인 그노몬(gnomon)은 이집트의 아낙시만드로스Anaximandros, BC 610~546가 발명한 것으로, 막대를 땅 위에 세워 놓고 그림자의 위치 변화를 따라 눈금을 나누어 시간을 측정했다. 이집트 태양신앙의 상징물로 유명한 오벨리스크(obelisk)도 거대한 해시계의 역할을 했다.

그러나 해시계는 해가 있는 낮 동안에만 사용할 수 있기 때문에 그 불편함을 개선하고자 생겨난 것이 물시계이다. 용기에서 일정하게 물이 흘러나가도록 하여 만들어진 물시계는 밤낮 모두 사용할 수 있었지만, 시간을 계속 측정하기 위해서는 용기의 부피가 커야만 했기 때문에 휴대하기 힘들었다.

그래서 물을 모래로 바꾼 모래시계가 탄생하게 된 것이다. 모래시계는 8세기 경 프랑스의 성직자 라우트프랑이 고안한 것으로 휴대성이 좋고 해시계나 물시계보다 정확도가 높다.

모래시계의 주기는 구멍의 크기와 모래양으로 조절

모래시계는 위쪽과 아래쪽으로 용기가 나누어져 있고, 두 용기 사이는 좁은 구멍으로 연결되어 있다. 모래를 용기 윗부분에 위치하도록 모래시계를 뒤집어 놓으면 중력에 의해 윗부분에 있던 모래가 아래로 떨어진다. 모래가 떨어지는 시간이 일정하도록 조절해 놓았기 때문에, 모래시계는 모래가 다 떨어지는 데 걸리는 시간이 항상 같다. 제법 정밀하게 만든 모래시계는 초 단위까지 정확하다. 이로써 모래시계가 1회 모래를 떨어뜨

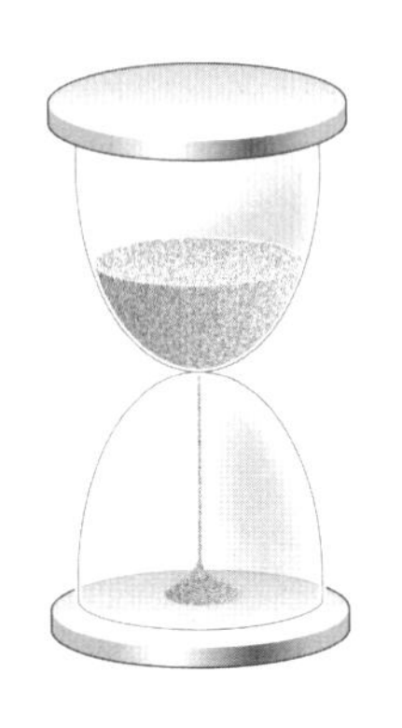

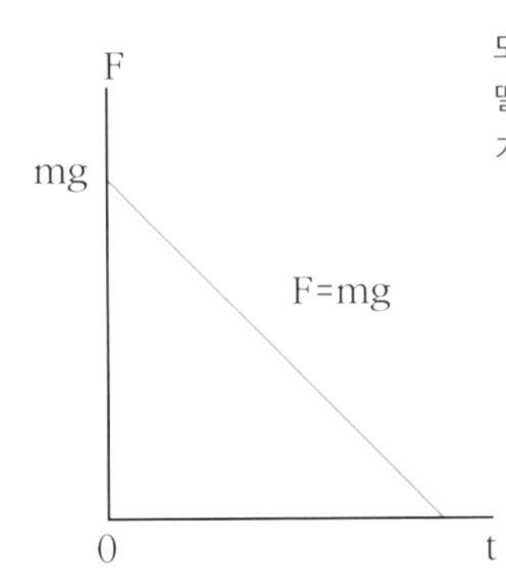

모래는 중력에 의해 아래로 떨어지고, 이때 중력 F의 크기가 일정하게 줄어든다.

리는 시간을 이용하여 일상생활에서 일정 단위의 시간을 측정할 수 있다.

앞서 모래시계의 윗부분에 있는 모래는 중력에 의해 아래로 떨어진다고 하였다. 여기서 모래시계 윗부분에 존재하는 모래의 질량을 m이라고 하면, 모래가 받는 중력(F)은 모래의 질량(m)×중력가속도(g)가 된다. 모래가 단위시간 동안에 일정량만큼 떨어지면 $\triangle$m(윗부분의 모래 질량 변화량)이 일정하기 때문에 중력 F의 크기도 일정하게 줄어든다.

그렇다면 모래시계에서 모래가 빠져 나갈수록 중력(F)이 줄어들어 속도가 느려져야 할 것이다. 그런데 모래시계는 모래가 아래로 흘러내려 모래가 줄어들어도, 계속 일정한 양이 흘러나와 정확한 시간이 측정된다. 어떻게 속도가 느려지지 않는 것일까? 그것은 바로 마찰력 때문이다. 모래시계에서 모래가 떨어질 때, 모래시계 벽면에 붙어있는 마찰력이 약한 모래층만 흘러내리고 그 외의 부분은 고정된 것과 마찬가지다. 벽면 가까이 있는 모래가 구멍을 따라 떨어지고 나면, 다시 그 벽면과 닿는 모래의 마찰력이 감소하여 구멍을 따라 떨어지게 된다. 따라서 모래시계에서 모래가 떨어지는 속도는 윗부분 모래들이 누르는 압력과 관계가 없다.

린든주립대학의 메틴Metin Yersel 교수에 따르면 실린더 형태의 용기로부터 모래와 같은 미세입자 매질이 유출되는 속도의 식은 다음과 같다.

$$유출속도 = \frac{dm}{dt} = k\rho g^{-0.5} A^{1.25}$$

k : 상수	ρ : 모래의 밀도	g : 중력가속도
A : 모래 유출 구멍의 면적	m : 모래의 질량	t : 시간

이 식에 따르면 모래의 유출속도는 k(상수), ρ(모래의 밀도), g(중력가속도), A(모래 유출 구멍의 면적)가 특정한 모래시계 안에서는 모두 정해진 상수이기 때문에 시간에 따라 변하지 않고 일정하다. 그렇기 때문에 유출되는 구멍의 단면적과 모래의 양, 이 두 가지를 다르게 조절하면 다양한 주기의 모래시계를 만들 수 있게 된다. 구멍의 단면적이 넓을수록 유출되는 모래의 양은 많아지므로 모래시계의 주기가 짧아진다. 그리고 모래의 양이 많으면 오랜 시간에 걸쳐 떨어지므로 모래시계의 주기가 길어진다. 그렇기 때문에 모래시계의 주기를 늘이려면 유출되는 구멍의 크기를 줄이고 모래의 양을 늘려주면 된다. 이때 모래는 알갱이의 크기가 일정하고, 습기를 완전히 제거한 상태가 좋다. 강원도 정동진에 세워져 있는 모래시계는 한번 모래가 다 떨어지는 데 1년의 시간이 걸리도록 설계되었다. 또한 정확도를 위해 모래 대신에 일정한 크기의 고분자물질을 사용하였다.

모래가 아래에서 위로 올라가는 모래시계

모래시계의 모래는 아래로 떨어질 수밖에 없는 것일까? 아래에 놓여 있는 모래가 위로 올라가는 것은 지구에서는 불가능할 일일까? 모래시계의 모래는 아래로만 떨어진다는 일반적인 상식을 뛰어넘어 모래가 거꾸로 움직이는 모래시계가 발명되었다. 이 모래시계의 이름은 '패러독스(paradox)'이다. 패러독스의 뜻은 '역설'이다. 우리의 상식을 벗어나 중력의 반대방향으로 모래가 움직이기 때문에 붙여진 이름이다. 그렇다면 이 모래시계는 보통의 모래시계와 어떻게 다를까?

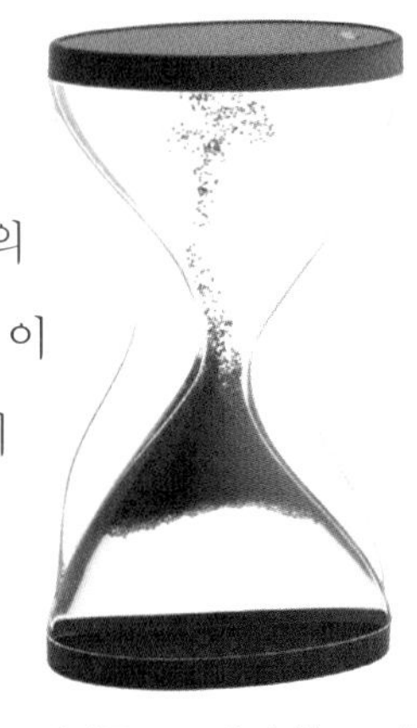

패러독스 모래시계는 모래가 아래에서 위로 올라간다. 얼핏 보면 중력을 거스르는 것처럼 보이나, 밀도가 무거운 것은 아래로 밀도가 가벼운 것은 위로 올라가는 물질의 밀도차를 이용한 것이다.

패러독스 모래시계는 사실 중력과 마찰력에 의한 미세입자의 흐름을 따라 만들어진 것이 아니라 물질의 밀도 차이를 이용한 것이다. 이 거꾸로 가는 모래시계의 안에는 기름 성분의 액체가 들어 있다. 입자 알갱이도 모래가 아니라 그 액체 성분에 뜨는 물질, 다시 말해 밀도가 그 액체보다 가벼운 고분자 물질을 넣어 둔 것이다. 밀도가 가벼운 고분자 알갱이가 아래쪽으로 가도록 패러독스 모래시계를 세워 놓으면 밀도 차이에 의해 가벼운 고분자 알갱이가 물에 기름이 뜨듯이 뜨게 된다. 모래시계 안에 일정한 밀도의 고분자 알갱이가 들어 있다면 구멍을 통과하는 속도도 일정하게 되므로, 고분자 알갱이는 일정한 시간 동안 위쪽으로 올라가게 된다. 비록 중력을 거스르는 모래시계는 아니지만, 물질의 밀도 차이를 이용하여 일반적인 모래시계와 반대인 모래시계를 만드는 생각의 전환이 신선하다.

도움 받은 자료

- 《째깍 째깍 시계의 역사》, 브루스 코실리악, 비룡소, 2006
- 《The Flow of Sand》, Metin Yersel, TPT, Vol. 38, 2000
- 《Fundamentals of Physics》, Halliday, Willey International, 2000

시간은 역사적으로 과학의 탐구 대상을 넘어 철학과 예술에서도 중요한 가치를 지녔다. 유독 모래시계를 즐겨 그렸던 독일 화가 한스 발둥 그린은 1510년 〈인생의 세 단계와 죽음〉이란 작품에서 악마가 든 모래시계를 통해 시간의 유한성을 묘사했다.

SECRET ■ 15

덥고 추운 정도의 주관적인 감정을 수치화하다

온도계의 비밀

온도는 차고 더운 정도를 숫자로 표현한 물리량이다. 만약 일기예보에서 '내일 날씨는 덥다 또는 춥다'고만 알려준다면 사람들이 생각하는 덥고 추운 정도는 다양하기 때문에 날씨에 어떻게 대비해야 할지 난감할 수 있다. 또한 냉동음식을 저장하거나 빵을 굽거나 철강제품을 만들 때, 몸에 열이 나서 신종독감인지 아닌지를 판단할 때 등 여러 가지 경우에 주관적인 감각 만으로 소통하기는 매우 힘들다. 그러므로 차고 더운 정도를 숫자로 표현한 온도를 알려준다면 객관적인 지표가 될 수 있다.

온도에 따른 공기의 부피 변화를 이용한 갈릴레이 온도계

양적으로 온도를 처음 측정한 사람은 갈릴레이Galileo Galilei, 1564~1642라고 전해진다. 오른쪽 그림과 같이 긴 관이 달린 작은 구를 따뜻하게 데우면 내부 공기의 부피가 증가하여 밀도는 감소한다. 이 관을 작은 구가 위로 오도록 물속에 거꾸로 세워두면 외부 기온의 영향으로 관속의 공기가 식으면서 부피가 줄어들기 때문에 물이 관을 따라 올라가게 된다. 즉 갈릴레이의 온도계는 온도에 따라 공기의 부피가 변화하는 원리를 이용하여 온도를 측정하였지만 정확하지 않았다고 한다.

일상의 온도 단위 화씨(°F)와 섭씨(°C)

현재 우리가 일상생활에서 사용하는 온도 단위(척도)는 화씨(°F)와 섭씨(℃) 이다. 1724년 화씨온도를 정한 사람은 독일의 물리학자 파렌하이트Daniel Gabriel Fahrenheit, 1686~1736이다. 그는 당시에 측정할 수 있었던 가장 낮은 온도인 물, 얼음, 염화암모늄이 혼합된 간수의 어는점을 0°F, 사람의 체온을 100°F로 정하였다. '화씨'는 파렌하이트라는 이름을 중국에서 화륜해(華倫海)라 표기한 데서 성씨를 따와 우리나라에서 온도 단위로 사용한 것이다. 현재 미국을 비롯한 일부 국가에서는 물의 어는점을 32°F, 끓는점을 212°F

■ 갈릴레이 온도계

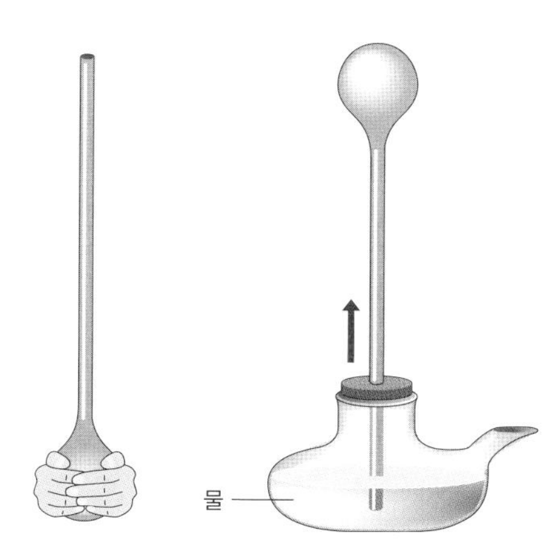

구를 손으로 감싸면 관속의 공기가 따뜻하게 데워지면서 관속의 공기 밀도가 감소한다(왼쪽). 공기 밀도가 낮아진 관을 구가 위로 가도록하여 물속에 꽂아두면 관속의 공기가 실온이 될 때까지 물이 상승한다(오른쪽).

로 정하고 그 사이를 180등분 한 화씨온도를 사용하고 있으며 단위 표기는 '°F'를 사용한다.

대부분의 나라들은 섭씨온도를 사용한다. 섭씨 역시 셀시우스Anders Celsius, 1701~1744의 중국식 번역 이름인 섭이사(攝爾思)에서 성씨를 온도 단위로 표현한 것이다. 섭씨온도는 1742년 셀시우스가 정한 온도체계로써, 물의 어는점을 0℃, 끓는점을 100℃로 정한 후 그 사이를 100등분하여 온도를 표기하였으며 단위 표기는 '℃'를 사용한다. 셀시우스가 이 측정단위를 처음 제안했을 때는 물의 어는점을 100℃, 끓는점을 0℃로 정했으나 사용하는데 불편했기 때문에 현재와 같이 바뀌었다고 한다. 섭씨온도와 화씨온도의 관계는 다음과 같다.

$$\text{섭씨온도}(℃) = \frac{5}{9} \times [\text{화씨온도}(°F) - 32]$$

과학의 온도 단위 켈빈(K)

일상생활에서와 달리 과학에서의 온도 단위는 절대온도인 켈빈온도 'K' 단위를 사용한다. 1787년 자크 샤를Jacques Charles, 1746~1823은 일정한 압력에서 기체의 부피와 온도는 비례한다는 '샤를의 법칙'을 발표하였다. 이 법칙을 적용할 때 온도가 감소하면 그에 비례하여 기체의 부피도 감소한다고 할 수 있다. 그런데 흥미롭게도 온도를 계속 감소시키면 모든 기체의 부피가 약 -273.15℃에서 0이 되는 결과가 나온다. 물론 실제 상황에서는 이 온도가 되기 전에 대부분의 기체는 액체나 고체 상태로 변화하게 된다. 과학에서는 이상적인 상황인 이 온도를 절대온도의 기준

■ 여러 가지 온도 단위의 비교

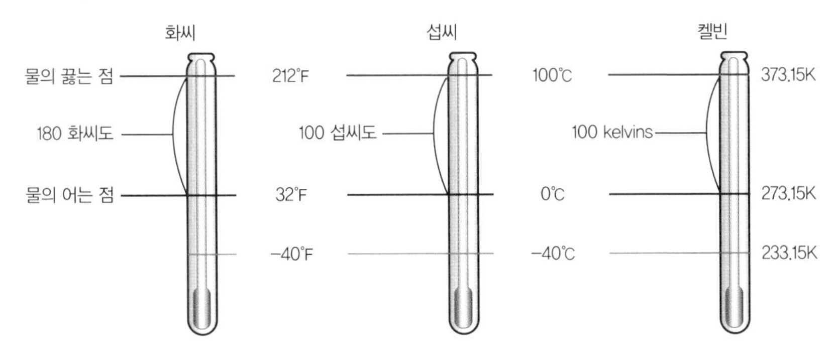

'0K'로 정의하였으며 단위는 'K(켈빈)'를 사용한다. 절대온도의 간격은 섭씨온도의 간격과 같으며 이들의 관계식은 아래와 같다.

$$절대온도(K)=섭씨온도(℃)+273.15$$

과학에서 절대온도를 사용하는 이유는, 절대온도가 섭씨나 화씨와 달리 물질의 특성과 무관하게 정의되었고, 온도값에 대한 수학적 비례관계가 성립하기 때문이다. 또한 열역학적으로 절대온도 기준인 0K는 분자의 운동에너지가 0인 상태이며 자연계의 최저 온도로 정의되어 있다.

열팽창 원리로 온도를 측정하는 열팽창온도계

온도계가 되려면 온도에 따라 변하는 물리적인 측정값이 있어야 한다. 예를 들면 온도에 따라 부피가 변하거나, 온도에 따라 저항이 변하는 경우에 온도계를 만들 수 있다. 물론, 온도를 측정할 수 있을 정도의 변화가 있어야 한다. 또한 온도에 따라 일정한 비율의 변화관계를 설명할 수 있어야 한다.

기온이나 체온을 측정하는 온도계는 열팽창을 이용한 온도계가 흔하다. 물질은 열을 얻으면 부피나 길이가 늘어나고 열을 잃으면 부피나 길이가 줄어든다. 이 원리를 이용한 온도계가 열팽창온도계이다. 보통 고체, 액체, 기체 온도계로 분류가 가능한데 앞서 살펴본 갈릴레이가 처음 만든 온도계가 열팽창을 이용한 기체 온도계라 할 수 있다.

주변에서 흔히 보는 액체 온도계는 수은이나 붉은색소를 첨가한 알코올 온도계이다. 액체 온도계는 진공의 가는 유리관에 수은이나 알코올을 적당량 넣는다. 온도를 측정하기 위해서 이 온도계를 더운 물에 담그면 더운물에서 온도계로 열이 이동하게 된다. 이때 열을 얻은 수은이나 알코올의 부피가 열적 평형상태(흡수하는 열량과 방출하는 열량이 같아 일정한 온도가 유지되는 상태)가 될 때까지 늘어나 유리관 위로 올라간다. 열적 평형상태가 되면 온도계 속의 액체 부피는 더 이상 변하지 않기 때문에 이때 수은주나 알코올의 높이를 읽으면 측정하려는 물질의 온도가 된다.

액체 온도계인 알코올 온도계는 수은 온도계보다 부피 팽창비율이 크기 때문에 눈금을 읽기가 편하다. 그러나 끓는점이 78℃로 낮고 높은 온도를 측정한 후에 유리관 벽에 알코올이 붙어 눈금을 읽기가 어려운 단점이 있다. 이러한 알코올 온도계의 단점을 보완하기 위해 나온 것이 수은 온도계이다. 수은 온도계는 알코올 온도계보다 상대적으로 눈금이 더 정확하지만 눈금 간격이 좁다.

체온이 42℃가 되면 사망에 이르므로 체온계에는 측정에 적절한 눈금인 42℃까지만 표시해 놓았다.

실험실에서 사용하는 온도계는 보통 100℃까지 표시가 되어 있는데 왜 체온계의 최대 눈금은 42℃일까? 그 이유는 42℃ 부근이 사람이 아파서 열이 날 때 올라갈 수 있는 최대 생명 온도이기 때문이다. 보통 사람의 체온이 41℃가 되면 혼수상태가 되고, 42℃가 되면 몸을 이루는 단백질이 열에 의해 응고되어 제 기능을 잃어 사망에 이른다. 따라서 측정에 적절한 눈금만 표시해 놓은 것이다.

고체의 열팽창을 이용한 온도계는 흔히 바이메탈(bi-metal)이라고 부른다. 바이메탈은 온도에 따라 열팽창률이 다른 두 장의 금속판을 붙인 것이다. 이것은 전류가 흐르는 동안 발생한 열량에 따라 열팽창률이 큰 금속에서 작은 금속 쪽으로 휘어져 회로의 연결을 차단하였다가 식으면 다시 회로에 붙는 방식으로, 적정 온도를 유지하게 하는 것이다. 다리미와 같이 일정한 온도를 유지하는 기구에 사용된다.

최저온에서 초고온까지 측정하는 다양한 종류의 온도계

열전대온도계(thermocouple)나 저항온도계(thermister)는 전기적 성질을 이용한 온도계로써 비슷한 용도로 사용된다. 서로 다른 두 개의 금속 도체를 접합하여 폐회로가 되었을 때 두 금속 사이에는 전압이 발생한다. 이 전압의 크기가 온도에 따라 달라지는 성질을 이용한 것이 열전대온도계이다. 두 개의 접합 금속이 무엇인가에 따라 측정 가능한 온도영역은 다양하며, 사용 가능한 범위도 -180℃에서 2000℃까지 상당히 넓다. 예를 들어 철(iron)과 콘스탄탄(constantan)을 접합한 열선대온도계는 -184~760℃ 범위의 온도 측정이 가능하며, 이때 전압의 변화는 50mV

이다. 크로멜(Chromel)과 알루멜(Alumel)의 온도 측정범위는 0~982℃이며, 이때 전압변화는 75mV에 해당한다. 냉장고나 에어컨과 같이 온도를 일정하게 유지해야 하는 전기기구나 산업용으로 사용된다.

저항온도계는 온도에 따라 물질의 저항이 변한다는 원리를 이용한 것이다. 금속과 같은 도체는 온도가 높아지면 저항이 증가하고, 반도체나 부도체는 온도가 높아지면 저항이 감소하는 경향이 있기 때문에 금속, 합금, 반도체를 적절한 영역의 온도 측정에 이용하고 있다. 저항온도계의 특징은 온도 측정범위가 넓고, 고온과 저온을 번갈아 가면서 재도 일관성 있는 온도를 측정할 수 있다는 것이다. 또한 금속에 자석의 성질을 가진 불순물을 첨가하거나 반도체에 불순물을 첨가하여 온도 측정범위를 다양하게 변화시킬 수도 있다. 예를 들면 자석의 성질을 가진 철 이온을 전기나 열을 잘 전달하는 로듐에 약 0.5% 넣으면, 최저 0.1K의 초저온의 세계를 측정할 수 있는 온도계를 만들 수 있다.

태양과 같은 고온의 별 온도는 파장에 따른 별의 색깔을 이용하여 측정한다. 노란색의 태양 표면온도는 약 6000℃이다.

적외선온도계는 물질이 방출하는 적외선 복사에너지가 온도에 따라 달라진다는 점을 이용한 것이다. 모든 물질은 가시광선의 붉은색보다 파장이 긴 영역의 적외선(열선)을 복사·방출하기 때문이다. 이 온도계는 적외선 복사에너지의 세기를 열로 변환 감지하여 온도를 측정한다. 온도 변화를 전자신호로 바꾸어 증폭시킨 후 온도를 읽는 것이다. 적외선온도계의 장점은 직접 접촉하기 힘든 물체의 온도를 접촉하지 않은 채 측정할 수 있기 때문에 안전성이 높다. 또 물질 접촉 온도계처럼 열평형상태가 될 때까지 기다려야 할 필요가 없기 때문에 온도감지속도가 빠르다. 적외선온도계는 병이나 유리섬유를 제조하는 유리산업, 철강산업, 플라스틱제조산업 분야에서 고온인 물질의 온도를 간접적으로 측정하는데 사용된다.

그렇다면 태양과 같은 고온의 별 온도는 어떻게 측정할까? 물질은 특정 온도에서 특정한 파장의 색깔을 띤 빛을 강하게 방출한다. 따라서 파장에 따른 별의 색깔을 이용하여 온도를 측정한다. 노란색의 태양 표면 온도는 약 6000℃이다.

이외에도 외부 자기장이 가해졌을 때 자석 배열 정도로 온도를 측정하는 자기온도계, 시온(示溫)염료를 이용한 종이온도계, 기온과 습도를 함께 측정하는 건습구온도계 등 다양한 온도계가 있다. 이들은 일상의 온도 범위를 벗어난 초저온의 세계에서 초고온의 세계까지 다양한 영역의 온도를 측정한다.

도움 받은 자료

- 《첨단기술의 기초》, 이일수, 글고운, 2007
- 《앗 발명 속에 이런 원리가》, 이정화, 대교, 2000

SECRET • 16

삭힐 것인가, 썩힐 것인가 그것이 문제로다
발효의 비밀

냉장고에 오래 된 흰 우유가 있다. 우유 곽은 샀을 때보다 빵빵하게 부풀어져 있고, 열어보니 시큼한 냄새와 함께 우유가 덩어리져 있다. 이 때 그것을 연 사람은 이렇게 말할 것이다.

"우유가 상했어!"

그런데 흰 우유를 다른 과정을 통해 오래 놔두면 똑같이 시큼한 냄새와 맛을 가진 흰 덩어리가 되는데 이 것을 본 사람은 이번에는 이렇게 말한다.

"와~ 플레인 요구르트다!"

발효와 부패는 어떻게 다를까?

요구르트가 만들어지는 것은 발효이고 우유가 상한 것은 부패이다. 발효와 부패 모두 미생물로 인해 일어나는 현상이다. 미생물이 관여한 과정의 결과 우리가 먹었을 때 도움이 되는 물질이 만들어지면 발효, 그렇지 않고 해가 되는 물질이 만들어지면 부패이다. 발효를 담당하는 균이나 부패를 담당하는 균 모두 미생물이고 자신들의 효소를 사용하여 우유 등에 들어있는 유기물을 분해하는 작용을 했을 뿐인데 분해를 통해 나온 결과물이 우리에게 발효균은 유익하고, 부패균은 유익하지 않은 미생물이 되는 것이다. 이 차이는 발효균은 주로 당을 분해하고, 부패균은 주로 단백질을 분해하기에 그 결과물이 달라져 생기는 것이다.

발효의 유래와 역사

발효(fermentation)는 '거품을 일으킨다'는 뜻의 라틴어 '페르베르(fervere)'에서 유래되었다. 대부분의 발효는 결과물로 이산화탄소가 만들어져 거품이 발생한다. 발효주인 맥주와 막걸리에 생기는 거품의 정체도 이산화탄소이다.

발효의 개념은 1500년대 이후 미생물의 존재를 알 수 있게 한 현미경의 발달과 더불어 생겼지만, 발효를 이용한 식품은 이미 오래전부터 인류와 생물체들에게 그 영향력을 행사해왔다.

술 취한 코끼리 이야기를 들은 적이 있는가? 야생에서 과일이 땅에 떨어져 온도와 습도 등의 조건이 적절한 경우 썩지 않고 발효가 일어나는 경우가 있다. 주로 일어나는 알코올 발효에 의해 자연적으로 술이 만들어져 그것을 마신 코끼리나 원숭이가 술에 취하는 일이 생기는 것이다. 가장 오래된 발효식품은 고대 이집트 미술이나 그리스 신화에서도 나오는 포도주다. 이처럼 발효는 오래 전부터 인류와 지속적으로 역사적인 인연을 맺어왔다.

고대 이집트 귀족의 무덤 안에서 발굴된 그림을 보면 포도를 발로 밟아 추출한 포도즙을 저장용 항아리에서 발효시켜 와인을 만드는 장면이 나온다.

발효의 원리

자, 이제 발효에 담긴 과학적 원리를 탐사해 보도록 하자.

모든 생물은 살아가는 데 있어서 에너지를 필요로 한다. 광합성을 통해 직접 에너지를 낼 수 있는 물질을 생산하는 녹색 식물 및 일부 생물들을 제외하고는 대부분의 생물들이 에너지를 내는 물질을 외부로부터 공급 받는다. 이런 물질을 '에너지원'이라고 하는데, 탄수화물, 단백질, 지방이 여기에 속한다.

발효는 미생물이 에너지를 얻기 위해 물질을 분해하는 과정으로, 미생물은 주로 탄수화물인 포도당과 같은 당을 분해하여 에너지를 얻게 된다. 예를 들어 포도당을 효모(yeast)가 분해하면 효모가 살아가는데 에너지인 ATP를 얻고, 분해산물로 이산화탄소와 알코올이 생긴다. 발효는 식초를 만드는 아세트산 발효를 제외하고 모두 산소가 없는 환경조건에서

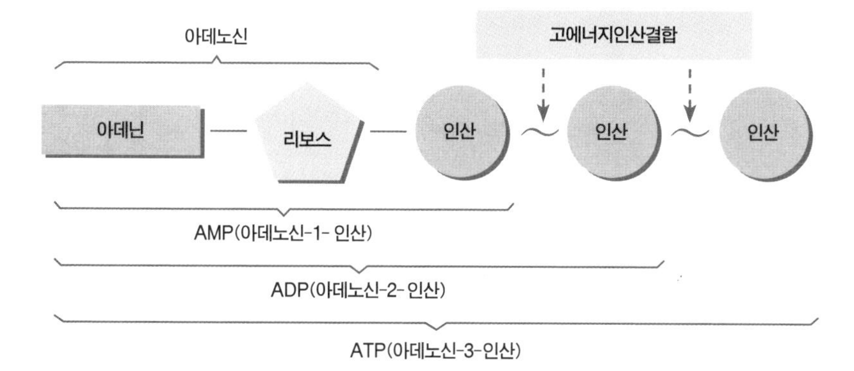

진행된다. 산소가 있으면 최종 산물로 알코올을 만들지 않고 더 분해하여 물과 이산화탄소를 생산하기에 이를 발효라고 부르지 않는다.

그런데 왜 포도당에 들어있는 에너지를 바로 사용하지 않고 ATP*의 형태로 에너지를 바꾸어 사용할까?

ATP(Adenosine Triphosphate)
아데노신에 인산이 3개 결합한 형태로 생체 내 에너지를 공급하는 화합물.

포도당을 지폐에 비유한다면 백만 원 수표가 된다. 백만 원 수표는 일상생활에서 사용하기 번거롭다. 작은 물건을 살 때는 수표보다 만 원짜리가 훨씬 사용하기에 편리하다. ATP는 만 원짜리 지폐에 해당하여 언제든지 손쉽게 에너지를 공급해 줄 수 있는 존재이다.

술을 만드는 알코올 발효

알코올 발효는 산소가 없는 환경에서 미생물이 포도당과 같은 당 성분을 분해하여 알코올과 이산화탄소 및 부산물을 만드는 과정이다. 알코올 발효는 고대 메소포타미아 문명에서부터 알려져 있었으나, 효모에 의해 발효가 일어난다는 사실은 1857년 프랑스의 미생물학자 파스퇴르Louis Pasteur, 1822~1895에 의해 밝혀졌다. 파스퇴르는 1856년경 포도주 양조업자들의 부탁으로 포도주가 상하는 원인을 찾아내는 과정에서 효모에 의한 발효를 증명했다.

알코올 발효 과정은 다음과 같다.

$$\text{포도당}(C_6H_{12}O_6)+\text{효모}$$
$$\rightarrow \text{에탄올}(C_2H_5OH)+\text{이산화탄소}(CO_2)+ATP$$

이 때 만들어지는 알코올(에탄올)이 우리가 사용하는 술의 성분이 된다. 빵 반죽을 만들 때 효모(이스트)를 섞어 만드는 이유가 효모의 발효작용으로 생기는 이산화탄소가 빵을 부풀리는 데 사용되기 때문이다. 알코올 발효를 하는 미생물은 주로 효모이며 그 밖에 몇몇 다른 미생물이 알코올 발효를 한다고 알려져 있다.

핀란드 출신의 화가 엘버트 에델펠트가 그린 〈실험실에서의 파스퇴르〉(1895년).

맥주는 맥아(보리 싹)의 발효로, 막걸리는 쌀이나 감자 등 곡류의 발효로, 포도주는 포도의 발효로 술로 된 것이다.

과일의 당 성분을 이용해 알코올 발효를 하면 다양한 과실주가 만들어 진다. 과실주를 만들 때 효모를 따로 넣지 않고 과일과 설탕만으로 술을 담근다는 이야기가 있다. 이것은 과일의 표면에 공기 중 효모가 묻어있었기 때문이다. 알코올 발효를 시킬 때 산소가 없는 환경이어야 하므로 밀폐시키는 것이 맞지만 종종 안의 가스를 제거해주라고 하는 말을 들어봤을 것이다. 이것은 발효 화학 반응식에서 볼 수 있듯이 알코올 발효의 결과로 나오는 이산화탄소 때문인데 밀폐부분이 터질 수 있기 때문이다.

요구르트와 김치를 만드는 젖산 발효

젖산 발효는 역시 산소가 없는 환경에서 젖산균(유산균)이 포도당과 같은 당 성분을 분해하여 젖산과 이산화탄소를 만드는 과정이다. 우리가 많이 먹는 요구르트나 김치가 대표적인 젖산 발효식품이다.

$$\text{포도당}(C_6H_{12}O_6)+\text{유산균}\rightarrow\text{젖산}(C_3H_6O_3)+ATP$$

김치는 발효가 많이 진행되면 젖산의 신맛 때문에 시어지게 되는 것이다. 젖산 발효는 유산균 종류에 따라 혼합 발효를 해서 알코올 발효와 젖산 발효를 동시에 하는 종류가 있기도 하다.

김치의 발효과정에서 나는 소리는 젖산 발효 자체에서 나오는 기체가 아닌 공기가 밀려 터지는 소리이지만, 이런 소리가 날수록 배추 안에서 젖산 발효가 진행되고 있음을 의미하므로, 결국 김치가 맛있게 익어가는 소리라 할 수 있다. 이런 원리에 착안했는지 제품 이름에 '아삭'을 붙인 김치냉장고가 눈길을 끌었다.

젖산 발효만 단독으로 하는 경우 알코올 발효와 달리 이산화탄소가 발생하지 않는다. 그런데 김치가 시어지는 과정에서 약간의 기포가 발생하는 경우가 있는데, 유산균에 의해 김치가 익어가는 소리를 들려주는 모습이 담긴 김치냉장고 광고가 기억이 난다. 김치의 젖산 발효는 다른 미생물에 의해 이산화탄소가 발생하는 발효가 먼저 일어나고, 이 이산화탄소가 배추 속 공기를 밀어내어 배추 부분에 산소가 없는 환경이 만들어지면서 진행된다. 따라서 김치의 발효과정에서 나는 소리는 젖산 발효 자체에서 나오는 기체가 아닌 공기가 밀려 터지는 소리이지만, 이런 소리가 날수록 배추 안에서 젖산 발효가 진행되고 있음을 의미하므로, 결국 김치가 맛있게 익어가는 소리라 할 수 있다.

요구르트도 젖산의 낮은 산성도(pH) 때문에 우유의 단백질이 변성이 일어나 몽글거리는 고체가 되는 것이다. 요구르트는 장수식품으로 유명하다. 이것은 요구르트의 발원지로 알려진 발칸반도의 남동부에 위치한 불가리아 사람들이 장수한다는 사실에서 유래했다. 불가리아 사람들이 장수하는 원인을 찾아보니 그 나라 사람들이 요구르트를 많이 먹는다는 사실이 알려지면서, 요구르트가 장수식품의 하나로 불리게 된 것이다.

그리스 인근 지중해 사람들이 많이 먹는다하여 이름 붙여진 '그릭요구르트'는 젖산 발효의 과정은 같으나 농축유를 발효시키거나 일반 요구르트를 발효하듯 젖산 발효시킨 후 수분을 더 제거하기 때문에 일반 요구르트보다 단백질과 젖산 함량이 더 높고 수분이 적어 빽빽한 감이 있다.

그릭 요구르트

식초를 만드는 아세트산 발효

아세트산 발효는 결과물로 식초의 주원료인 아세트산이 만들어지기 때문에 초산 발효라고도 불린다. 아세트산 발효는 산소가 있는 조건에서 아세트산균에 의해 일어나는 발효이다.

에탄올(C_2H_5OH)+산소(O_2)+아세트산균
→ 아세트산(CH_3COOH)+ATP+물(H_2O)

먹다 남은 막걸리를 제대로 막아두지 않으면 산소가 병 안으로 들어가 점점 시큼하게 변해가는데, 아세트산 발효가 일어나고 있는 것이다. 시중에 판매되는 사과식초, 레몬식초, 감식초, 바나나식초, 파인애플식초 등은 모두 알코올 발효 후 아세트산 발효를 거쳐 만들어진다. 다만 양조식초는 알코올 발효 과정을 단축시키기 위해 기존의 술에 재료를 담가 아세트산 발효를 하기도 한다.

레몬식초

SECRET

세 번째 시크릿 스페이스

BATHROOM

SECRET▪17

창 없이 막힌 욕실을 환하게 비추는 전구의 비밀

전구는 창 없이 사방이 막힌 욕실과 같이 어두운 공간을 환하게 비춘다. 오늘날 전구는 세균을 흡착하고 냄새를 제거하는 자외선 조명, 음이온 발생 램프, 식물재배에 이용하는 LED광원, 물리치료에 사용하는 적외선 조명, 그리고 인간의 감성까지 조절할 수 있는 기능성 조명으로 미지의 세계까지 환하게 비추고 있다. 또한 장식품과 오브제로써 전시관이나 거리 곳곳에 자리 잡고 있다. 이제 전구는 더 이상 다른 무언가를 비추는 대상이 아닌, 스스로 밝게 빛나는 하나의 예술인 것이다.

밤낮없이 일하는 시대를 위한 발명품, 전구

조명의 역사는 수십만 년 전, 인간이 불을 사용하면서부터 시작되었다. 초기의 불은 음식물을 익히고 몸을 따뜻하게 하는데 사용됐다. 이후 동물이나 식물에서 얻은 기름을 사용해 불을 오래 유지할 수 있게 되면서 불은 램프나 양초 등을 통해 조명으로서의 역할을 하게 되었다.

에디슨이 발명해 최초로 실용화에 성공한 전구

유럽에서는 18세기 중엽에서 말경에 이르기까지 산업이 발달함에 따라 대규모 공장이 생기고, 대량 생산을 위해서는 밤에도 일을 해야만 했다. 그래서 밝은 조명이 필요하게 됐으며 이때 등장한 것이 가스등이었다. 그러나 가스등의 불빛은 어둡고 사고 위험도 컸기 때문에 더 좋은 조명이 필요했다.

1808년 험프리 데이비Humphry Davy, 1778~1829가 탄소에 전류를 흘리면 빛이 발생하는 것을 발견하여, 파리의 콩코드 광장에 2천 개의 전지로 탄소아크 가로등을 점등한 것이 전등의 시초이다. 이 전등은 빛이 너무나 강렬해서 가정에서는 사용할 수가 없었다.

1879년 10월 21일 미국의 에디슨이 면으로 된 실을 탄화시킨 필라멘트(탄소 필라멘트)를 사용해 40시간 가량 점등한 후 전구를 실용화하기에 이른다. 물론 에디슨 이전에도 많은 과학자들이 전구 발명에 힘써 왔기에 에디슨이 최초의 발명가는 아니다. 그러나 에디슨은 영국의 조지프 스완Joseph Wilson Swan과 합작하여 전구의 실용화에 성공한 발명가임에는 틀림이 없다.

1894년에는 셀룰로오스를 사용한 탄소 필라멘트 전구가 사용되었으

한국 조명의 발상지 건청궁. 건청궁은 우리나라 최초로 전등이 켜진 장소이자 명성황후가 시해된 비극의 공간이다.

나 고온에서 탄소가 증발하여 전구 안쪽이 검게 되는 문제가 있었다. 1910년 미국의 쿨리지William David Coolidge, 1873~1975가 텅스텐을 가는 선으로 만드는 데 성공해, 필라멘트에 사용함으로서 전구의 수명은 더 길어지게 되었다. 1913년 미국의 어빙 랭뮤어Irving Langmuir, 1881~1957는 고온에서 필라멘트가 끊어지는 것을 방지하기 위해 유리구 속에 질소가스를 주입하여 전구의 수명을 길게 하였다. 지금의 전구는 아르곤가스와 질소가스를 혼합하여 사용하고 있으며, 필라멘트는 효율을 높이기 위하여 코일 모양으로 감아서 사용하고 있다.

우리나라에서는 1887년 3월 6일 경복궁 건청궁(乾淸宮)에서 최초로 전등을 사용했다. 미국에 다녀온 사절단이 어두운 밤을 대낮같이 밝게 해주는 전구에 대해 고종에게 설명하고 발전소 건설을 건의했다. 고종은 미국의 에디슨 전기회사에게 전기공사를 맡겼고, 에디슨 전기회사는 건청궁 앞에 있는 연못(향원지)의 물을 끌어들여 전기를 만드는 발전소를 지어 우리나라 최초의 전등불을 밝혔다.

열복사에 의해 백색광을 내는 백열전구

어둠을 밝히는 전등은 빛을 내는 원리에 따라 다음과 같이 분류한다. 백열전구와 같이 열복사에 의해 빛을 내는 것, 형광등과 같이 방전에 의해 빛을 내는 것, EL(Electro-Luminescence, 전계발광)과 LED(Luminescent Diode, 발광다이오드)와 같이 전계(전기장)에 의해 빛을 내는 것, 그 밖에 레이저 발광, 플라즈마 발광 등이다. 전구는 어떤 원리로 빛을 낼 수 있을까?

모든 물체는 온도를 높이면 열복사(thermal radiation)가 일어난다. 전열기는 저항체에 전류를 흘려 발생하는 열을 이용하는 기기이다. 백열전구도 전열기와 마찬가지로 저항체 필라멘트에 전류를 흘려주면 열이 발생하고 온도가 높아지며 백색광의 빛을 낸다. 이것이 바로 백열전구의 원리이다. 필라멘트에 열이 발생하고 빛을 내려면 적당한 저항을 가져야 한다. 물체의 저항은 다음과 같은 식으로 표현한다.

$$R = \rho \frac{l}{S}$$

R: 도선의 저항　　l: 도선의 길이
S: 도선의 단면적　　ρ: 도선의 비저항
비저항 값은 도선의 온도 및 재질 등에 관계되며, 단위는 옴·미터($\Omega \cdot$m)이다.

필라멘트의 재료로 텅스텐을 사용하면 적당한 저항값으로 열과 빛을 낼 수 있다. 그러나 백열전구는 다른 조명 기구에 비해 빛 효율이 낮다. 그 이유는 사용전력의 5% 정도만 빛을 내는 데 쓰이고 나머지 95%는 열로 나오기 때문이다.

백열전구는 유리구 안에 들어 있는 스템 끝의 앵커에 필라멘트가 매달려 있고, 도입선을 통해 밖으로부터 필라멘트에 전기가 공급되어 빛을 낸다. 베이스는 전구를 전원에 접속하기 위하여 부착시키는 부분이며, 황동이나 알루미늄을 사용하고 있다. 도입선은 베이스 단자와 필라멘트를 연결하는 선이며, 안쪽 도입선, 바깥쪽 도입선, 봉착부 도입선으로 되어

■ 백열전구의 구조

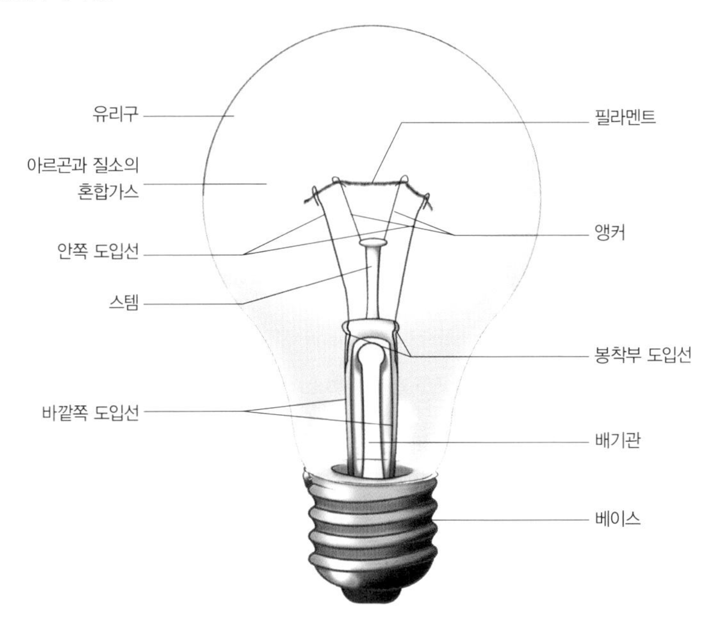

있다. 바깥쪽 도입선은 동선(구리선)을, 안쪽 도입선은 동선 또는 니켈을 주로 사용한다. 봉착부에서는 도입선이 유리를 통과하므로 공기가 새지 않도록 유리와 팽창계수*가 거의 같은 듀멧선(철-니켈 합금에 구리로 피복한 선으로, 유리와의 밀착성을 높이기 위해 구리로 피복)이 사용된다. 앵커를 고정하기 위한 스템유리는 가공성이 우수한 납유리가 쓰인다. 앵커는 필라멘트가 움직이지 않도록 지지하는 것으로, 높은 온도에서도 변하지 않으며, 유리와 잘 밀착되는 몰리브데넘선(molybdenum wire)을 주로 사용한다.

팽창계수
(coefficient of expansion)
고체의 열팽창에 따른 길이의 변화 비율로, 온도가 1℃ 변할 때 재료의 단위길이당 길이의 변화를 말한다.

필라멘트는 녹는점이 높고, 높은 온도에서 증발성이 작아야 한다. 증발하기 쉬운 금속은 금속표면으로부터 분자가 증발하여 필라멘트가 가늘어지고, 증발한 분자는 유리구 안쪽에 달라붙어 검게 된다. 이러한 필라멘트의 조건에는 텅스텐이 가장 잘 부합된다. 텅스텐은 녹는점(약 3400℃)이 탄소(약 3550℃) 다음으로 높고 팽창계수도 매우 작아 필라멘트 모양이 거의 변하지 않는다.

백열전구의 필라멘트는 진공상태의 높은 온도에서 증발하기 쉬우므로 이를 막기 위해 유리구 안에 아르곤과 질소의 혼합가스를 넣고 밀봉해 만든다. 아르곤은 화학적으로 매우 안정적이어서 거의 대부분의 반응에 참여하지 않으며, 고온에서도 견고하다. 유리구는 필라멘트로부터 복사되는 빛을 투과시켜야 하므로 보통 연질의 소다석회유리를 사용하고 있으나, 전력이 큰 전구에는 높은 온도에 견딜 수 있는 경질의 붕규산 유리가 사용된다. 또한, 필라멘트의 고휘도로 인한 눈부심을 방지하기 위하여 유리구 안쪽에 백색분말인 실리카 분말을 칠하여 밝기를 낮추기도 한다. 배기관은 전구 안의 공기를 빼내거나 가스를 넣을 때 사용되며, 사용 후 밀폐된다.

백열전구의 현재와 미래

백열전구의 수명은 약 1천 시간 정도이며, 출력(전력)은 다양하다. 또한 백열전구는 같은 밝기의 형광등에 비해 에너지 소모가 2~3배 정도 많지만 켤 때 에너지 소모가 적어 불을 자주 켜고 꺼야 하는 현관이나 화장실 등에 사용한다. 특히 빛이 부드럽고 따뜻한 느낌을 주어 아늑한 분위기를 연출하는 곳이나 장식을 위한 조명에 적합하다. 또한 자연색광을 그대로 연출하여 주방이나 식당에서 사용하면 음식의 맛을 돋울 수 있다.

에디슨이 1879년에 진공 탄소 필라멘트를 사용한 전구를 실용화한 이후 전구는 크립톤 전구, 할로겐 전구 등 다양하게 개량되고 있다. 할로젠(할로겐) 전구는 브로민(브롬)이나 아이오딘(요오드) 등의 할로젠 물질을 주입하여 전구의 수명을 길게 하고 효율을 좋게 하였다. 백열전구에 비해 크기가 작고 색상을 표현하는 연색성(演色性)* 이 매우 우수하여 자동차의 헤드라이트, 비행장의 활주로, 무대 조명, 백화점, 인테리어 조명의 광원으로 많이 사용된다. 크립톤 전구는 크립톤 가스를 주입하여 전구의 수명이 길고 효율이 뛰어나 일반 조명 및 장식용으로 사용된다.

연색성(color rendering)
조명이 물체의 색을 다르게 보이게 하는 성질을 연색성이라고 한다. 자연의 색을 잘 나타내는 것을 연색성이 좋다고 한다. 백열전구는 형광등보다 연색성이 좋다.

전구는 현대인들의 잠을 빼앗은 '잠도둑'

우리생활을 편리하게 해주는 전구. 하지만 전구는 경쟁과 효율을 내세우면서 '더 일하라고' 몰아세우는 사회를 조장한 물건으로 지탄을 받기도 한다. 전구는 산업사회가 본격적으로 도래하는 데 지대한 공을 세웠다. 전구 덕분에 공장은 24시간 제품을 생산하고, 밤이 되어도 거리나 실내 모두 낮과 다름없게 되었다. 24시간 가동되는 사회는 잠들고 싶어도 잠잘 수 없는 사람들을 셀 수 없을만큼 많이 생겨나게 했다. 캐나다의 심리학자 스탠리 코렌Stanley Coren

전구가 발명된 후 사람들의 평균 수면시간이 줄어들었다.

은《잠도둑들(The sleep thieves)》이라는 책에서 에디슨이 전구를 발명한 후 현대인들은 점점 더 잠을 뺏기고 있다고 말했다. 예전에는 사람들이 하루 평균 9시간을 잤으나 전구가 발명된 후 수면시간이 7시간 반으로 줄어들었다고 한다.

인간의 감성과 교감하는 LED조명

찬란한 빛을 내며 인간과 함께 해온 백열전구가 사라질 위기에 처했다. 미국, 호주, 유럽연합 등은 백열전구의 사용을 금지한다는 방침을 공식화했다. 우리나라도 백열전구의 점진적인 퇴출을 유도하고 있는 바, 2009년부터 공공 기관 내 백열전구는 상대적으로 수명이 긴 형광등이나 할로젠 램프로 교체하고 있다. 머지않아 백열전구가 사라질 전망이다. 그 이유는 백열전구가 형광등이나 삼파장램프, LED전구에 비해 에너지 소모량이 많아 환경에 해롭기 때문이다. 백열전구는 월등한 가격경쟁력과 뛰어난 색감, 탁월한 색상 구현력 등의 장점이 있음에도 불구하고, 수명이 짧고 전력의 소모가 많다는 이유로 세상과 결별할 운명에 처해 있는 것이다.

그러면 백열전구를 대체할 가장 좋은 조명은 무엇일까? 대부분의 학자들은 LED조명이라고 말한다. 아래 위에 전극을 붙인 전도물질에 전류를 흘려보내면 전자(-)와 정공(+)이 결합할 때 에너지 차이에 해당하는 파장을 갖는 빛이 나오는데, 이 빛이 LED 빛이다. 이때 방출되는 빛의 색깔은 사용되는 새료에 따라 달라진다. 이 LED 빛은 전력 소비량이 낮고 광변환효율이 높아 기존의 백열전구와 형광등을 대체할 수 있는 차세대 광

독일 뮌헨에 있는 축구장 알리안츠 아레나의 외부를 장식하기 위해
LED조명이 20만 개 이상 사용됐다.

원으로 주목받고 있다.

또한 LED조명은 외부 충격에 강하고, 안전하며 5만 시간 이상의 수명을 보장한다. 그리고 수은이나 충전 가스 등 인체에 유해한 물질을 사용하지 않아 친환경적인 요소까지 갖추고 있다.

최근 많이 연구되고 있는 조명분야로는 감성 조명이나 인터랙티브(interactive) 조명, 지능형 조명 등이 있다. 특히 감성용 LED조명은 시간이나 주변환경 그리고 사용자의 감성에 맞춰 자유로운 색온도와 색좌표 조절이 가능해, 인간의 정서와 교감하는 새로운 차원의 기능을 제공하기도 한다. 이 조명을 학생들이 활용하면 더욱 효율적으로 학습할 수 있는 날이 오지 않을까.

도움 받은 자료

- 《최신 전기 응용》, 최병철, 태영문화사, 2008
- 《알기 쉬운 전기의 세계》, 송길영, 동일출판사, 2004
- 《세계를 바꾼 가장 위대한 101가지 발명품》, 한스 요아힘 브라운, 플래닛미디어, 2008

SECRET ▪ 18

병원에 가지 않아도
임신인지 알 수 있는 간단한 도구

임신테스트기의 비밀

임신이 되었음을 어떻게 알 수 있을까? 임신이 되면 우선 월경이 멈추고, 가슴이 커지고, 속이 울렁거리고, 미열이 나고, 나른하고, 한기가 느껴지는 등의 징후가 나타난다. 이 징후는 개인적인 차이가 있기는 하지만 수정이 이루어지고 4주 전후로 나타나기 시작하는 현상으로, 좀 더 빠르게 임신이 되었는지 여부를 확인하기에는 적합하지 않다. 그러면 좀 더 빠르게 임신 여부를 알 수 있는 방법은 무엇일까? 이때 사용할 수 있는 방법 중 병원에 가지 않고도 소변만으로 간단히 확인할 수 있는 방법이 바로 임신진단시약이다. 임신진단시약을 이용하면 수정 후 약 10일 정도면 결과를 알 수 있다.

오스트리아 출신의 화가
구스타프 클림트가 임산부를
묘사한 작품 〈희망1〉(1903년).

임신진단을 가능하게 해주는 HCG 호르몬

임신은 난자와 정자가 만나는 수정으로부터 시작된다. 수정은 여성의 수란관 상부에서 일어난다. 수정란은 수란관을 따라 세포 수가 증가하는 발생과정을 거치면서 자궁에 도달하게 된다. 자궁에 도달한 수정란이 자궁벽에 파묻히는 착상이 일어나면 임신이 되었다고 한다.

착상이 된 수정란은 모체의 세포조직과 결합하여 태반을 형성하게 된다. 태반은 임신 초기에 태아에게 산소, 영양분 및 다른 물질들을 공급하기 위해 발달되는 혈관이 풍부한 기관으로, 임신의 유지에 중요한 호르몬을 생산한다. 태반에서 생산되는 주요한 호르몬은 HCG(human chorionic gonadotropin:융모성 생식선 자극 호르몬), 프로게스테론(progesterone), 에스트로겐(estrogen) 등이다. 프로게스테론은 임신 초기에는 난소 속 여포(난자를 발생시키는 세포)가 퇴화한 후 만들어지는 황체에서 생성되다가 임신 중기 이후에는 태반에서 생성되어 임신을 유지할 수 있도록 해준다.

■ 수정에서 착상까지 과정

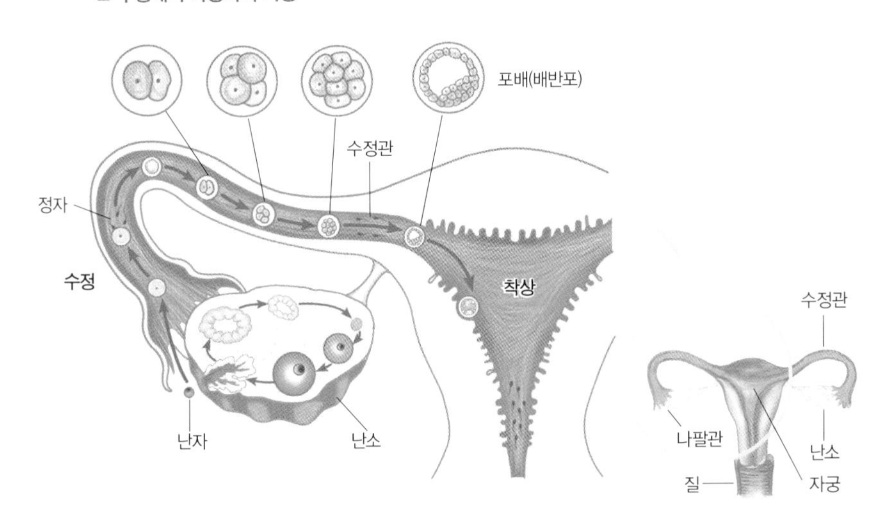

이 중 HCG는 수정 후 약 6일부터 생성되기 시작해 혈액 내에서 발견되며, 이후 소변에서도 발견된다. HCG 분비는 수정 10주에 최대로 분비되며 수정 15주 전후에 농도가 감소하게 된다.

임신진단시약은 바로 이 HCG호르몬을 통해 임신여부를 테스트 한다. 즉, 임신진단시약은 착상이 일어나면 바로 생성되는 HCG와의 반응 여부를 통해 임신을 진단하게 된다. 소변 안에 HCG가 측정되면 임신이 되었다는 신호이다. 그런데 HCG는 대개 수정 후 7~10일이 지난 후부터 측정이 가능하다. 그래서 임신임에도 불구하고 그 농도가 낮아 임신이 아니라고 진단되기도 한다. 이 때문에 정확도를 높이기 위해서는 수정이 일어났을 것이라 예상되는 날로부터 2주일 정도가 지나거나 생리 예정일이 지난 후 검사를 하는 것이 좋다.

임신진단시약은 소변 중 존재하는 HCG의 농도에 반응하여 색을 나타내도록 하는 것이다. 그래서 임신테스트기에는 임신판정창에 표시선이 나타나도록 되어 있는 두 개의 선이 존재한다. 앞의 표시선은 HCG와의 반응을 나타내는 임신표시선이고, 뒤의 표시선은 소변이 도착했음을 알리는 종료표시선이다.

■ 수정에서 출산까지의 호르몬 변화

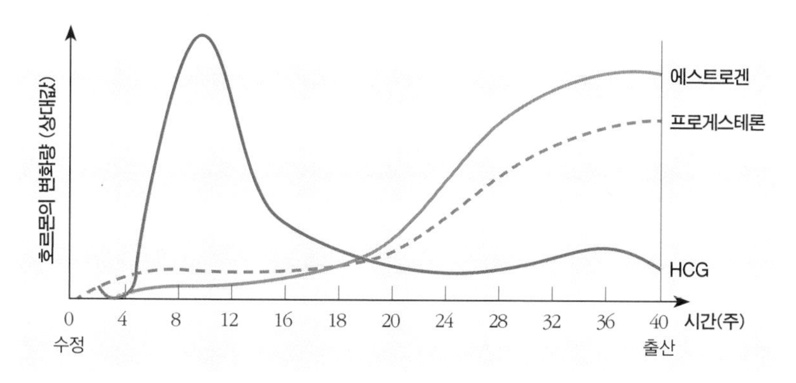

두 줄은 임신, 한 줄은 비임신

임신테스트기는 임신 유무를 확인하는 데 가장 간편한 방법으로, 올바르게만 사용한다면 95% 이상의 정확도를 가진다. 임신테스트기의 결과는 2~3분 사이에 바로 나타나는 장점이 있다. 종료표시선이 나타난 후 5~10분이 지난 후 앞의 임신표시선도 나타나 두 줄이 선명히 나타나면 임신, 종료표시선의 한 줄만 나타나면 임신이 아니다.

임신표시선과 종료표시선 두 줄이 모두 나타나면 임신, 종료표시선 한 줄만 나타나면 임신이 아니다. 임신 초기에는 임신표시선이 조금 흐리게 나타날 수도 있다.

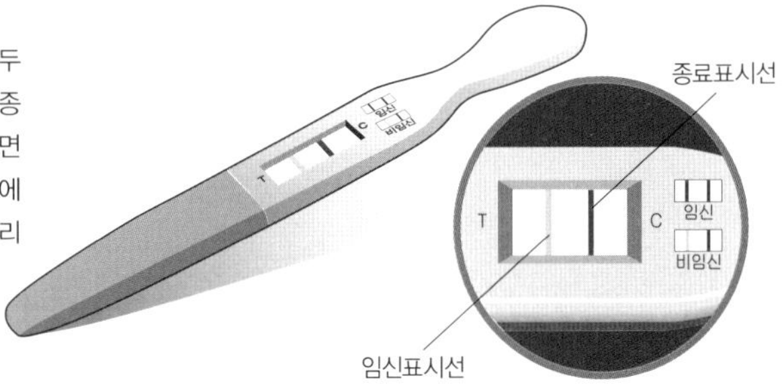

임신테스트기가 잘못된 정보를 알려줄 때

그런데 임신이 아닌데 임신으로 판정되거나 임신인데도 임신이 아닌 것으로 판정될 때가 있다. 임신임에도 임신이 아닌 것으로 나타나는 경우는 대체적으로 HCG의 농도가 낮은 경우이다. 임신테스트기는 정자와 난자가 수정을 한 후 착상이 일어나 HCG가 분비되는 기간을 약 10일 정도 잡는다. 따라서 성관계 후 10일 정도 지난 후 측정하는 것이 좋다. 또한 밤사이에 HCG가 많이 분비되기 때문에 아침 첫 소변을 이용하는 것이 좋다. 그럼에도 불구하고 HCG의 분비가 더디게 일어나는 사람은 성관계 후 2주 정도 지나서 측정을 하였을 때는 임신이 아니라는 판정을 받을 수 있기 때문에, 1~2주 후에 다시 테스트해 볼 필요가 있다.

그렇다면 임신이 아님에도 임신이라고 판정되는 경우는 어떤 것일까? 흔히 나타나는 경우는 아니지만 자궁 외 임신 등의 비정상적인 임신이 일어나거나 난소에 혹이나 종양이 있는 경우에 HCG가 분비되기도 한다. 또한 임신 초기에 자신도 모르는 새 자연유산이 되었거나 출산을 한 경우 수주일 간 HCG가 계속 분비되기도 하고, 배란 유도제를 사용한 경우 그 안에 HCG가 포함되어 있기 때문에 임신으로 진단되기도 한다. 또한 임신테스트기로 측정할 때 10분 정도가 지나면 임신테스트기의 시약 부분이 공기 중에서 산화되면서 희미하게 임신표시선에 색이 나타나는 경우가 있어, 이를 임신으로 착각할 수도 있다.

그밖에 술 또한 HCG의 농도를 떨어뜨리는 원인이 되기 때문에 검사 전에는 음주를 피하는 것이 좋다. 또 검사 직전에 다량의 수분을 섭취한 경우에는 소변이 희석되어 HCG의 농도가 낮아질 수 있고, 그로 인해 임신표시선이 희미하게 나타나 결과를 잘못 해석할 수 있기 때문에 주의하는 것이 좋다. 하지만 비타민이나 먹는 피임약, 항생제 등의 약물은 검사 결과에 영향을 주지 않는다.

임신테스트기의 표시창에 선이 나타나는 원리는?

임신테스트기는 소변 속에 들어있는 HCG와의 반응을 알아보는 기기이다. HCG가 들어있는지 아는 방법은 HCG를 항원(抗原)*으로 인식하는 항체(抗體)*를 만들어서 이 항체를 임신테스트기 안에 넣어두고 '항원-항체반응*'을 일으키는 것이다. 이 항체에는 보라색 계열의 발색제를 부착해 놓는다. 그러면 HCG와 결합하는 항체가 소변을 흡수하는 흡수막대에 있다가 소변이 흡수되었을 때 HCG가 있으면 항원-항체결합을 한다. 임신진단시약의 임시표시선에는 HCG가 결합하는 수용기가 붙어 있어 HCG가 지나가면 붙잡게 되는데, 이 HCG에는 발색제가 있는 항체가 붙어있어 색이 나타나게 되는 것이다.

그렇다면 종료표시선은 어떻게 색이 나타나도록 하는 것일까? 종료표시선은 HCG 항체와 결합하도록 되어 있다. HCG 항체는 이미 임신테스트기에 들어있기 때문에 HCG가 있든 없든 종료표시선에 항체가 붙잡히게 되어 있다. 그렇기 때문에 소변이 종료표시선에 도착하면 항체에 부착되어 있는 발색제에 의해 표시선에 색이 나타나게 된다.

항원(antigen)
몸속에 투여하면 항체와 특이적으로 반응하는 성질을 가지는 단백질 물질로 세균이나 독소가 이에 해당한다.

항체(antibody)
면역계 내에서 일정한 조직이 어떤 항원과 접촉했을 때 이것에 대응하여 생기는 물질. 병균을 죽이거나 몸에 면역성을 준다.

항원-항체반응
항원과 대응되는 항체와의 결합을 통해 일어나는 반응으로, 이러한 반응을 통해 면역반응이 일어나게 된다. 예를 들면 홍역에 걸린 사람은 몸속에 홍역균이 항원으로 들어와 홍역에 대한 항체를 생성하게 된다. 생성된 항체에 의해 홍역의 원인인 항원을 소멸시키면 이를 몸속의 기억세포에서 기억해두었다가 다시 홍역에 걸리지 않게 된다.

- 《생물1 교과서》, 형설출판사
- 《생물1 교과서》, 중앙교육진흥(주)

SECRET▪19

여성들에게 임신을 조절할 수 있는 권리를 준
피임약의 비밀

계획하지 않은 임신을 막으려면 피임을 해야 한다. 원치 않는 임신을 하여 낙태를 선택하게 된다면 생명윤리적 문제를 말하지 않더라도 여성의 몸과 마음에 깊은 상처가 남을 수 있다. 피임을 하는 방법에는 수정과 착상을 막는 피임도구들과 먹는 피임약, 정자나 난자가 나오지 못하도록 하는 영구적 수술방법(정관수술, 난관수술) 등이 있다.

여성이 난자를 배출하기까지의 과정

여성은 태어날 때 이미 난소 속에 난자가 될 세포(제1 난모세포)가 여포(濾胞)*에 싸여 들어있다. 여성이 자라 사춘기가 되어 성호르몬이 분비되면 제1 난모세포는 난자로 성숙하여 배란이 된다. 이때 제1 난모세포가

여포(follicle)
난소, 갑상선, 뇌하수체 같은 동물의 내분비선 조직에 있는 주머니 모양의 세포 집합체로서, 내부에는 호르몬 같은 여러 가지 내분비물질이 들어 있다. 생식주기를 거쳐 배란이 일어나면 난자를 방출한다.

■ 난자가 배출되는 과정

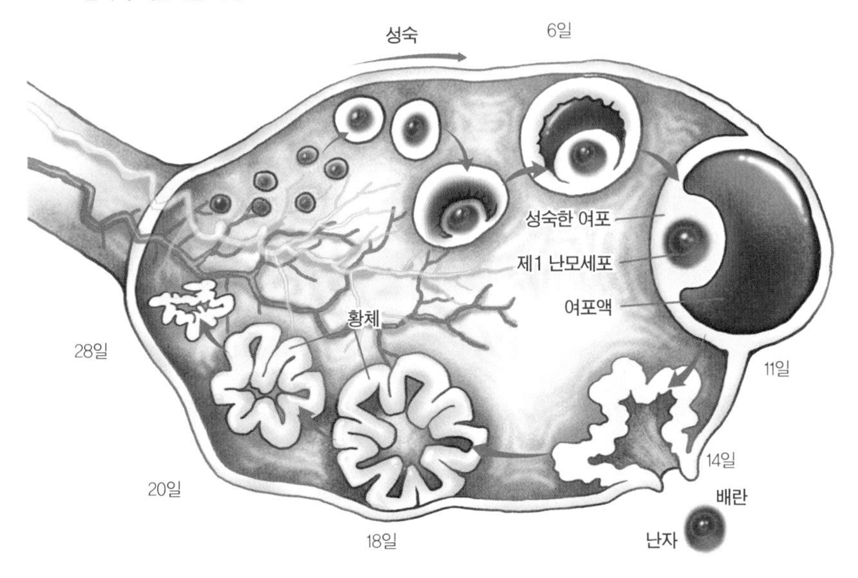

들어있던 여포는 점점 커져 성숙하게 된다. 이 여포로부터 여포호르몬인 에스트로겐이 분비되어 배란 때 한 개의 난자만이 나오도록, 또 다른 난자가 성숙하지 않도록 한다. 난자는 배란되면 나팔관을 통해 수란관으로 보내진다. 이때 수란관에서 정자를 만나게 되면 수정이 되는 것이다.

난자가 배란되고 나면 여포는 퇴화되어 황체(黃體)*를 형성하게 된다. 황체에서는 황체호르몬인 프로게스테론이 분비되어 임신이 되기 위해 수정란이 착상하기 좋은 자궁 상태를 만들어 놓는다. 프로게스테론이 나오면 자궁벽은 두꺼워져 수정란을 기다린다. 만약 난자가 수정되지 않았다면 착상을 위해 두꺼워진 자궁벽은 필요 없어지게 된다. 그렇게 되면 프로게스테론의 수치가 급격히 줄어들면서 준비했던 자궁벽 세포들이 탈락하게 되는데, 이것

황체(corpus-luteum)
동물 난소의 여포 속에서 난자가 나온 후, 남은 여포 부분이 발달해서 만들어지는 일시적인 덩어리다. 동물 중에서도 척추동물, 특히 포유류에서 주로 황체가 발달하는 것으로 알려져 있다.

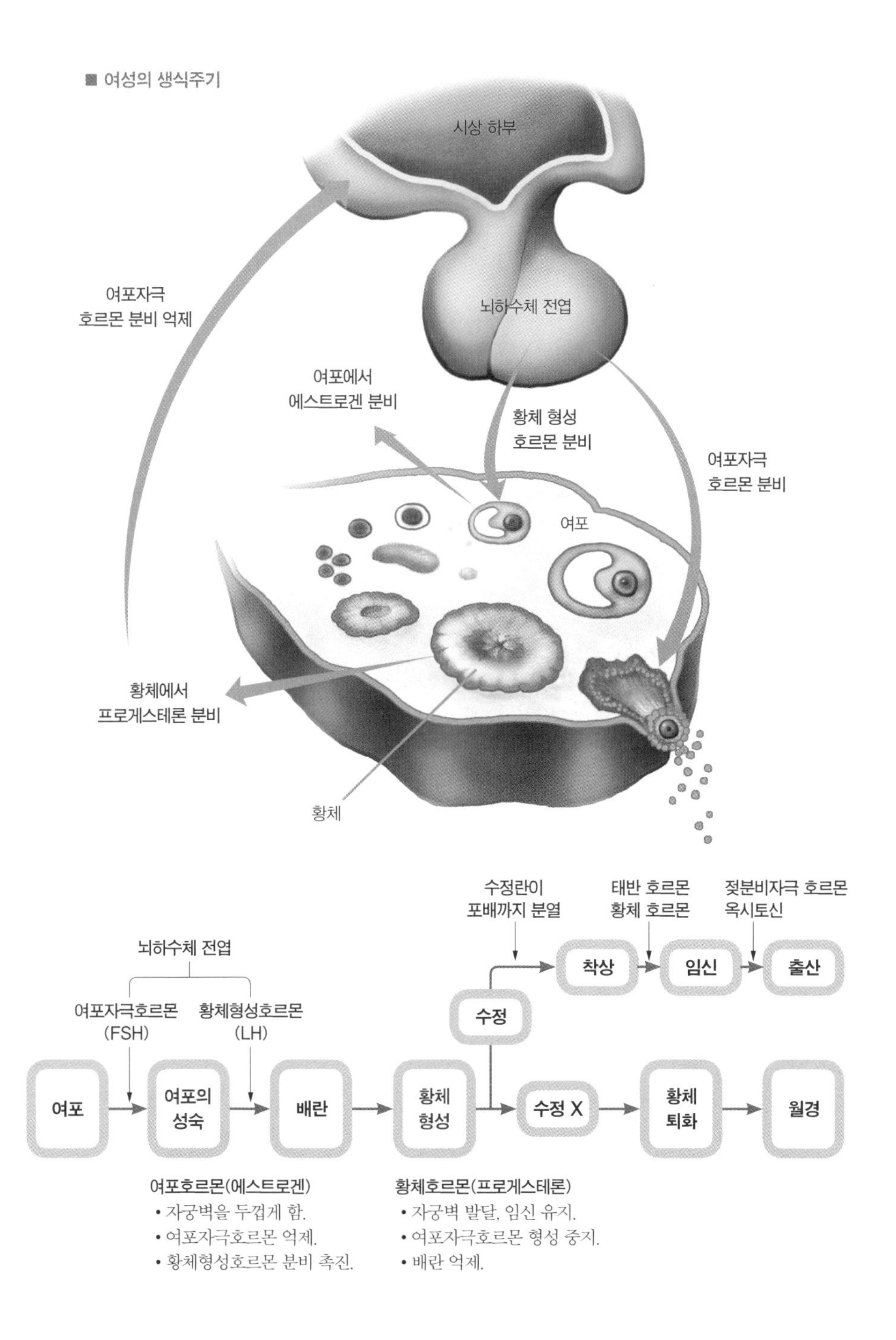
■ 여성의 생식주기
시상 하부
뇌하수체 전엽
여포자극
호르몬 분비 억제
여포에서
에스트로겐 분비
황체 형성
호르몬 분비
여포자극
호르몬 분비
여포
황체에서
프로게스테론 분비
황체
수정란이
포배까지 분열
태반 호르몬
황체 호르몬
젖분비자극 호르몬
옥시토신
뇌하수체 전엽
여포자극호르몬
(FSH)
황체형성호르몬
(LH)
착상
임신
출산
수정
여포
여포의
성숙
배란
황체
형성
수정 X
황체
퇴화
월경
여포호르몬(에스트로겐)
• 자궁벽을 두껍게 함.
• 여포자극호르몬 억제.
• 황체형성호르몬 분비 촉진.
황체호르몬(프로게스테론)
• 자궁벽 발달, 임신 유지.
• 여포자극호르몬 형성 중지.
• 배란 억제.

이 여성이 한 달에 한번 마법에 걸린다는 월경이다. 월경을 하고 나면 다시 여포가 성숙하여 배란을 하도록 하는 생식주기가 시작이 되는데, 이 기간은 약 28일이다.

임신과 월경을 막는 피임약의 주성분은 무엇일까?

먹는 피임약은 난자가 성숙되지 않도록 하여 배란을 억제하는 피임 방법이다. 여포호르몬인 에스트로겐은 다른 여포가 성숙되어 난자가 배란되는 것을 억제하기 위해 뇌하수체 전엽에서 나오는 여포자극호르몬(FSH)을 나오지 못하도록 한다. 황체에서 분비되는 프로게스테론은 배란이 되지 않고, 여포도 성숙되지 못하게 하는 역할을 담당한다. 그렇기 때문에 이 두 호르몬이 있으면 여포가 성숙하지 못해 난자가 형성되지 않는다. 또한 형성되었다 하더라도 배란을 억제하게 되어 수란관까지 들어온 정자가 난자와 만나 수정되는 일이 없게 된다.

먹는 피임약은 이 두 호르몬을 합성하여 사용한다. 프로게스테론만으로도 피임의 역할을 할 수 있지만 에스트로겐과 더불어 사용하면 피임 효과가 높아지기 때문에 먹는 피임약의 주성분은 합성 에스트로겐과 프로게스테론이다. 임신이 되었을 때, 임신 중에는 더 이상 또 다른 태아가 임신이 되지 않는 이유가 체내의 에스트로겐과 프로게스테론의 수치가 높게 유지되어 배란이 일어나지 않기 때문이다(131쪽 '임신테스트기의 비밀' 중 〈수정에서 출산까지의 호르몬 변화〉 그래프 참조).

피임약에 요일이 표시된 이유

먹는 피임약은 월경을 시작하자마자 먹어야 효과가 있다. 월경을 시작하였다는 의미는 이제 다시 여포를 성숙시켜 그 속에 들어있는 제1 난모세포를 성숙시키겠다는 것이다. 만약 이 시기를 놓쳐 여포가 성숙되면 그 때부터 피임약을 먹어도 배란이 일어날 수 있기 때문에 주의하여야 한다. 그런 의미에서 먹는 피임약은 하루라도 잊지 않고 먹어야 하는 단점이 있다. 먹는 중간에 한번 빠지면 여포자극호르몬이 분비될 수 있다. 그로 인해 여포의 성숙이 일어나면 그 이후 피임약을 빠지지 않고 먹는다고 해도 배란이 일어날 수 있다. 물론 하루정도 빼먹은 것으로 인하여 100% 배란이 된다고 말할 수는 없다. 혈액 내에 에스트로겐과 프로게스테론의 농도가 높게 유지되고 있을 가능성이 크기 때문이다. 그래서 피임약 먹는 것을 잊었다면 12시간 안에 복용을 해주면 호르몬 농도가 유지될 수 있다. 그러나 사람마다 차이가 있기 때문에 먹는 피임약을 피임방법으로 선택했다면 피임약을 날마다 복용하는 것이 중요하다. 그래서 먹는 피임약에는 매일 잊지 않고 먹을 수 있도록 요일이 표시되어 있다.

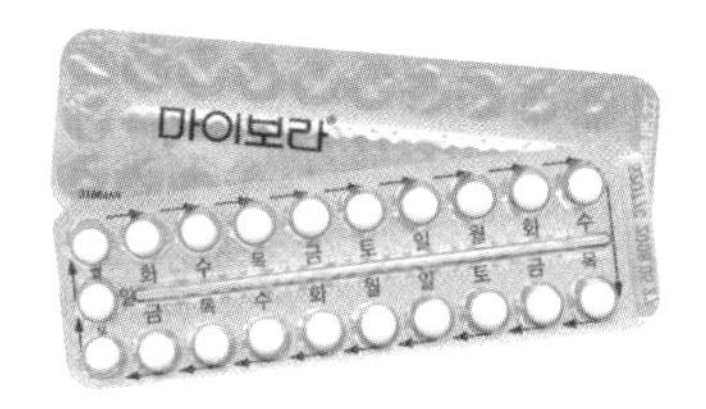

먹는 피임약에는 날마다 잊지 않고 먹을 수 있도록 요일이 표시되어 있다.

그런데 먹는 피임약은 주로 한번에 21알이 포장되어 있다. 생식주기가 28일인데 21알이 포장된 이유는 무엇일까? 21일째 복용 후 7일 간은 휴약 기간이기 때문이다. 피임약 복용을 멈추면 며칠 안으로 월경을 하게 된다. 월경여부와 상관없이 계속 피임을 하길 원한다면 다시 정확히 7일 후에 피임약을 복용하면 된다. 그렇게 되면 월경을 시작하여 여포가 성숙되어간다 해도 이전 피임약과 다시 복용하는 피임약의 영향으로 피임의 효과가 지속된다.

이렇듯 피임약을 복용하고 있는 동안에는 약 안에 들어있는 프로게스테론 때문에 월경을 하지 않게 된다. 수학여행이나 중요한 시합 등을 앞두고 여성들이 월경을 연기해보고자 먹는 약도 피임약이다. 그러므로 월경을 연기하고자 하는 여성은 월경예정일 약 1주일 전에 피임 때와 마찬가지로 하루 한 알씩 같은 시간에 빠지지 말고 약을 복용하면 된다.

성관계 후 72시간 내 먹으면 임신을 막는 사후 피임약

사후 피임약은 배란기에 성관계를 한 뒤 72시간 내에 12시간 간격으로 한 알씩 2회 복용하면 원하지 않는 임신을 막을 수 있는 약물이다. 우리나라의 경우에는 의사의 처방이 있어야만 구입할 수 있다.

사후 피임약은 프로제스틴의 일종인 레보노게스트렐이 주성분이다. 프로제스틴은 황체에서 나오는 프로게스테론과 형태는 유사하나 기능은 정반대다. 사후 피임약의 작용 원리는 레보노게스트렐이 자궁벽을 탈락시킴으로 난자와 정자가 만나 수정된 수정란이 자궁벽에 착상되지 못하도록 하는 것이다. 수정은 되었으나 착상이 안 되면 임신이 되지 않는 점을 이용한 약이므로 성관계 후 될 수 있으면 빨리 먹어야 최대의 효과를 볼 수 있다.

사후 피임약을 24시간 이내에 복용하면 피임효과가 95%나 되지만, 48시간 이내 복용한 경우 85%, 72시간 이내 복용한 경우는 65%로 피임의 효과가 현저히 떨어지기 때문이다. 만약 수정란이 착상이 되었다면 프로게스테론의 수치가 높아져 사후 피임약을 먹어도 효과가 없게 된다.

여성사를 새로 쓴 20세기 최고의 발명품

1960년대에 최초로 개발된 피임약은 '인류의 위대한 발명 121가지*' 가운데 하나로 선정될 만큼 획기적인 물건이었다. 피임약을 2천 년간 인류 문명을 바꾼 최고의 발명품 중 하나로 꼽은 위스콘신 대학 마리아 레포스키 교수는 "경구피임약의 등장으로 인류의 반이 스스로 회임을 조절하여 성인으로서 자신의 삶을 지배할 수 있게 되었다. 또한 피임약은 인구폭발로 인한 재앙에서 지구를 지켜줄 것이다"라고 말했다.

피임약은 전 세계 여성들의 삶을 크게 바꾸어 놓았다. 미국에서는 여성들이 원치 않은 임신으로부터 벗어나자 대학진학률이 가파르게 상승하기도 했다. 실제 1970년대 34%였던 미국 여성의 고교 중퇴율이 2008년에는 7%까지 떨어졌다. 혹자는 피임약이 20세기 여성해방을 낳은 세기의 발명품이라고도 한다. 현재 피임약은 전 세계적으로 약 10억 명의 여성들이 이용하고 있다.

인류를 바꾼 위대한 발명 121가지
미국의 과학 저널리스트 존 브록만(John Brockman)이 쓴 《지난 2천년 동안의 위대한 발명(the greatest inventions of the past 2,000 years)》은 물리학자와 기자, 잡지 편집장과 연구원 등 세계의 지성 110명이 꼽은 인류의 위대한 발명에 관한 책이다. 여기에는 인쇄기계, 비행기, 인터넷, 민주주의, 핵폭탄, 지우개 등이 선정됐다.

SECRET▪20

액체를 안개처럼 뿜어내는 분무기의 비밀

욕실 타일에 낀 곰팡이나 변기 속을 청소할 때 쓰는 세제는 대체로 분무기에 담겨 있다. 또 볼일을 보고 나서 뿌리는 버튼식 방향제도 따지고 보면 분무기의 원리를 이용한 것이다. 분무기란 액체 물질을 펌핑하여 노즐을 통해 용액을 분사하거나 안개처럼 뿜어내는 기구이다. 향수를 뿌릴 때, 다림질이나 화초에 습기를 보충할 때, 농약을 뿌릴 때도 분무기는 본연의 실력을 발휘한다.

빨대를 이용해 알아보는 분무기의 기본 원리

다음 그림과 같이 두 개의 빨대를 이용해서 간단한 분무기를 만들어볼 수 있다. 빨대 하나는 용액에 담그고(빨대A) 다른 하나는 용액에 담근 빨대와 ㄱ자 모양이 되도록 연결한다(빨대B). 이제 빨대B에 공기를 불면 공기가 빠르게 빠져 나가면서 점선으로 표시한 영역의 압력이 낮아진다(공기의 흐름이 빨라지면 기압이 낮아지고 공기의 흐름이 느려지면 기압이 올라간다). 이 때문에 점선으로 표시한 영역의 압력은 용액을 누르는 대기압보다 작아지게 되고, 이때 빨대A를 통해 아래쪽의 용액이 위로 빨려 올라와 분무된다. 즉, 액체나 기체 같은 유체는 압력이 높은 곳에서 낮은 곳으로 이동하기 때문에 압력을 변화시키면 용기 속의 액체가 용기 밖으로 분무된다.

■ 빨대를 이용한 분무기

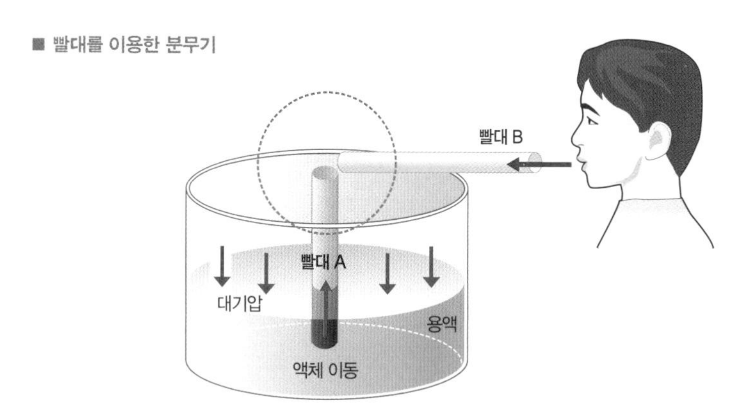

피스톤 펌프의 원리를 이용한 분무기

우리가 흔히 사용하는 일반적인 분무기도 용기 속의 액체를 뽑아 올려

■ 분무기의 피스톤 펌프원리

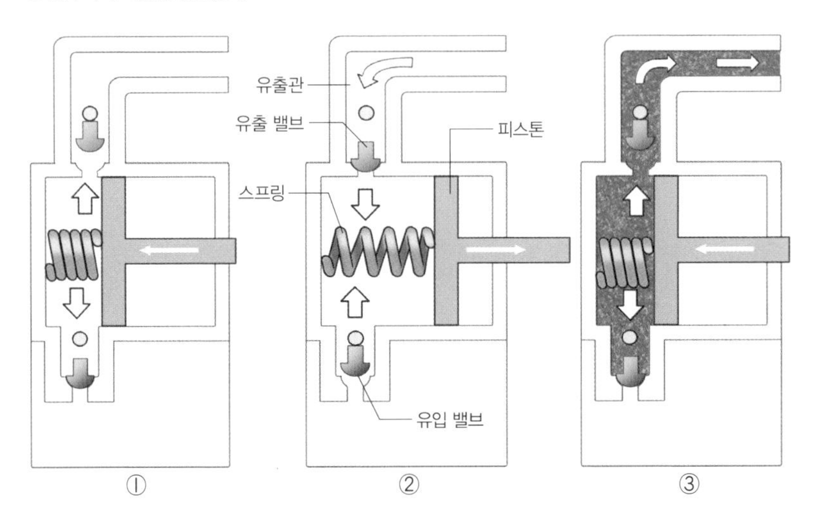

뿜어내기 위해 유체와 압력의 관계를 적절히 응용한다. 일반적인 분무기는 압력을 조절하기 위해 피스톤 펌프의 원리를 적용한다. 피스톤 펌프의 원리는 위의 그림과 같다.

분무기에 달린 방아쇠 모양의 손잡이가 이 피스톤을 움직이는 역할을 한다. 먼저 분무기의 손잡이를 잡아당겨 압축시키면 ①번 그림처럼 피스톤이 안으로 밀리면서 스프링이 압축된다. 이로 인해 펌프의 내부 압력이 증가하므로, 액체 유입구의 밸브가 닫혀 액체의 유입을 차단하고 유출관의 밸브는 열려 실린더 내부의 공기(유체)가 빠져 나간다. 손잡이를 놓으면 압축된 스프링이 ②번 그림처럼 피스톤을 제자리로 돌아가게 한다. 그러면 펌프 내부의 압력이 낮아지므로 액체 유출관과 유입관의 개폐는 ①번 그림과 반대가 되고, 아래쪽의 액체가 들어온다. 다시 손잡이를 잡아당겨 압축하면 피스톤은 ③번 그림처럼 안으로 밀려 ①번 그림과 같은 상황이 된다. 그러므로 펌프에 차 있던 액체의 압력은 높아지게 되고 이로 인해 액체는 유출관 쪽으로 뿜어져 나가게 된다. 분무기의 종류에 따라 액체 유입관의 밸브와 피스톤을 결합한 구조도 있다.

유출관으로 펌핑된 액체가 안개처럼 작은 입자로 분사되기 위해서는 좁은 구멍의 노즐이 필요하다. 이 노즐을 유출관에 연결하면 좁은 구멍이 액체의 흐름을 방해하기 때문에 노즐을 향하는 액체를 펌프가 큰 압력으로 밀어내야 한다. 높은 압력으로 밀린 액체가 좁은 구멍으로 뿜어져 나가면 공기와 부딪쳐 쪼개지므로 안개처럼 작은 액체 방울이 된다. 액체를 좀 더 잘 분무하기 위해 분출 과정에서 난류를 유발하여 공기와 접촉면을 증가시키는 나선형 모양의 노즐을 연결하는 분무기도 있다. 즉 노즐의 내부나 끝 모양, 구멍 크기, 구멍 수 그리고 분사압력에 따라 다양한 분무량과 분무 형태를 결정할 수 있다.

가압제를 첨가해 용기 내부의 압력을 높이는 압축분무기

압축분무기는 용기에 액체와 공기 또는 기화가 쉬운 가압제를 첨가하여 용기 내 기체의 압력을 높여 액체를 용기 밖으로 밀어낸다. 이 압축분무기의 원리는 농사용 분무기에 많이 이용된다. 좁은 지역에 농약을 뿌릴 때는 사람이 어깨나 등에 멜 수 있는 인력분무기를 사용하지만 넓은 지역에 분무하기 위해서는 동력분무기를 사용한다. 동력분무기는 인력분무기와 비슷하지만 압력조절장치가 따로 있다. 이 압력조절장치는 분무되는 농약의 압력을 조절하여 일정한 양의 농약이 분무되도록 도와준다.

주변에서 흔히 사용하는 압축분무기의 또 다른 예로는 탈취나 살충용 에어로졸 스프레이, 소화기 등이 있다. 에어로졸 스프레이(aerosol spray)

■ 에어로졸 스프레이 내부 구조

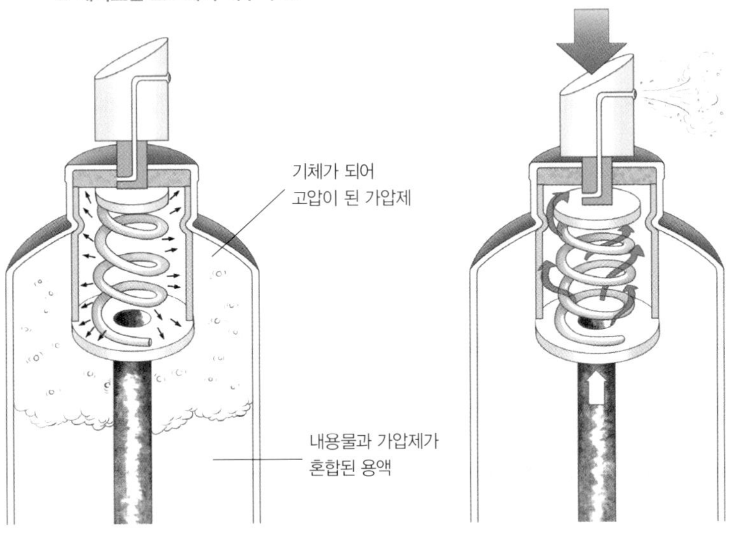

는 액체 내용물과 함께 실온에서 쉽게 기화하는 액체 가압제를 첨가한다. 용기 내에서 이 액체 가압제는 쉽게 기화하여 용기 내부를 고압의 상태로 만든다. 스프레이 노즐을 누르면 용액에 담긴 튜브의 입구가 열려 고압으로 압축된 액체가 압력이 낮은 용기 밖으로 분사되는 것이다. 이때 사용하는 가압제는 프레온, 아산화질소와 같은 물질을 사용하는데 특히 프레온가스는 환경오염의 문제가 있기 때문에 대체 물질이나 보통의 공기를 이용하는 방법에 대해 연구하고 있다.

에어로졸 스프레이를 분사하다 보면 용기가 차가워지는 것을 느낄 수 있다. 액체 상태로 압축된 물질이 좁은 노즐을 통해 분사되면 기체 상태로 변화하는데, 액체가 기체로 변화하려면 열(기화열)을 얻어야 한다. 에어로졸 스프레이를 분사하면 상태 변화에 필요한 열을 주변에서 얻어가기 때문에 용기가 차가워지는 것이다.

빠르게 불을 꺼야 하는 소화기의 경우는 가압제 역할을 하는 기체로 공기보다 무거운 이산화탄소를 사용한다. 평상시에는 고압의 이산화탄소가 소화약제와 분리되어 있다가, 불이 났을 때 소화기의 손잡이를 누르면 이산화탄소 가스관이 열려 고압으로 소화액을 눌러 분사하게 된다.

맨비의 발명 이후 좀 더 진화한 형태의 구리통 소화기

소화기의 탄생은 분무기의 진화와 운명을 함께 했다고 해도 무방하다. 1818년경 조지 맨비 George William Manby, 1765~1854가 발명한 소화기는 분무기의 원리를 차용한 것이다. 맨비는 영국 에든버러에서 화재를 진압하던 도중 소방수가 꼭대기 층의 불을 끄지 못하는 상황을 목격하고 휴대가 가능한 소화기를 발명했다. 그는 3~4갤런 정도의 탄산칼륨이 들어 있고 나머지 공간은 압축공기로 채워 넣은 구리통을 고안했다. 소화기 윗부분에 있는 마개를 열면 압축되었던 공기가 빠져나가면서 탄산칼륨을 상당히 먼 거리까지 뿌릴 수 있었다.

도움 받은 자료

- 《도구와 기계의 원리 I》, 데이비드 맥컬레이, 진선출판사, 1993
- 《죽기 전에 꼭 알아야 할 세상을 바꾼 발명품 1001》, 잭 첼로너, 마로니에북스, 2010

SECRET■21

하루의 시작과 끝을 함께하는
거울의 비밀

BC 6000년 전 것으로 추정되는 흑요석 거울이 지금의 터키 영토인 아나톨리아 지역의 고대 무덤에서 발견되었다.

대부분의 사람들은 아침에 일어나면 욕실 세면대 앞 커다란 거울을 보며 하루를 시작한다. 또 잠자리에 들기 전 칫솔을 문 채 세면대 거울에 비친 자신의 지친 모습을 보며 하루를 마감한다. 때로 거울은 현미경이나 카메라의 렌즈가 되어 우리 외의 다른 대상이나 사물을 관찰하기도 한다.

반사의 법칙에 따른 빛의 튕김

우리가 거울을 통해 자기 모습과 사물을 보고, 광원이 아닌 물체를 볼 수 있는 이유는 빛이 경계면에서 반사하여 우리 눈에 들어오기 때문이다. 빛의 반사란 진행하던 빛이 벽에 부딪힌 공이 튕겨 나오듯 매질(어떤

■ 반사의 법칙

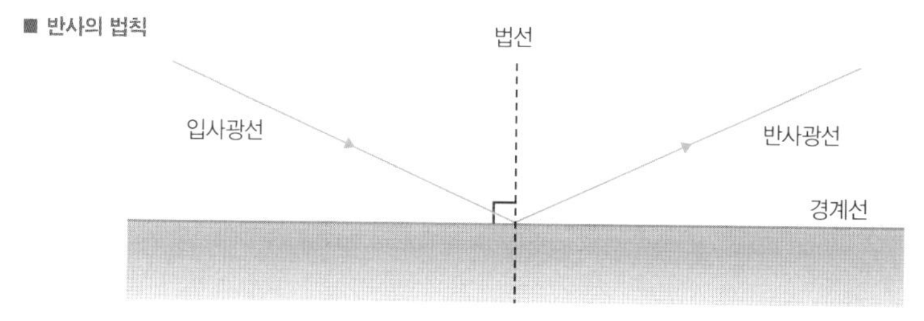

빛은 '반사의 법칙'에 따라 튕겨 나온다.

파동 또는 물리적 작용을 한 곳에서 다른 곳으로 옮겨 주는 물질)의 경계면에서 튕겨 나오는 현상이다. 빛의 반사는 반사의 법칙을 따른다. 즉, 경계면을 향해 입사한 광선과 경계면에서 반사된 광선은 경계선에 수직으로 세운 가상의 법선을 기준으로 항상 대칭이다. 그러므로 입사광선과 법선이 이루는 입사각과, 반사광선과 법선이 이루는 반사각은 항상 같다. 이 반사의 법칙은 페르마의 최소 시간 원리*와 호이겐스의 원리(Huygens' principle)로 설명할 수 있다.

최소 시간 원리
1650년경 프랑스 과학자 피에르 페르마(Pierre de Fermat, 1601~1665)가 발견했다. "빛은 한 곳에서 다른 곳으로 진행할 때 모든 경로 중에서 최소 시간이 걸리는 경로를 지난다."

앞뒤가 대칭인 상을 비추는 평면거울의 원리

평면거울은 표면이 편평하고 매끈하며 뒷면에 은과 같은 금속이 도금된 유리제품이다. 평면거울의 원리는 다음 그림과 같다.

〈평면거울에서 빛이 반사되는 원리〉 그림에서 보는 것처럼 연필의 한 점 A에서 사방으로 나온 빛의 일부가 거울로 입사하면 반사의 법칙에 따라 거울표면에서 반사하여 우리 눈으로 들어온다. 눈으로 들어온 연필의 반사광선을 연장하면 거울 속 점 A′에서 만나게 된다. 인간의 뇌는 빛이

■ 평면거울에서 빛이 반사되는 원리

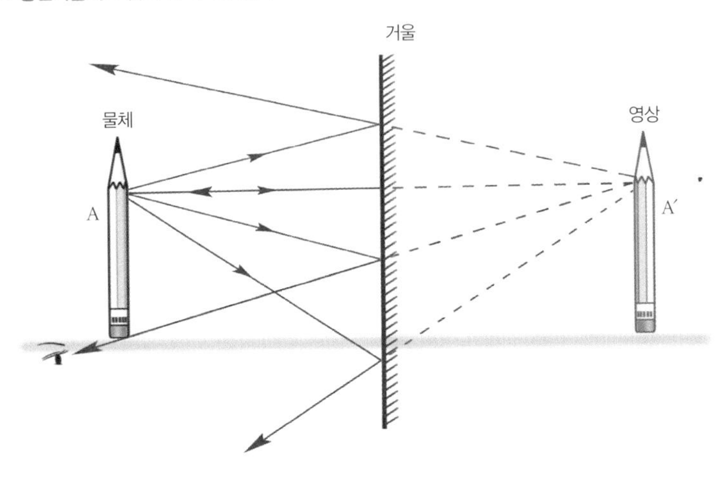

직진한다고 생각하기 때문에 거울 속의 점 A′에서 나온 빛이 눈에 들어왔다고 느끼게 된다. 즉, 거울 속에 연필이 있다고 착각하게 되는 것이다. 하지만 평면거울을 통해 우리가 지각하는 빛은 거울 속의 연필에서 나온 빛이 아니기 때문에 평면거울에 의한 상은 허상이라고 한다.

거울을 마주보고 서 있으면 거울 속의 내 모습과 실제의 나는 좌우가 바뀐 것처럼 느껴진다. 내가 오른손을 들면 거울 속의 나는 왼손을 드는 것처럼 보이지만 거울 경계면을 기준으로 실제 나와 거울 속에 비친 내가 마주보고 있기 때문에 생기는 착각이다. 내가 오른손을 들면 왼손이 들리는 것처럼 보이지만 내 오른쪽의 물건 위치는 여전히 오른쪽에 그대로 있기 때문이다. 그러므로 거울에 생기는 상은 좌우대칭이라기보다는 거울 경계면을 기준으로 앞뒤가 대칭이라고 하는 것이 맞다. 앞뒤가 대칭이기 때문에 거울의 경계면을 기준으로 나와 거울에 생긴 상과의 거리는 똑같고 내가 뒤로 한 발짝 물러나면 거울 속의 나도 동시에 한 발짝 뒤로 멀어지게 된다.

그렇다면 거울로 내 모습을 볼 때 좌우가 바뀌지 않고 그대로인 것처럼 보이는 거울이 있을까? 2001년 일본에 사는 기카무라 겐지라는 사람이 만든 '정영경(正映鏡)'이라는 거울이라면 가능하다. 바른 모습을 비춘다는 뜻의 정영경은 거울 앞에 서서 내가 오른손을 들면 거울 속의 나도 오른손을 드는 것처럼, 글자를 비춰 보면 글자도 바르게 보인다. 이 거울의 원리는 간단하다. 거울을 두 장 사용하여 한번 비춘 모습을 다시 비추면 그대로 보이게 되는 것을 적절히 응용한 것이다. 즉, 거울 두 장을 직각으로 세우고 투명한 유리판 하나를 추가하여 삼각기둥 모양으로 만든 다음 그 속에 물을 채워 넣으면 된다.

상을 확대하거나 축소하는 곡면거울의 원리

곡면거울은 오목거울과 볼록거울로 나눌 수 있다. 숟가락의 안쪽을 보면 오목거울, 바깥쪽을 보면 볼록거울이 된다. 곡면거울이라 하더라도 빛

넓은 범위의 사물을 관찰하거나 도로의 사각지대의 안전을 위해 설치되는 볼록거울

■ 구면거울과 포물선거울

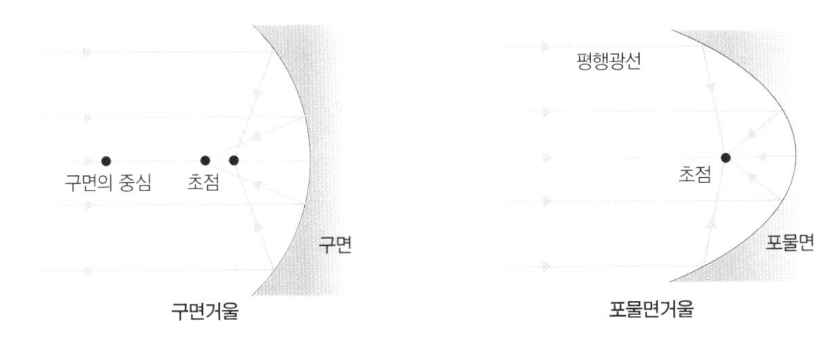

은 반사의 법칙을 따른다. 때문에 빛의 경로를 작도해보면, 대체로 오목거울은 반사한 빛을 모으는 역할을 하고 볼록거울은 반사한 빛을 분산시키는 역할을 하는 것을 알 수 있다.

오목거울은 물체가 있는 위치에 따라 상의 모양과 크기가 달라진다. 거울의 초점 안에 물체가 있을 때 확대된 바른 상을 볼 수 있고 초점 바깥에 물체가 있으면 다양한 크기의 거꾸로 된 상을 볼 수 있다.

이와 대조적으로 볼록거울은 물체의 위치에 관계없이 축소된 바른 상을 볼 수 있다. 그래서 넓은 범위의 사물을 보기 위해서 볼록거울을 이용한다. 주로 자동차의 측면 거울, 슈퍼마켓이나 도로 모퉁이 사각지대에 안전을 위해 설치한 거울이 볼록거울이다.

하지만 강화도 마니산에서 전국체전용 성화를 채화할 경우에는 햇빛을 모아야 하므로 오목거울을 사용한다. 오목거울은 자동차 헤드라이트, 등대, 해안 서치라이트의 반사거울에도 사용한다. 왜냐하면 빛을 모아서 최대한 밝게 멀리 갈 수 있도록 해야 하기 때문이다. 이때 사용하는 오목거울은 완전한 구면이 아닌 포물면이라야 평행광선을 초점에 모을 수 있고, 또한 초점에서 나간 대부분의 빛이 반사 후 평행하게 멀리까지 갈 수 있다.

■ 정(거울)반사와 난반사

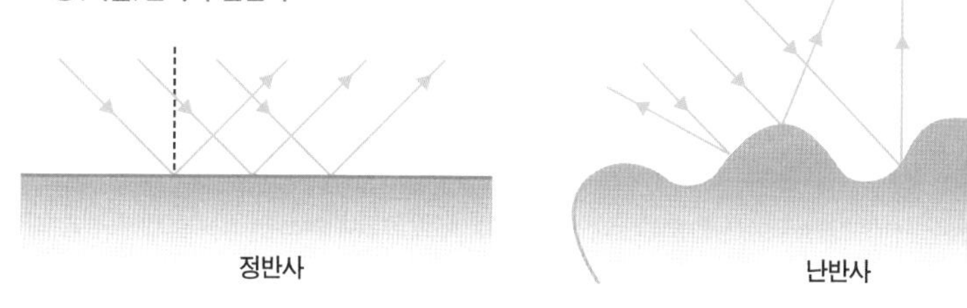

거울이 되려면 표면이 매끈해야

옛날에 사용했던 거울을 보기 위해 박물관에 가보면 유리로 된 것보다는 청동과 같은 금속으로 만든 거울을 더 쉽게 볼 수 있다. 현재 우리가 사용하는 은도금 유리 거울은 19세기경 일반인에게 널리 보급되기 시작하였고, 고대부터 사용한 거울은 주로 청동과 같은 금속제품을 이용하여 만든 것으로 알려져 있다. 이 청동거울을 자세히 살펴보면 한쪽 표면이 매끈하고 반질반질하다. 매끈한 표면으로 평행광선이 입사하면 반사광선도 흩어지지 않고 특정한 방향으로 진행하기 때문에 선명한 상을 볼 수 있다. 하지만 표면이 울퉁불퉁하면 평행광선이 입사하더라도 다양한 방향으로 난반사된다. 난반사된 빛은 사방으로 흩어져버리기 때문에 선명한 상을 볼 수 없다. 호수에 주변의 풍경이 비치는 것도 표면이 잔잔하여 매끈하게 느껴질 때만 가능하다. 만약 바람이 불어 물결이 일어난다면 거울의 역할을 하기 힘들어진다.

거울이 되기 위한 표면의 매끈함을 결정하는 기준은 빛(전자기파)의 파장이다. 비록 눈으로 보기에 매끈한 물질이라 하더라도 입사하는 빛의 파장 길이에 따라 표변은 매끈할 수도 있고 울퉁불퉁할 수도 있다. 일반적으로 파장이 긴 빛이 짧은 빛보다 난반사가 작게 일어난다.

표면이 매끈하게 보이는 재료에는 유리도 있다. 하지만 유리는 빛을 잘 투과하고 반사율이 약 4% 정도이다. 이런 유리 뒷면에 검은 종이를 대면 투과되는 빛을 차단할 수 있으므로 간이 거울이 된다. 깜깜한 밤이 되면 유리창이 물체를 더 잘 비추는 이유이다. 그래서 유리 뒷면에 반사율이 높은 은을 매끈하게 도금하여 거울로 만든다. 즉, 표면이 매끈하고 반사율이 높은 물질이라야 거울이 될 수 있다.

은도금 거울은 간단하게 만들 수 있다. 먼저 질산은 수용액에 암모니아 수용액을 조금씩 넣는다. 처음에는 옅은 갈색 앙금이 생기다가 서서히 은암모니아 착화합물이 생기면서 맑아진다. 이때 환원제에 해당하는 포름알데히드(formaldehyde)나 포도당을 넣으면 은이 석출되어 유리 표면에 붙는다. 가급적 유리 표면은 깨끗하게 닦여져 있어야 한다. 유리 표면에 은이 도금되면 은이 벗겨지지 않도록 도료를 칠해 거울을 완성한다. 이렇게 만들어진 보통의 거울은 반사가 두 번 일어나기 때문에 두 개의 상이 생긴다. 하나는 유리표면에서 약하게 반사가 일어나 생기는 상이고, 또 다른 하나는 유리를 통과하여 은도금된 면에서 반사가 일어나 생기는 상이다.

반사망원경과 같은 기구에 사용하는 거울은 매우 정밀해야 한다. 이와 같은 거울을 제작할 때 사용하는 방법 중의 하나가 증착식이다. 진공 속에서 알루미늄과 같은 금속을 가열하여 증기로 만들어 분사하면 유리표면에 코팅이 되어 고성능의 거울이 되는 것이다.

• 《Conceptual Physics》, Paul G. Hewitt, PearsonEducation, 2009

인류 최초의 거울은 호수나 연못과 같은 물의 표면이었다. 그림은 이탈리아의 화가 카라바조가 그린 〈나르시스〉(1595년)

SECRET▪22

막힌 곳을 시원하게 '뻥' 뚫어 주는

뚫어뻥의 비밀

'뚫어뻥'은 변기의 배수구가 막혔을 때 공기압력을 이용해 막힌 곳을 뚫어주는 도구로 일반가정의 욕실에서 흔히 발견할 수 있다. 하지만 구조가 매우 간단한 도구임에도 불구하고 의외로 사용법을 잘 몰라서 어려워하는 사람도 있다.

그것은 이 도구의 원리를 잘 이해하지 못했기 때문이기도 하다. 뚫어뻥이 어떤 원리로 작동하는지를 알면 보다 쉽게 사용할 수 있을 뿐만 아니라 경우에 따라 다른 곳에도 이 원리를 응용할 수 있다.

앞부분이 반원형의 고무로 되어 있어서 그 부위의 압력차를 이용하는 뚫어뻥.

꽉 막힌 관속에 다량의 공기를 주입해서 '뻥' 뚫다

뚫어뻥은 변기나 주방 등의 막힌 부분을 공기의 압력차를 이용하여 뚫는 도구로 압축기의 일종이라고 할 수 있다. 뚫어뻥은 앞부분이 반원형의 고무로 되어 있어서 그 부위의 압력차를 이용하는 것도 있고, 피스톤식으로 막힌 부분에 갖다 대고 손잡이를 끌어당기는 형식의 것 등 종류가 다양하지만, 원리는 모두 동일하다. 즉, 공기의 압력차에 의해 관 아래쪽에 있는 다량의 공기(또는 물)를 관속으로 순식간에 주입함으로써 물의 흐름을 막는 장애물을 밀어낸다. 이때 장애물이 관 내벽과 마찰을 일으키면서 크기나 모양이 변형되어 빠져나가게 되는 것이다.

작동과정을 살펴보면 먼저 공기통로에 뚫어뻥의 고무부분을 대고 누르면 뚫어뻥의 고무부분 쪽의 공기가 빠져 나가 그 속은 공기의 양이 적어진다. 그런 후에 다시 당겨 올리면 뚫어뻥 고무부분 속의 공기는 한정되어 있지만 부피가 늘어나서 기압이 약해진다. 그런데 관 아래쪽은 공

■ 뚫어뻥이 막힌 곳을 뚫는 과정

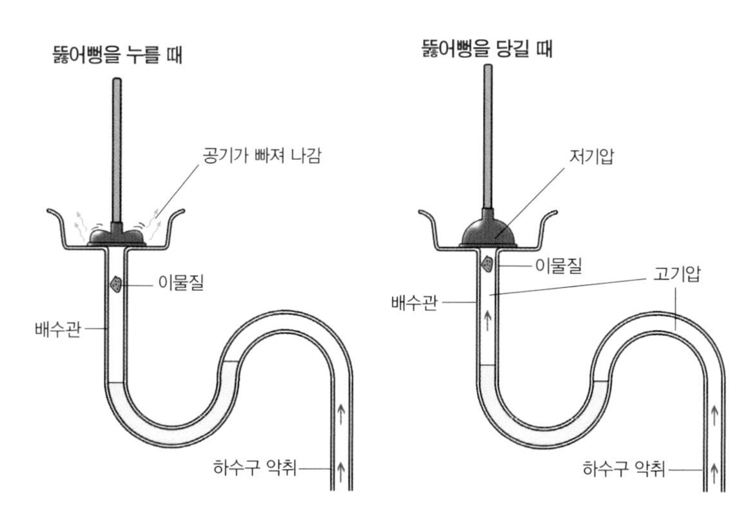

기의 기압이 상대적으로 강하기 때문에 관 아래쪽의 고기압에서 관 위쪽의 저기압으로 공기가 흐르면서 동시에 관속에 있던 내용물(파이프를 막은 찌꺼기) 등이 위로 올라오게 되는 것이다.

기구의 고무부분과 관속의 기압차가 클수록 작용하는 힘이 세어지기 때문에 공기를 빼낼 때는 가급적 완전히 빼내고 당길 때도 확실히 당겨준다. 금방 뚫리지 않을 때는 밀고 당기는 과정을 몇 번 반복하면 막혀 있던 부분에 압력이 가해져 이물질이 들어갔다 나왔다 움직이면서, 결국 이물질이 아래로 빠져나가거나 위쪽으로 올라오게 된다. 이렇게 하여 막혔던 부분이 '뻥' 뚫린다.

■ 변기의 구조

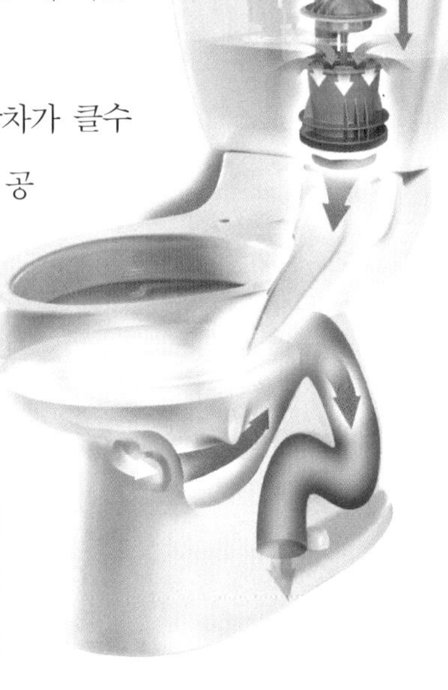

변기의 구조를 해부해 보면, 공기가 통하는 부분만 적절히 제어하면 막힌 관을 뚫는 데 공기의 압력을 이용하는 것이 가장 효과적임을 알 수 있다.

뚫어뻥이 없을 때는 비닐봉지로 응급조치

혹시 가정에서 미리 준비해둔 뚫어뻥이 없을 때 변기가 막히는 사고가 생긴다면 해볼 수 있는 방법이 있다. 물이 꽉 찬 변기를 그대로 얼마쯤(10여분 정도) 두면 물이 조금씩 빠져 나가게 된다. 물이 반쯤 빠져나가면 변기 앉는 부분을 위로 들어 올린 후 변기몸체에 비닐봉지를 씌우고 테이프로 공기가 새나가는 것을 막는다. 그런 후 다시 변기레버를 누르면 변기물통의 물이 변기 속으로 들어오면서 새나가지 못한 공기가 위로 올라가 봉지가 크게 부풀게 된다. 이때 빵빵하게 부푼 봉지의 가운데를 손으로 누르면 쉽게 변기가 뚫리게 된다. 이 외에 페트병의 주둥이 부분을 잘라서 막힌 입구에 대고 페트병을 눌렀다 떼는 과정을 반복하는 방법도 있다. 이때도 입구에 대는 페트병의 잘려진 부분에서 가급적 공기가 새어나가지 않도록 하는 것이 요령이다.

도움 받은 자료

- 《생활 속의 과학이야기》, 이준회 · 신재수 공저, MJ미디어, 2003
- 《원리를 알면 과학이 쉽다》, 송은영, 새날, 2006
- 《구멍에서 발견한 과학》, 김형자, 갤리온, 2007
- 《만득이의 물리귀신 따라잡기》, 이공주복, 한승, 1999

네 번째 시크릿 스페이스

ROOM

SECRET ■ 23

날개 없이도 바람이 솔솔

날개 없는 선풍기의 비밀

바람이 부는 것은 고기압에서 저기압으로 공기가 이동하는 현상이다. 날씨가 더울 때 부채질을 하면 시원하게 느껴지는 이유는 부채가 주변의 공기를 걷어내 저기압 상태를 만들고, 기압 차이로 인해 이 공간으로 공기가 밀려들어오게 되면 바람이 생기기 때문이다. 이 바람은 피부의 땀이나 체액의 증발을 가속시킨다. 액체가 증발할 때는 열이 필요하기 때문에 땀이 증발하면서 몸의 열을 빼앗아 간다. 그래서 체온이 내려가게 되고 우리는 시원함을 느끼게 된다.

시원한 바람이 솔솔 나오는 신기한 고리

부채질을 하여 더위를 식히는 것은 우리 몸을 직접 움직이는 일이라 금방은 시원했다가도 좀 지나면 다시 열이 나고 힘이 든다. 사람이 힘들게 바람을 만드는 대신에 지속적으로 시원한 바람을 만들어 내는 기구가 여름철에 우리가 사용하는 선풍기나 에어컨이다. 선풍기의 원조는 큰 부채를 천정에 매달아 시계추처럼 움직이게 한 것이었다.

지금과 같은 날개가 달린 선풍기가 나온 것은 1800년대 중반쯤으로, 태엽을 감아서 선풍기 날개를 돌아가게 했다고 알려져 있다. 이후 동력이나 사용의 편리함을 위해 기능이 조금씩 변하긴 했지만, 선풍기를 떠올리면 풍차나 바람개비와 같은 날개가 회전하면서 바람을 일으키는 모습이 떠오르는 점에는 큰 변화가 없다.

하지만 인간의 상상력은 언제나 획기적인 발명품을 만들어 내는 법. 2009년 영국의 다이슨(Dyson) 사는 날개 없는 선풍기를 개발했다. 날개가 없는데 어떻게 바람이 생기는 것일까? 날개 없는 선풍기는 겉으로 보기에는 너무 간단한 구조라 도대체 바람이 어떻게 만들어지는지 더 궁금하다.

실제로 선풍기 날개(팬)는 없어진 것이 아니라 모터와 함께 원기둥 모양의 스탠드에 숨어 있다. 스탠드 안을 들여다보면 비행기의 제트엔진을 연상시키는 팬과 모터가

진공청소기로 유명한 영국의 가전제품 회사 다이슨 사에서 민든 날개 없이 바람을 만들어 내는 선풍기. 정식 명칭은 에어 멀티플라이어(air multiplier)다.

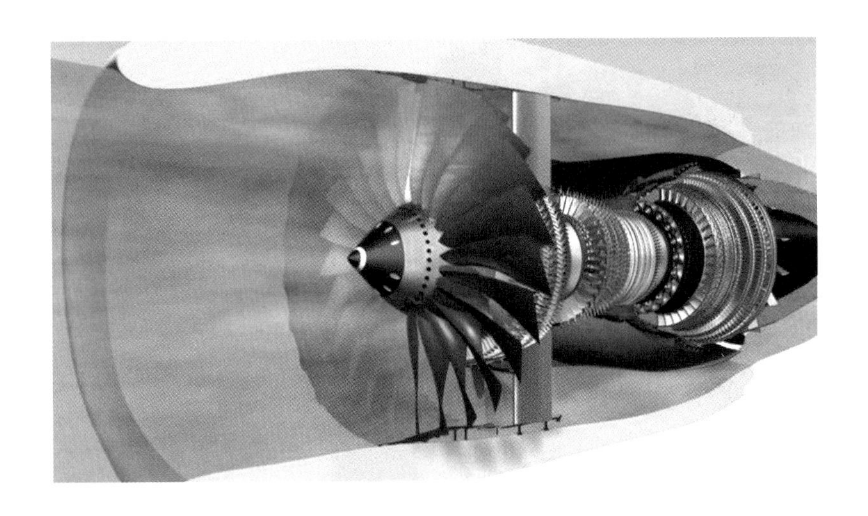

있다. 즉 공기를 끌어들이기 위해 제트엔진의 원리*를 이용한 것이다.

제트엔진이 추진력을 얻기 위해 필요한 공기를 팬을 회전시켜 흡입하듯, 이 날개 없는 선풍기도 스탠드에 내장된 팬과 전기 모터를 작동하여 스탠드 아래쪽으로 공기를 빨아들인다. 이렇게 빨아 올린 공기를 위쪽 둥근 고리 내부로 밀어 올린다. 이 모터는 1초에 약 5.28갤런(약 20리터) 정도의 공기를 흡입하여 끌어올릴 수 있고 비교적 적은 양의 전력으로 일을 할 수 있기 때문에 에너지 효율이 좋은 편이다.

제트엔진의 원리
제트엔진은 열을 발생시켜 일로 바꾸는 장치인 열기관의 한 종류이다. 열기관 내부로 흡입된 공기와 연료가 섞여 연소하면 고온의 기체가 발생한다. 이 기체가 외부로 분출되면 분출기체의 반작용으로 추진력을 얻는 장치이다. 보통 항공기에 사용되는 엔진을 말하며 내부에 팬이 있어 공기를 흡입·압축하는 역할을 하거나 추진력을 높이는 기능이 더해지기도 한다.

비밀은 비행기 날개를 닮은 둥근 고리의 단면

그림에서 보는 것처럼 둥근 고리의 단면은 비행기 날개의 위아래를 뒤

■ 날개 없이 시원한 바람을 만드는 선풍기의 원리

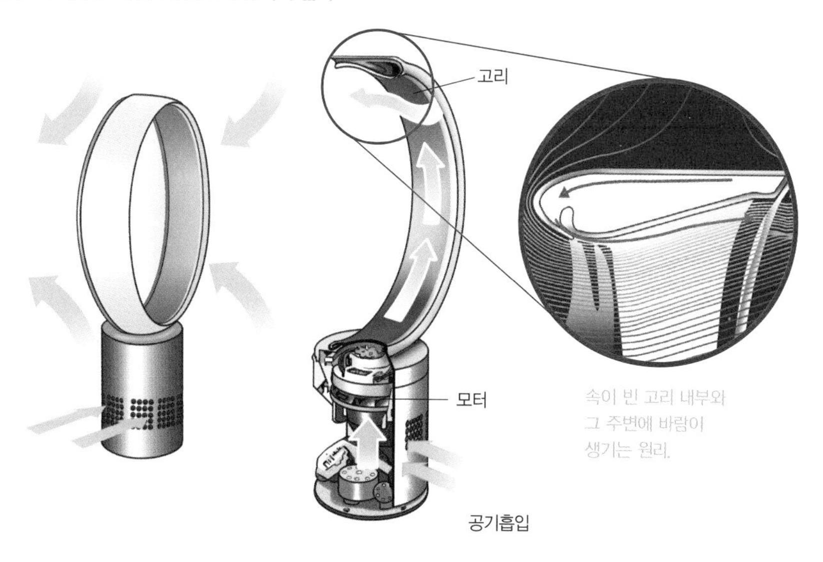

속이 빈 고리 내부와 그 주변에 바람이 생기는 원리.

집어 놓은 모양이다. 속이 빈 둥근 고리 내부로 밀려 올라간 공기는 고리의 구조적 특징 때문에 약 88km/h정도로 유속이 빨라진다. 이 빠른 속력의 공기가 빈 고리 내부의 작은 틈을 통해 빠져나오면서 둥근 고리 안쪽 면의 기압은 낮아지게 된다. 이 때문에 선풍기 고리 주변의 공기가 고리 안쪽으로 유도되어 고리를 통과하는 강한 공기의 흐름이 생긴다. 이때 고리를 통과하는 공기의 양은 모터를 통해 아래쪽으로 빨려 들어간 공기의 양보다 15배 정도 증가하게 된다. 이러한 원리로 바람이 만들어지기 때문에 이 고리가 선풍기의 날개 역할을 톡톡히 하게 된다.

속이 빈 고리의 단면 위쪽은 비행기 날개 아랫면처럼 평평하고, 아래쪽은 비행기 날개 윗면과 비슷한 곡면이다. 고리를 이루는 바깥 면과 안쪽 면은 약 1.3mm정도의 작은 틈을 사이에 두고 맞물려 있다. 그런데 고리 단면은 왜 비행기의 날개 모양을 닮았을까?

비행기 날개는 위쪽과 아래쪽의 공기 이동 속력이 다르다. 곡면인 위쪽이 평평한 아래쪽보다 공기의 이동 속력은 더 빠르고 압력은 낮다(공기의 흐름이 빨라지면 기압이 낮아지고, 공기의 흐름이 느려지면 기압이 높아지게 된다). 따라서 비행기 날개 모양을 닮은 빈 고리 내부에서는 그림과 같이 고리가 맞물린 작은 틈 쪽으로 빠른 공기의 흐름이 생기게 되고 다시 이 공기는 맞물린 작은 틈을 통해 강하게 가속되어 불어나간다. 이로 인해 고리 바깥쪽에 있는 공기가 둥근 고리를 통과하는 일정한 방향의 강한 기류가 생기게 된다.

손가락이 잘려나가는 공포에서 해방

날개 없는 선풍기는 크기가 작고 구조가 매우 간단하다. 고리와 모터가 있는 부분이 분리되기 때문에 간편하게 보관할 수 있고, 먼지가 쌓일 날개가 없기 때문에 위생적이며 청소도 간편하다. 또한 겉으로 드러나는 회전날개가 없기 때문에 어린아이가 있는 집에서 안심하고 사용할 수 있다. 전기에너지를 이용하는 날개 달린 선풍기가 처음으로 사용되었던 1900년 초에는 어린아이들이 손가락을 넣어 다치는 사고가 자주 발생했었다고 한다. 물론 지금도 아이들이 실수로 선풍기 날개에 손을 넣거나 장난을 하지 않도록 집에서 선풍기망을 씌우고 주의를 주고 있는 상황이다. 만약 아이들이 실수로 날개가 없는 선풍기 고리 안에 손을 넣으면 어떻게 될까? 산꼭대기에서 계곡으로 바람이 불어오듯이 시원한 바람을 맞게 될 뿐 사고를 당할 걱정은 하지 않아도 좋을 것이다.

날개 없는 선풍기의 또 하나의 장점은 바람이 훨씬 부드럽다는 것이다. 날개 있는 선풍기는 바람개비처럼 돌아가는 날개가 공기를 비스듬하게 쪼개면서 바람을 만들기 때문에 불규칙한 바람이 불게 된다. 선풍기 앞에서 소리를 내면 소리가 요동치는 듯 느껴지는 것도 바로 이 때문이다. 하지만 날개 없는 선풍기는 균일한 바람을 불게 한다.

선풍기 괴담, '선풍기를 틀어놓고 자면 죽는다?'

간혹 선풍기를 틀어놓고 자면 선풍기 바람 때문에 산소가 부족해지거나 체온 감소로 인해 사망에 이른다는 이야기를 듣게 된다. 하지만 이는 거의 근거 없는 이야기이다. 선풍기는 주변의 공기를 이동시켜 바람을 일으키는 도구이다. 선풍기 바람을 얼굴에 정면으로 맞아 숨을 쉬기 힘들어지거나 체온이 감소하더라도 정상적인 인체는 무의식적으로 몸을 뒤척여 방향을 바꾸거나 잠에서 깬다. 선풍기에 의해 질식했을 것이라 추정되는 사망자를 부검한 발표에 따르면 사망 원인이 심근경색이었으며 우연히 선풍기를 틀어놓고 자다가 사망한 경우라고 할 수 있다. 선풍기로 인한 사망사례에 대해서는 아직까지 확실하게 밝혀진 내용이 없다. 하지만 일부 의사는 기관지 천식이나 음주, 만성 질환자들은 자면서 장시간 선풍기를 사용할 때 주의할 것을 당부하고 있다.

선풍기를 틀고 자면 선풍기 바람 때문에 산소가 부족해 사망에 이른다는 얘기는 사실일까?

SECRET▪24

건조한 방안에 촉촉한 수분을 공급하는

가습기의 비밀

영화 〈스타워즈〉 R2D2 모양의 가습기

우리 주변 공기의 습도를 적당하게(55~60%) 유지하는 일은, 비록 의식하지는 못하지만, 우리가 마시는 물 만큼이나 중요하다. 적당한 습도는 호흡기 질환을 예방하거나 치료하는 데 도움이 될 수 있으며 쾌적한 실내 환경도 조성하기 때문이다. 겨울철처럼 건조한 계절이나 다른 요인으로 인해 적절한 습도가 필요할 때 인위적으로 원하는 습도를 유지시키는 기구가 가습기이다.

가습기는 전기에 의해 물을 입자화하거나 물을 수증기로 만들어 실내로 뿜어내는 장치이다. 가습기의 종류에는 가열식과 초음파 방식, 그리고 이 두 가지 방식이 합쳐진 복합식과 원심분무식(흡입한 물을 원심력으로 날려 스크린에 부딪히게 해 작은 입자로 쪼개서 내보내는 방식), 필터기화식(젖은 필터로 공기가 통하게 하여 물을 증발시켜 습기를 만드는 방식) 등이 있다.

살균효과는 높지만 화상의 위험이 있는 가열식 가습기

물을 가열하면 김이 나오게 되고 자연히 방안에 습도가 높아지게 되는데, 이러한 원리를 이용한 것이 가열식 가습기이다. 전기 커피포트처럼 가습기 안에서 히터나 전극봉으로 물을 가열시켜 증기를 발생시키고 이것을 강제적으로 방안에 내뿜는다. 이렇게 뿜어져 나온 증기가 방안의 찬 공기를 만나면 수증기가 응결되어 하얗게 보이게 된다.

뜨거운 물에서 나오는 김은, 이론적으로는 증류수이기 때문에 중금속 등이 섞여 있지 않아 깨끗하다는 장점이 있다. 그러나 물을 끓이기 때문에 세균 살균효과는 우수하지만 뜨거운 증기로 인해 어린아이가 화상을 입을 위험이 있다. 또한 수증기 발생량이 적어 충분한 가습이 이루어지지 않을 수 있으며 전력 소모가 많아 경제적으로 부담이 될 수도 있다.

살균효과는 없지만 전력 소모가 적은 초음파 가습기

초음파란 사람이 귀로 들을 수 있는 소리의 주파수 범위(20~20000Hz)보다 높은 주파수를 뜻한다. 사람이 들을 수 없지만 소리의 성질을 가지고 있으며 전파나 빛의 성질도 가지고 있어 다양한 용도로 사용되고 있다. 초음파 가습기는 이런 초음파를 이용하여 물을 안개처럼 만든 후, 작은 팬으로 방안에 불어 보낸다.

가습기의 구조를 보면 진동판은 물이 닿는 곳 바닥에 설치되어 있는데 그 뒷면에는 초음파진동자(압전세라믹)가 붙어 있다. 초음파진동자는 전류가 흐르면 모양이 변하는 물질로서, 전기에너지를 초음파로 바꾸거나

■ 가습기 구조

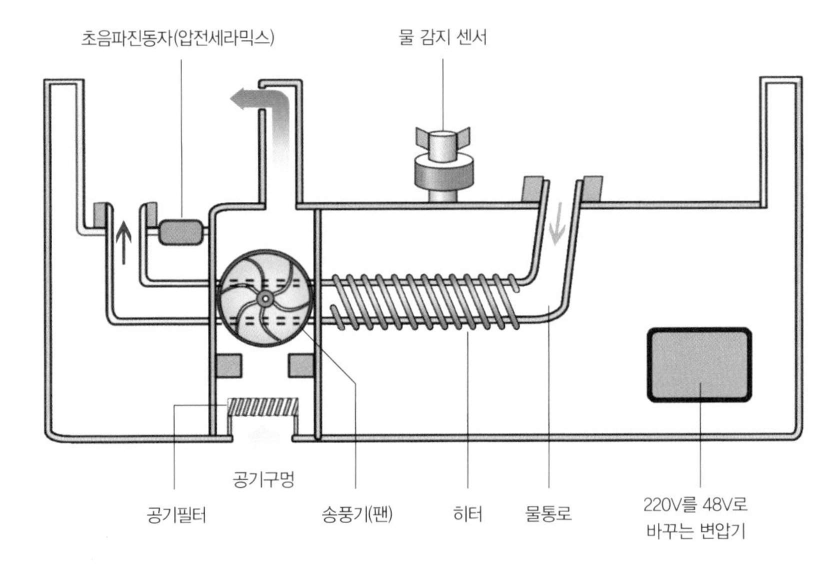

초음파를 전기에너지로 바꾸는 장치이다. 초음파진동자는 재료에 따라 그 진동수가 다르지만, 세라믹형은 보통 0.3~25MHz 정도(1초에 30만 ~2500만 번 진동)이다. 그런데 진동판에 교류전류*가 흐르면 주파수에 따라 진동자의 크기가 변하고 여기에 붙어있는 진동판이 따라서 진동하게 된다.

> **교류전류**
> **(AC:Alternating Current)**
> 시간에 따라 크기와 방향이 주기적으로 변하는 전류. 반대말은 항상 일정한 방향으로 흐르는 전류인 직류이다.

진동판의 진동에 의해 발생한 초음파는 다시 물에 진동을 일으킨다. 가습기는 전자레인지와 달리 물 분자에 진동을 일으키는 것이 아니라 물 분자 덩어리에 진동을 일으킨다. 이 초음파진동자에 전원을 공급해주면 진동자가 물 밑바닥부터 진동을 일으킨다. 그렇게 되면 물속의 물 분자들이 서로 부딪히면서 분자들 사이에 진동을 전한다. 그 진동이 물의 표면까지 닿으면, 물 표면에 있던 물 입자들이 미세한 알갱이 상태가 되어 위로 튀어나온다. 이렇게 해서 발생한 작은 물방울들은 가습기 내의

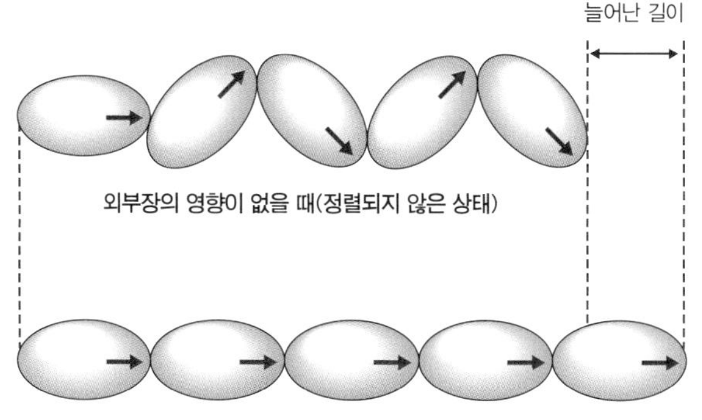

특수한 초음파진동자(압전세라믹스 등)에 전자회로에서 만들어진 초음파 신호를 가하면 주파수에 따라 진동자구성물질의 길이가 달라지면서 진동하고 그에 따라 초음파가 발생한다.

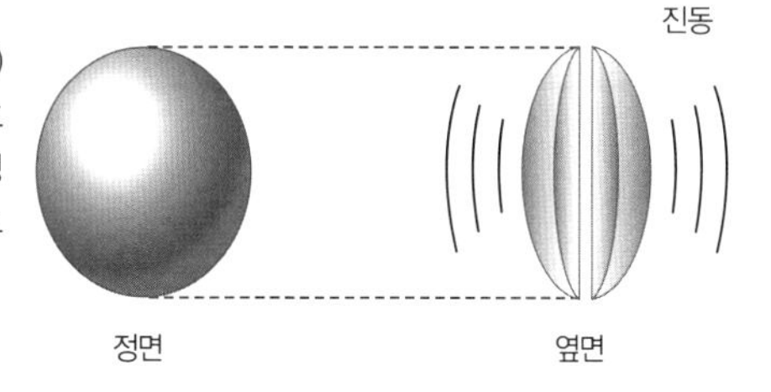

송풍기(팬)에서 나오는 바람을 따라서 관을 타고 밖으로 나오게 되는 것이다. 이런 방식으로는 물을 끓이지 않고도 실내를 가습시켜 줄 수 있다. 이것이 초음파 가습기의 원리이다.

초음파 가습기는 물을 가열하지 않으므로 뜨겁지 않아 화상을 입을 염려는 없지만 실내에서 기화되기 때문에 기화열(액체가 기체로 변하려면 열이 필요하다)에 의한 주변 온도 강하현상이 나타난다. 또한 물속에 들어 있던 세균이 살균되지 않은 채로 습기와 함께 방안으로 분출되기도 하며 중금속이나 염소 같은 것도 생성해 가구나 전자제품, 벽 등을 더럽히는 백화현상을 일으키기도 한다. 그래서 초음파 가습기 안에는 자외선 살균기와 정수 장치가 들어 있다. 가습기 사용 시에는 물을 매일 갈아주고 가능하면 끓였다 식힌 물을 사용하는 것이 좋다. 또한 초음파 가습기는 정수 필터도 청소해주어야 하는 번거로움이 있다. 그러나 이러한 여러 단점에도 불구하고 초음파 가습기는 전력 소모가 낮아(약 45W) 운영비가 적게 들고 가습량이 가열식 가습기에 비해 풍부하다는 장점이 있다.

가열방식과 초음파방식의 장점만 합친 복합식 가습기

히터 가열방식의 장점인 살균기능과 초음파식의 여러 장점을 고루 이용한 방식이 복합식 가습기이다. 이 가습기의 핵심기술은 물의 표면장력이 물의 온도가 상승함에 따라 약해지는 원리를 이용해서 가습량을 증가시키는 것이다. 따뜻해진 물은 상온의 물에 비해 표면장력이 감소하기 때문에 물 입자들이 훨씬 쉽게 쪼개질 수 있다. 이런 원리를 이용해 기존의 가습기보다 최소 50%에서 최대 100% 이상의 가습량 향상 효과를 얻을 수 있어, 습도를 빠른 시간 내에 조절할 수 있다. 뿐만 아니라 여러 단계의 가습 조절기능을 추가할 수 있어 사용자들이 편리하게 원하는 습도를 유지할 수 있다. 또한 물을 섭씨 75~80℃로 데운 후 초

■ 복합가습기의 원리

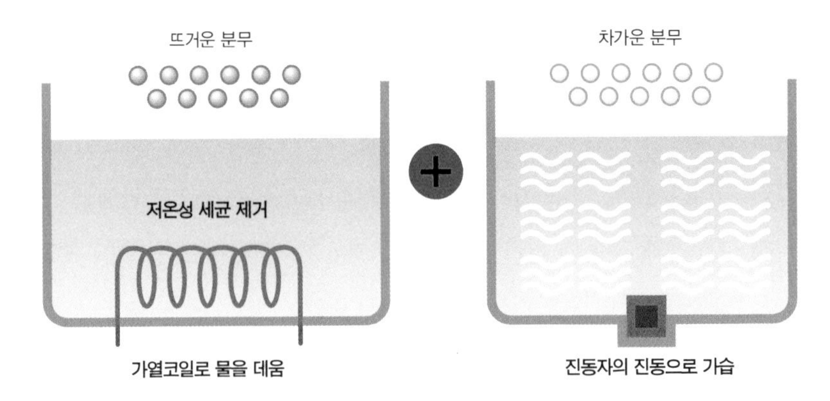

음파(1.525~1.74MHz)로 가습하도록 되어 있어 미생물 및 중·저온성 세균을 없애주며 가습기 내부의 불순물 침전도 적다. 분사되는 습기 온도도 섭씨 35℃ 정도로 체온과 비슷하기 때문에 화상의 위험이 없을 뿐 아니라 실내의 온도를 따뜻하게 유지시켜 주는 등 여러 가지 장점이 있다.

가습기 잘못 쓰면 오히려 '독'

가습기를 위생적으로 관리하지 못하면 오히려 가습기가 호흡기 질환을 일으키는 원인이 될 수 있다. 가습기 물통에 존재하는 곰팡이, 세균 때문에 가습기를 사용한 후 감기와 비슷한 증세가 나타나는 '가습기 열병'에 걸릴 수도 있다. 또한 가습기를 과도하게 쓰면 실내에 곰팡이가 생길 수 있는데, 이 곰팡이가 천식증상을 악화시키기도 한다. 가습기를 쓸 때는 적정 습도인 40~70%를 유지하는 게 중요하다. 창문이나 가구에 물방울이 맺히거나 커튼과 침구류가 눅눅할 정도로 가습하는 것은 바람직하지 않다.

도움 받은 자료

- 《일상속의 물리학》, 세드리크 레이·장글로드 푸아자, 에코리브르, 2009
- 《가정생활기기론》, 이정우, 수학사, 1998
- 《첨단 물리의 응용》, 이일수, 경북대출판부, 2003

SECRET ■ 25

물을 쓰지 않고도 옷을 깨끗이 빠는

드라이클리닝의 비밀

집안 일이 여자의 전유물이었던 과거에는 가장 힘든 집안일 중의 하나가 빨래였을 것이다. 한겨울에도 많은 식구들의 빨랫감은 어김없이 쌓이지만 빨래를 비비고, 헹구고, 짜는 일련의 과정을 모두 손으로 해야 했고, 더운 물도 마음대로 쓸 수 없었다. 대부분의 가정에 세탁기가 있는 지금에 와서는 그야말로 옛날 얘기일 뿐이다. 게다가 원한다면 세탁소에 맡겨 건조와 다림질까지 끝낸 옷을 집안에서 편히 받아볼 수 있는 세상이 되었다. 지금 옷장을 열면 드라이클리닝을 맡겼다가 받은 옷에서 풍기는 석유냄새가 코끝을 자극할지도 모른다.

더러운 옷이 깨끗해지기까지 필요한 과학적 원리

전문세탁소의 세탁이 가정에서 하는 세탁과 가장 다른 점은 물빨래가 아니라 대개 드라이클리닝으로 세탁을 한다는 것이다. '드라이(dry)'는 물을 사용하지 않는다는 뜻으로 물빨래에 대비되는 말이다. 물빨래가 물과 세제를 사용한다면 드라이클리닝은 드라이클리닝 용제와 드라이클리닝 세제를 사용한다.

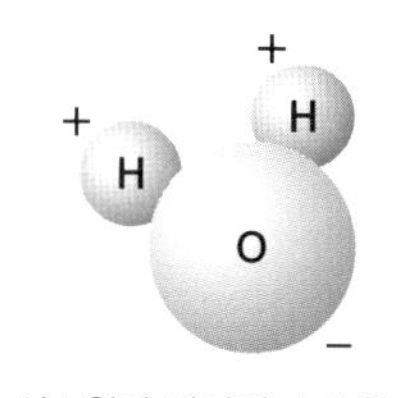

산소원자 하나와 수소원자 두 개로 구성된 물 분자는 산소원자가 음전하, 수소원자가 양전하를 띤 극성 분자이다.

의류의 세탁은 몸에서 나오는 분비물, 공기 중의 각종 먼지, 음식물, 색소 등에 의한 오염을 없애는 것이다. 물로만 빨아도 대부분의 오염은 없앨 수 있는데, 이렇게 제거되는 오염은 물에 잘 녹는 수용성 물질들이다.

물(H_2O)은 산소원자(H) 하나와 수소원자(O) 둘이 결합된 굽은 형태의 분자다. 산소원자는 (+), 수소원자는 (-)를 띠고 있어 물 분자는 자석처럼 극성을 띤다.

(+), (-)로 분리된 전하가 분자의 구조상 상쇄되어 없어지지 않으므로 물 분자는 전체로 볼 때 전하를 띠고 있다. 이러한 분자를 '극성 분자'라고 한다. 반대로 (+), (-)로 분리된 전하가 분자의 구조상 상쇄되어 없어지거나, 전자를 끌어당기는 능력의 차이가 거의 없는 원자로 이루어져 있는 분자는 분자 전체로 볼 때 전하를 띠지 않게 되므로 '무극성 분자'라 한다.

극성 물질은 극성 용매에 잘 녹고 무극성 물질은 무극성 용매에 잘 녹는다. 우리 주위에는 극성을 띠고 있는 물질이 많으므로 물은 많은 물질을 잘 녹일 수 있는 좋은 용매가 된다.

의류에 붙은 오염물질의 상당수는 물에 잘 녹는 극성을 띠고 있기 때문에 물만으로도 어느 정도 세탁이 가능한 것이다. 물에 녹지 않는 무극성인 기름때를 제거하기 위해서는 비누나 합성세제를 이용한다. 세제는 분자 안에 기다란 무극성 부분과 짧은 극성 부분을 함께 가지고 있다. 그

■ 미셀과 물빨래 과정

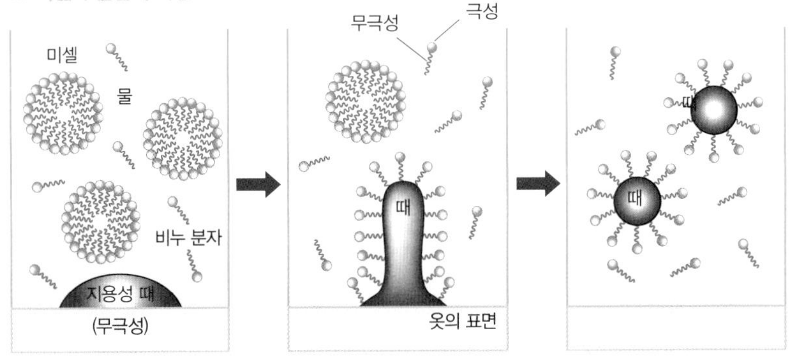

미셀

세제가 물에 녹는 경우 일정 농도 이상이 되면 소수성 부분은 핵을 형성하고 친수성 부분은 물과 닿는 표면을 형성하는 것.

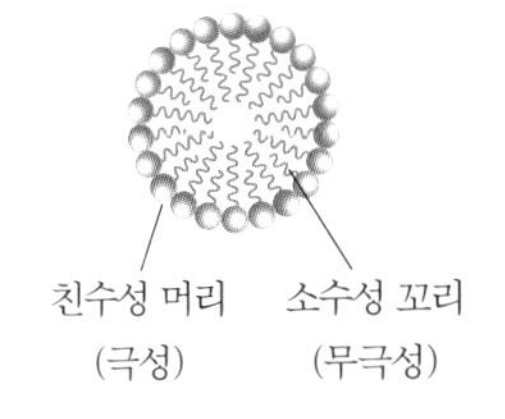

러므로 세탁할 때 비누의 무극성 부분이 기름이나 유기고분자 등의 때를 둘러싸 물속에서 미셀*이라는 구조로 분산된다. 이렇게 세제와 같이 물에 녹기 쉬운 극성 부분(친수성 부분)과 기름에 녹기 쉬운 무극성 부분(소수성 부분)을 동시에 가지고 있는 화합물을 계면활성제라고 한다.

지성 오염물질과 손상되기 쉬운 의류 세탁에 탁월한 드라이클리닝

드라이클리닝은 물 대신 드라이클리닝 용제를, 비누 대신 드라이클리닝 세제를 이용한다. 드라이클리닝 세제가 들어 있는 드라이클리닝 용제를 세탁조 안에 넣으면 의류와 함께 회전하면서 세탁이 이루어진다. 극성이 없는 드라이클리닝 용제를 사용하므로 무극성인 기름성분의 오염물질을 녹여 없앨 수 있다. 또 물을 사용하지 않으므로 물로 세탁할 경우 섬유의 팽창으로 크기가 줄거나 모양이나 색이 변하기 쉬운 모나 견 섬유 및 세탁 견뢰도가 낮은 염색물 등의 세탁에 유리하다. 같은 부피의 물과 드라이클리닝 용제의 무게를 비교하면 물이 훨씬 무겁다. 그래서 드라이클리닝은 드럼이 돌 때 세탁물이 떨어지면서 의류에 가해지는 힘이 물세탁에 비해 매우 작기 때문에 의류의 변형이 적다.

등유가 떨어진 테이블보를 관찰하다 발견한 드라이클리닝

드라이클리닝은 19세기에 한 프랑스 인이 등유가 떨어진 테이블보가 깨끗해진 것을 관찰한 데서 출발했다. 당시 드라이클리닝 용제로 사용한 것은 테레빈유, 벤젠, 나프타 등이다. 이러한 용매는 인화성이 커 화재 또는 폭발의 위험성이 있고 사고도 잦았다. 때문에 1928년에 이보다 인화성과 냄새가 적은 스토다드용제가 개발되었다. 1930년대 중반부터는 '퍼크로'라고 불리는 퍼클로로에틸렌(perchloroethylene)을 드라이클리닝 용제로 사용하기 시작했다. 퍼크로는 안전하고 불에 타지 않으며 동시에 강한 세척력을 가지고 있어 뛰어난 용제로 인정받고 있다. 그러나 국제암연구소(IARC)는 퍼크로를 인체 발암 추정물질로 구분하고 있으며, 퍼크로를 사용하는 작업장의 노동자가 증기에 노출되어 중독된 사례가 보고된 적도 있다. 물빨래 후 사용한 물과 세제는 버리지만 드라이클리닝에 사용한 용제는 필터를 거쳐 정화시켜 재사용하므로 용제가 오염되지 않도록 청결하게 관리해야 한다.

■ 퍼클로로에틸렌의 분자구조

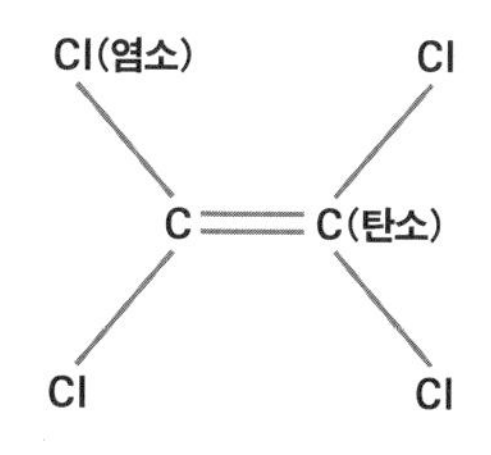

물과 비누를 대신하는 드라이클리닝 용제와 세제

드라이클리닝 용제는 무극성이므로 땀이나 악취 등의 물과 친화력이 강한 수용성 오염은 제거할 수 없다. 수용성 오염을 없애고 세탁효율을 높이기 위해 사용하는 것이 보통 '드라이소프'라고 하는 드라이클리닝 세제이다. 드라이클리닝 세제는 물에서 비누의 작용과 반대로 친수성 머리(극성)가 섬유와 오염물질을 향하고 소수성 꼬리(무극성)가 용제 방향으로 배열되는 역(逆)미셀*을 형성하여 오염물질을 제거한다.

역(逆)미셀
세제가 유기용매 속에서 만드는 미셀로, 물빨래와는 반대로 기름과 친한 쪽을 바깥으로 물과 친한 쪽을 안으로 한 형태.

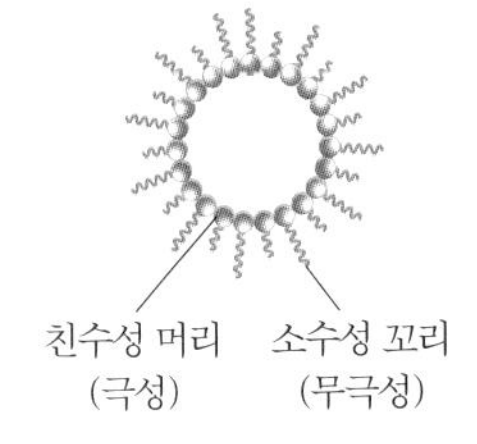

드라이클리닝의 용제를 탈수하는 단계에서는 빠른 속도로 세탁조를 회전시켜 빨랫감에 남아 있는 용제를 제거한 후 건조를 시킨다. 하지만 세탁소에서 받았을 때 옷에서 특유의 냄새가 나는 것은 용제 성분이 남아서일 수 있다. 드라이클리닝을 막 끝낸 옷은 바로 입기보다는 가급적 며칠 간 걸어 놓아 냄새가 없어진 후에 입는 것이 좋다.

■ 역미셀과 드라이클리닝 과정

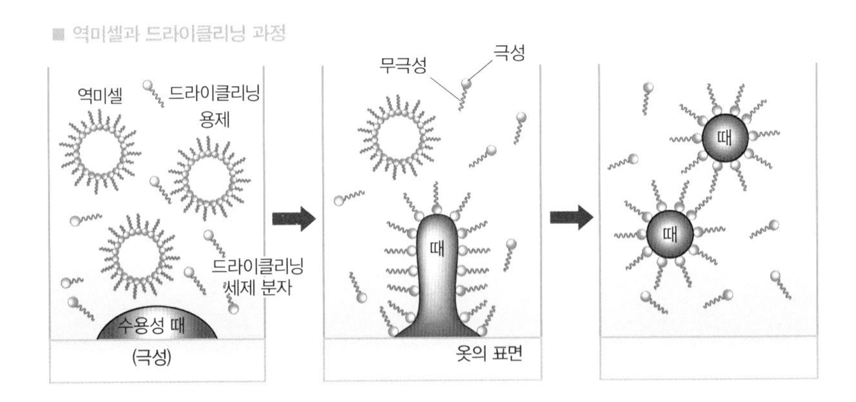

SECRET▪26

XYZ에 담긴 암호

지퍼의 비밀

바지 지퍼가 살짝 내려간 남자선생님이 계신다. 이때 당사자가 덜 무안하도록 학생들은 은유적으로 그 상황을 표현하곤 한다. "선생님~! 남대문 열렸어요!" 만약 당신이 외국을 나갔을 때 누군가 조용히 다가와 "XYZ"라고 말한다면 '무슨 암호지?'라고 생각할 것이 아니라 "지퍼가 열렸으니 점검하라"는 의미의 "eXamine Your Zipper"를 둘러말하는 것이니, 아래를 살펴볼 일이다.

군화끈을 매는 불편함에서 탄생한 지퍼

오늘날 우리는 생활에서 손잡이 하나만 잡고 '휘익' 움직여서 손쉽게 물건을 여닫으며 살고 있다. 점퍼의 여밈과 가방의 여닫이에서, 부츠와 같은 신발까지 지퍼가 쓰이지 않는 곳이 없다. 지퍼가 없다면 우리는 점퍼를 여미기 위해 코트처럼 단추를 채워야 하고, 단추를 채웠어도 틈새로 들어오는 바람을 피할 수 없었을 것이다.

지퍼는 원래 끈이 많은 군화에서 비롯되었다. 1893년 미국의 엔지니어였던 휘트콤 저드슨Whitcomb L. Judson, 1846~1909은 길거리에서 군화를 주워 구두대용으로 신고 다녔는데, 다소 뚱뚱한 편이었던 그는 군화의 많은 끈을 매고 출근하려니 늘 지각을 피할 수 없었다. 그런 그에게 사장이 "그렇게 늦으려면 당장 회사를 그만둬!"라고 질책을 한 것은 어쩌면 당연한 일일 것이다. 이에 발끈한 저드슨은 아예 회사를 그만두고 '군화의 끈매기'를 개량하는 연구에 몰두해 결국 지퍼를 발명해냈다. 발명한 지퍼를 시카고 박람회에 출품했지만 그의 발명품은 기대 이하로 사람들의 흥미를 끌지 못했다.

처음에 저드슨이 개발한 지퍼는 소형 쇠사슬에 끝이 구부러진 쇠 돌기를 집어넣은 형태여서 편리하기는 하지만 모양이 좀 흉측했다. 이러한 지퍼가 일상생활에 사용하게 된 것은 1913년 굿리치 사의 선드백(Gideon Sundback)에 의해 군복과 비행복에 지퍼가 사용되면서부터이다. 그리고 1923년 이를 접한 쿤 모스라는 한 양복점 주인이 옷에 맞게 형태를 고치면서 지퍼는 오늘날의 영광을 맞게 되었다.

■ 저드슨이 발명한 지퍼의 모습

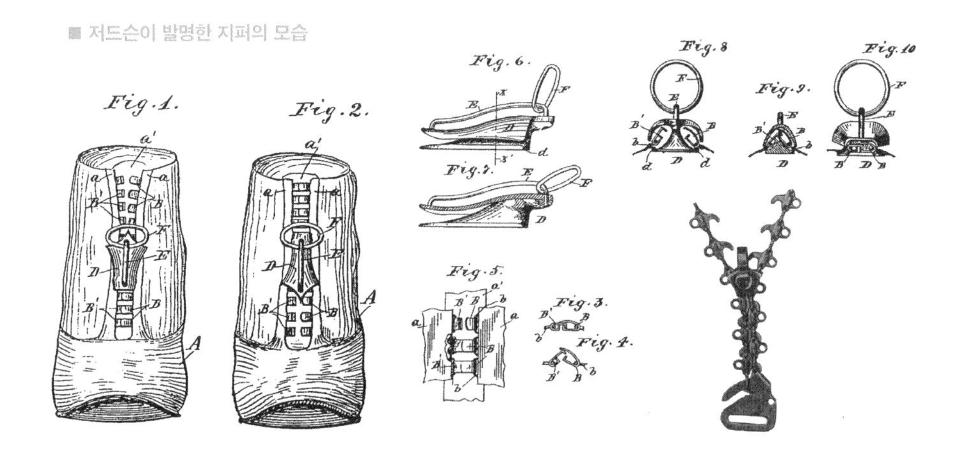

지퍼의 생김새와 원리

지퍼는 이빨, 슬라이더, 테이프의 세 부분으로 구성된다. 각 부분을 살펴보면 아래 그림과 같다.

지퍼는 지퍼의 경사면을 지나는 작은 힘이 수직방향의 큰 힘으로 바뀌는 빗면의 원리를 이용한 제품이다. 빗면의 원리란 물체를 수직으로 들어 올릴 때 빗면을 사용하면 빗면 때문에 길어진 거리만큼 수직으로 들어 올리는 힘이 반비례하여 감소해, 결국 한 일은 똑같아진다는 것이다(259쪽 '나사의 비밀' 참조). 등산을 할 때 가파른 길을 올라가면 시간은 적게 들지만 큰 힘을 필요로 하는데 반해, 거리는 멀지만 경사가 완만한 길을 걸어 올라가면 시간은 상대적으로 오래 걸리지만 힘이 적게 드는 것이 빗면의 원리이다. 빗면의 원리를 이용하는 도구들은 대부분은 쐐기 형태로 나타난다.

이러한 쐐기 형태를 가진 도구들은 직각방향으로 직접 힘을 주려면 큰

■ 지퍼의 구조

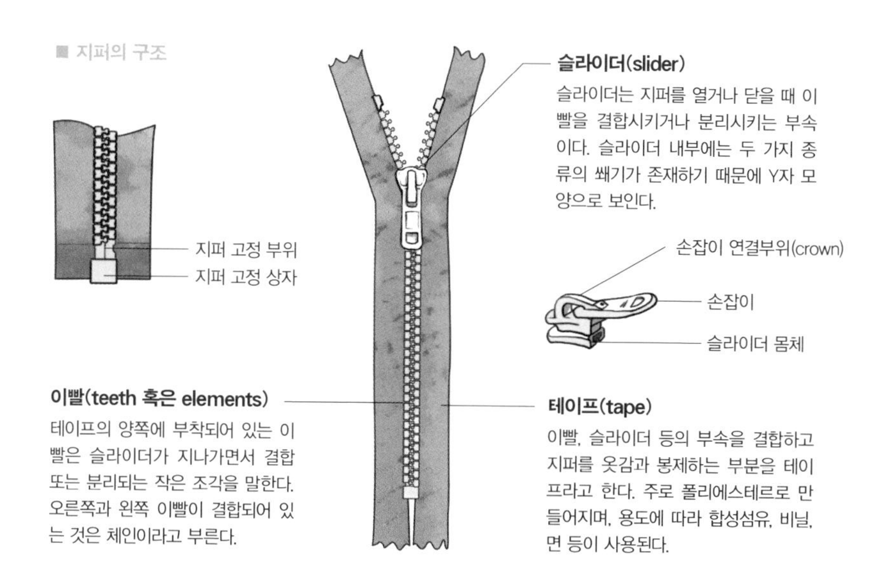

■ 지퍼의 이빨들을 분리시키고 결합시키는 원리

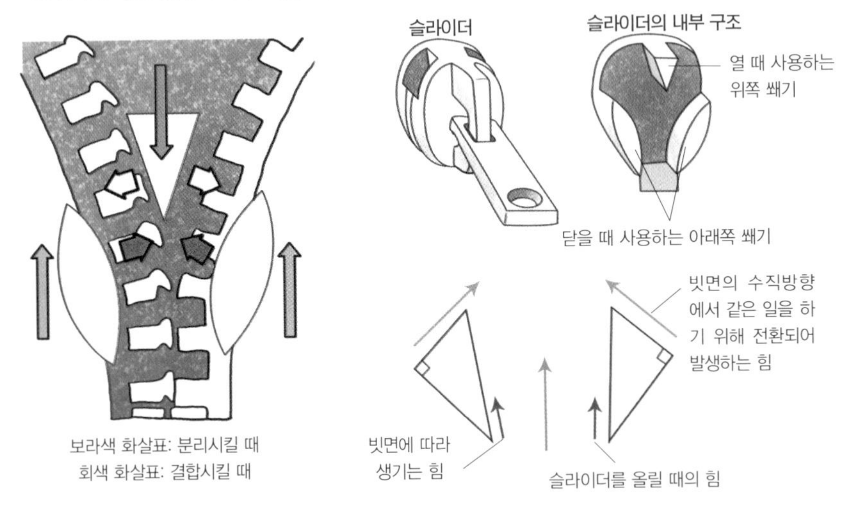

보라색 화살표: 분리시킬 때
회색 화살표: 결합시킬 때

힘이 필요한 일을 쐐기의 빗면을 이용하여 적은 힘으로도 할 수 있게 한다. 반대로 빗면으로 주어지는 힘을 직각방향으로 보내면 이동 거리가 짧아진 만큼 힘이 커져 같은 양의 일이 발생하도록 한다.

지퍼에 쓰인 빗면의 원리는 장작을 패는 도끼를 생각하면 쉽게 이해가 된다. 도끼는 쐐기에 손잡이가 달린 도구이다. 도끼의 쐐기 단면을 보면 날 부분은 얇고 손잡이와 가까운 부분은 두꺼운 삼각형이다. 도끼가 나무에 수직방향으로 내리쳐질 때 도끼는 쪼개지지 않으려 하는 나무의 저항을 도끼의 옆쪽 즉, 경사진 빗면을 통해 흘려보낸다. 이 힘은 직각방향의 힘으로 전환되는데 이때 도끼의 빗면 길이보다 도끼의 직각방향의 길이가 짧아 발생하는 힘은 내리쳐서 생기는 힘보다 훨씬 크다. 그래서 나무쪽에서 보면, 파고드는 도끼는 나무의 수평방향으로 엄청난 힘을 발생시키게 되면서 나무가 옆으로 쪼개져 버리는 것이다.

지퍼의 경우도 마찬가지다. 지퍼의 이빨들이 나무라면 지퍼 가운데의 움직이는 부분, 즉 슬라이더는 도끼에 해당된다. 슬라이더 내부에는 도끼

지퍼에 쓰인 빗면의 원리는 장작을 패는 도끼의 원리를 통해 이해할 수 있다.

■ 장작을 패는 도끼의 원리

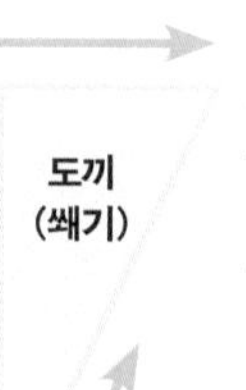

날처럼 삼각형으로 된 쐐기들이 안쪽에 설치되어 있다. 이 쐐기가 서로 단단하게 맞물려 있는 지퍼의 이빨을 간단히 분리시키기도 하고 서로 죄어서 결합시키기도 한다. 슬라이더를 올리는 작은 힘은 아래쪽 쐐기의 빗면을 통해 쐐기의 직각방향을 향하는 큰 힘으로 바뀐다. 따라서 지퍼의 이빨을 쉽게 결합시킬 수 있다. 반면 슬라이더를 내릴 때는 이동하는 길이가 짧아진 만큼 수직방향으로 작용하는 힘이 커져서 지퍼가 쉽게 열린다.

지퍼라는 이름은 장화를 열고 닫을 때 나는 소리에서 유래

원래 지퍼의 명칭은 미끄러지며 잠근다는 의미의 '슬라이드 파스너(slide fastener)'였는데, 1921년에 굿리치 사가 장화를 열고 닫을 때 나는 '지-지-지-프(Z-ZZIP)'라는 소리에 착안하여 '지퍼(Zipper)'라는 장화의 상표를 개발하면서 이름이 바뀌게 되었다. 그러니까 지퍼는 장치의 이름이 아니라 장화의 상표가 보통명사가 된 것이다.

우리나라에서는 과거에 지퍼를 '작크'라 많이 불렀으며, 일부 어르

신은 아직도 '작크'라 부르는 경우가 있다. 지퍼의 또 다른 영어 이름은 'chuck(잠금 기구)'이다. 이 단어를 일본 사람들은 '차쿠'라고 발음하고, 그 발음을 다시 로마자 'chack'로 표기하면서 '작크'라는 말이 탄생했다. 한 동안 일본의 영향을 받았던 우리나라도 그 탓에 지퍼를 '작크'라 불렀던 것이다.

지퍼의 고유명사가 된 YKK

혹 여러분들은 지퍼의 다른 이름 중 'YKK'가 있는 것은 아닌지, 아니면 지퍼를 'YKK'라는 사람이 발명한 것은 아닌지 생각해본 적은 없는가? 지금 우리가 입고 있는 옷이나 가방의 지퍼를 살펴보면 쉽게 YKK란 글자를 발견할 수 있다. 이 YKK는 지퍼와 무슨 관련이 있는 걸까?

YKK는 지퍼를 만든 회사를 나타낸 것으로 1934년에 설립된 일본의 요시다 공업 주식회사(Yoshida Kogyo Kobushikikaisha)의 약자이다. 오늘날 지퍼시장은 일본의 YKK가 전 세계의 60%를 장악할 정도로 YKK에 의해 기술개발이 이뤄지고 있다. 최근에는 이빨이 아닌 연속적인 선으로 되어 있어 방수가 가능한 지퍼백과 같은 평면지퍼가 생활용품에 많이 사용되고 있다. 또 슬라이더 손잡이 끝에 돌기가 있어 지퍼를 올리거나 내리다가 손잡이를 내리면 지퍼가 이빨 사이에 고정돼 움직이지 않고, 손잡이를 들면 다시 움직이는 안전지퍼도 있다.

수많은 여밈 끈으로 타인의 도움을 받아야만 입을 수 있었던 코르셋은 지퍼의 발명으로 유명무실해 졌다. 이미지는 영화 〈바람과 함께 사라지다〉에서 코르셋을 죄는 장면.

SECRET ▪ 27

경제적이면서 친환경적인

지역난방의 비밀

추운 겨울 찬바람이 옷깃을 파고들면 따뜻한 방바닥이 그리워지곤 한다. 따끈따끈한 방바닥에 배를 깔고 누워 군밤을 까먹으며 책을 보는 재미는 그 무엇과도 바꿀 수 없으리라. 이렇게 우리에게 따뜻함을 가져다주는 난방기술은 여러 가지가 있다. 옛날에는 주로 나무를 땠으나 점차 연탄으로, 석유로, 도시가스로 난방을 하는 방법이 달라져왔다. 최근에는 대단지 아파트나 빌딩에서 단지자체에 난방시설이 있어서 각 세대에 난방을 공급하는 방식으로 점차 변화하고 있다.

이렇게 중앙에서 난방을 할 때 필요한 온수를 각 세대에 공급하기 위해서 물을 데우는 방법에도 여러 가지가 있다. 아파트 자체에서 연료를 이용하여 온수를 만들어 공급할 수도 있고, 지역난방처럼 한국지역난방공사*에서 관리하는 열 생산시설에서 공급된 중온수를 열원으로 온수를 만들어 공급할 수도 있다. 최근 들어 많은 대단지 아파트

한국지역난방공사
1985년 설립된 공기업으로 집단에너지 사업의 효율적 수행을 통해 기후변화협약에 능동적으로 대응하고, 에너지를 절약하며, 국민 생활의 편익을 증진하기 위해 설립되었다. 지역 냉·난방사업, 전력사업, 신재생에너지사업 등을 주요사업으로 하고 있다.

에서는 지역난방 방식을 이용하고 있다. 지역난방은 도대체 어떤 방법으로 각 세대에 난방을 공급하는 것일까?

열 생산시설에서 공급된 중온수를 이용하는 지역난방

지역난방이란 전기와 열을 동시에 생산하는 열병합발전소 및 쓰레기 소각장 등의 열 생산시설에서 만든 120℃ 이상의 중온수를 도로나 하천 등에 묻힌 이중보온관을 통해 아파트나 빌딩 등의 기계실로 보내고, 일괄적으로 각 세대에 온수와 급탕을 공급하여 난방하는 방식이다. 중온수란 100℃ 이상으로 가열된 물을 말한다. 즉, 물은 보통 1기압일 때 100℃에서 끓지만 기압이 높아지면 100℃ 이상이 되어야 끓는다. 이렇게 높은 압력에서 100℃ 이상의 온도를 유지하는 물을 중온수라 한다.

■ 지역난방의 열 교환과정

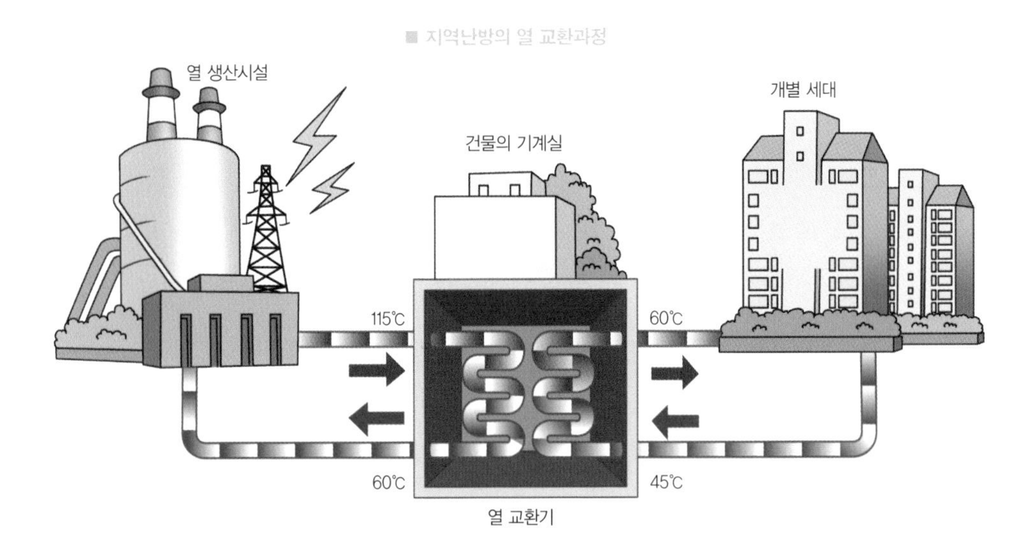

물은 서로 섞이지 않고 열만 전달된다.

이 중온수는 온도가 매우 높기 때문에 세대로 바로 공급되지 않고 일단 아파트 단지 혹은 건물 내에 설치된 중간기계실에 공급된다. 공급된 중온수는 기계실에 설치된 열교환기를 통하여 건물 내의 물을 데우고, 그렇게 데워진 물이 각 세대로 연결된 배관을 통하여 난방수 및 급탕수로 최종 공급된다. 발전소에서 공급된 중온수는 열교환을 마친 후 다시 회수관을 통해 출발지인 열병합발전소 등으로 돌아가 재가열되어 사용된다.

지역난방은 각 건물이나 개별 세대에 난방시설을 따로 설치할 필요가 없으므로 안전하고 쾌적하며 편리하다는 장점을 가지고 있어 입주자들이 가장 선호한다. 또한 일부러 연료를 사용해서 온수를 만들어내는 것이 아니라 쓰레기 소각이나 발전 등 다른 작동과정에서 발생한 열을 이용하는 것이기 때문에 경제적이면서도 환경오염을 줄이는 효과가 있다.

열교환기를 통해 물은 섞이지 않고 열만 교환

지역난방공사의 발전소는 건물의 시설 2미터 밖에 설치되어 있는 최초차단밸브까지 중온수를 공급한다. 그 이후부터는 건물의 관리사무소에서 중온수를 관리하게 된다. 이때 건물에 공급되는 중온수의 온도는 약 115℃ 이상이며 열을 전달해주고 회수되는 물의 온도는 65℃이다. 건물에서는 45℃의 물을 통과시켜 60℃까지 온도를 높여 각 세대에 온수를 공급한다. 급탕의 경우는 최대 55℃의 물을 각 세대로 보내준다.

열을 교환하는 과정에서 발전소의 물과 건물의 물은 서로 섞이지 않고 열만 교환된다. 즉, 발전소에서 온 뜨거운 물과 건물을 돌고 나온 물은 판형열교환기를 서로 반대방향으로 통과하며 열만 주고받는 것이다.

■ 판형열교환기와 열의 교환과정

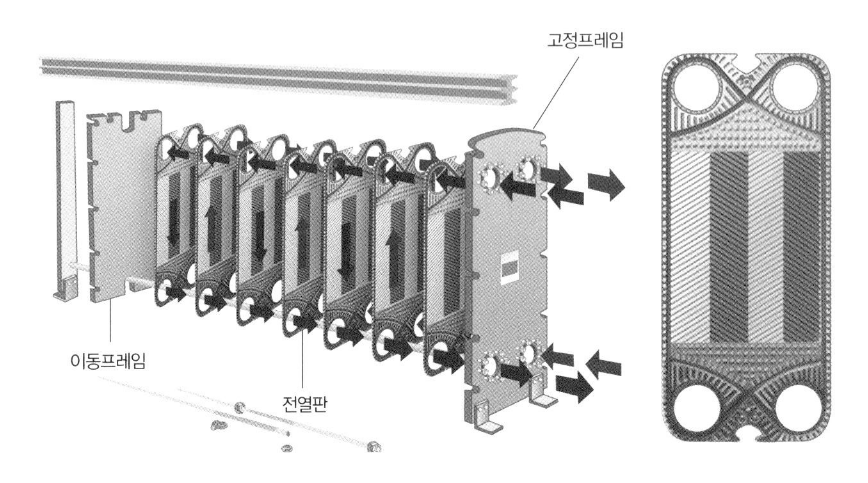

위 그림에서 붉은색으로 표현된 뜨거운 물은 열병합발전소에서 온 중온수이며 파란색으로 표현된 물은 건물에서 공급되는 온도가 낮은 물이다. 열교환기를 거치면 발전소에서 온 물은 열을 빼앗겨서 온도가 낮아진 상태로 회수되며, 건물 쪽에서 공급된 물은 열을 얻어서 온도가 높아진 상태로 각 세대에 전해지는 것이다.

전열판은 판형열교환기에서 가장 중요한 핵심부품이다. 전열판은 스테인리스를 기본재료로 하여 크롬, 니켈, 철, 몰리브덴 등이 함유되어 있다. 두께는 0.6mm로 16기압 150℃의 고압·고온에서도 견딜 수 있도록 만들어져 있다. 전열판은 다양한 난류가 형성되어 효율적으로 열을 전달할 수 있도록 여러 가지 각을 이루는 파형이 새겨져 있으며, 이 주름진 각을 이용하여 열전달 효율을 최대한 높인다.

온도 조절과 사용량 측정은 세대별로

건물 내의 기계실에서 열교환기를 거치며 따뜻하게 데워진 물은 건물에 설치된 온수관을 통해 각 세대로 공급된다. 공급된 따뜻한 온수는 각 세대에 설치되어 있는 온수분배기를 거쳐 방바닥에 깔린 관을 돌며 실내를 따뜻하게 데운다. 방을 돌고 나와서 온도가 낮아진 물은 환수관을 통해 다시 건물의 기계실로 돌아오게 되며, 이 물은 다시 열교환기로 들어가 데워지는 과정을 반복하게 된다.

각 세대에는 온도조절기가 설치되어 있어서 적정한 난방온도로 조절할 수가 있다. 설정한 온도가 되면 온도센서에서 온도를 감지하여 물 공급이 멈추게 되며, 온도가 낮아지면 다시 온수가 공급되어 자동으로 방의 온도가 일정하게 유지될 수 있도록 한다.

또한 각 세대에는 사용한 물의 양을 측정하기 위한 난방계량기가 설치

■ 온수분배기

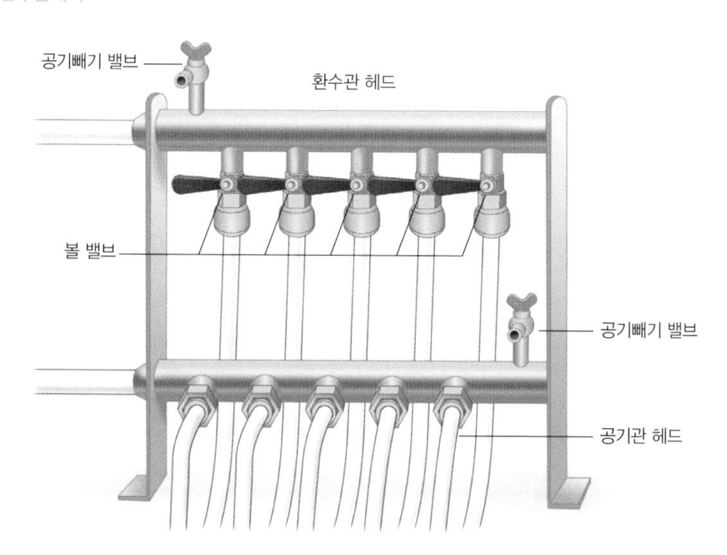

난방은 동서양을 불문하고 역사적으로 매우 중요한 생존 수단이었다. 그림은 프랑스의 화가 에드와르 프레르가 그린 〈난로에 불 피우는 여인〉(1886년)

되어 있다. 온수가 난방계량기를 통과하면서 계량기 안의 미터기를 회전시켜 흘러간 물의 양을 측정할 수 있게 된다. 이렇게 측정된 물의 양은 밖에서 검침할 수 있도록 세대의 외부에 지시기가 설치되어 있어서 세대가 사용한 양에 따라 난방요금을 부과할 수 있게 된다. 지역난방은 세대별로 난방계량기가 설치되어 있어서 가정마다 필요한 만큼의 난방을 할 수 있을 뿐만 아니라 또 사용한 양만큼 요금이 부과되므로 절약의 효과 또한 크다.

지역난방의 열은 전기를 생산하는 과정에서 발생한 고온의 열을 이용하는 것이므로 다른 에너지에 비해 친환경적인 에너지라 할 수 있다. 에너지 원료의 97%를 수입에 의존하는 우리나라의 현실에서 지역난방은, 친환경적이면서 동시에 에너지까지 절약할 수 있는 고마운 원리이다.

SECRET ▪ 28

'째깍째깍' 시간의 흐름을 알려주는
시계의 비밀

시계가 없다면 우리의 생활은 과연 어떻게 될까? 어떤 사람들은 빨리 흘러가는 시간을 원망하기도 하고 어떤 사람들은 시간의 지루함을 호소하기도 하겠지만, 1분 1초를 다투며 살고 있는 현대인들에게 시계는 필수품이 되었다.

인류와 시작을 함께한 시계의 역사

시계는 인류문명 초기부터 현재까지 6천 년간이나 사용되었다. 인류의 생활이 시작된 무렵의 이집트에서 사용된 해시계를 최초의 시계로 본다. 그 후 점차 낮과 밤에 구애받지 않으면서도 더 정확하게 시간을 알려주는 시계를 만들기 위해 물시계, 모래시계, 불시계를 비롯한 다양한 시계가 발명되었다. 그러던 중 1581년에 갈릴레이는 예배도중 천장에 매달린 상들리에의 흔들리는 주기가 일정하다는 사실을 알아냈다. 1673년 호이겐스Christian Huygens, 1629~1695는 이런 진자의 등시성을 이용하여 하루에 오차가 1분 미만인, 정확성을 매우 높인 시계를 만드는 데 몰두하였다. 1675년에 드디어 그는 작은 진자인 '탈진기(밸런스)'를 발명하여 시계 안에 집어넣어 휴대용 시계를 만들었다. 그 이후 수정시계, 원자시계 등 다양한 종류의 시계가 발명되었다.

규칙적인 시간의 흐름은 어떻게 이루어지는가?

시계의 내부는 그 기능에 따라 크게 다섯 가지 부분으로 나눌 수 있다.

■ 시계의 구조와 기능에 따른 분류

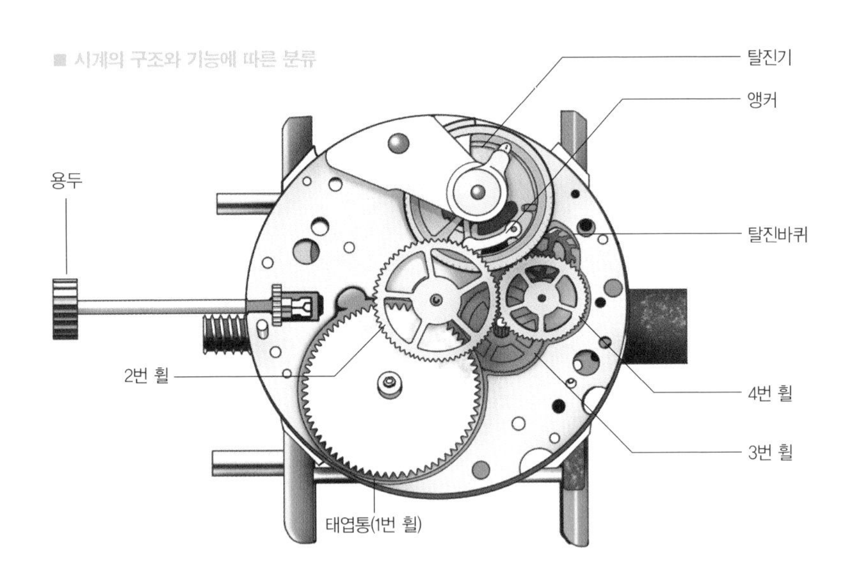

에너지를 공급하는 장치 : 용두, 태엽통(1번 휠)
에너지를 시계 내부로 전달하는 장치 : 2~4번 휠 트레인(톱니바퀴 시스템)
에너지가 한꺼번에 손실되지 않게 하는 장치 : 탈진바퀴, 앵커
규칙적인 시간의 흐름을 가능하게 하는 장치 : 탈진기
시간을 나타내주는 장치 : 초침, 분침, 시침

시계의 생명은 시계 바늘이 정확하게 일정한 간격으로 움직여줘야 하는 데 있다. 이 역할을 하는 것이 탈진기(balance spring, hairspring)인데, '시계의 심장'이라 할 수 있다. 탈진기는 스프링의 탄성을 이용하여 진자처럼 규칙적인 운동이 가능하게 만든 장치이다. 스프링이 풀렸다 감겼다 하는 과정을 반복하며 규칙적으로 진동을 한다. 규칙적인 탈진기의 진동은 앵커를 통해 탈진바퀴로 전해져서 탈진바퀴가 일정한 속도로 움직일

■ 시계 내부의 동력전달과 시간제어 과정

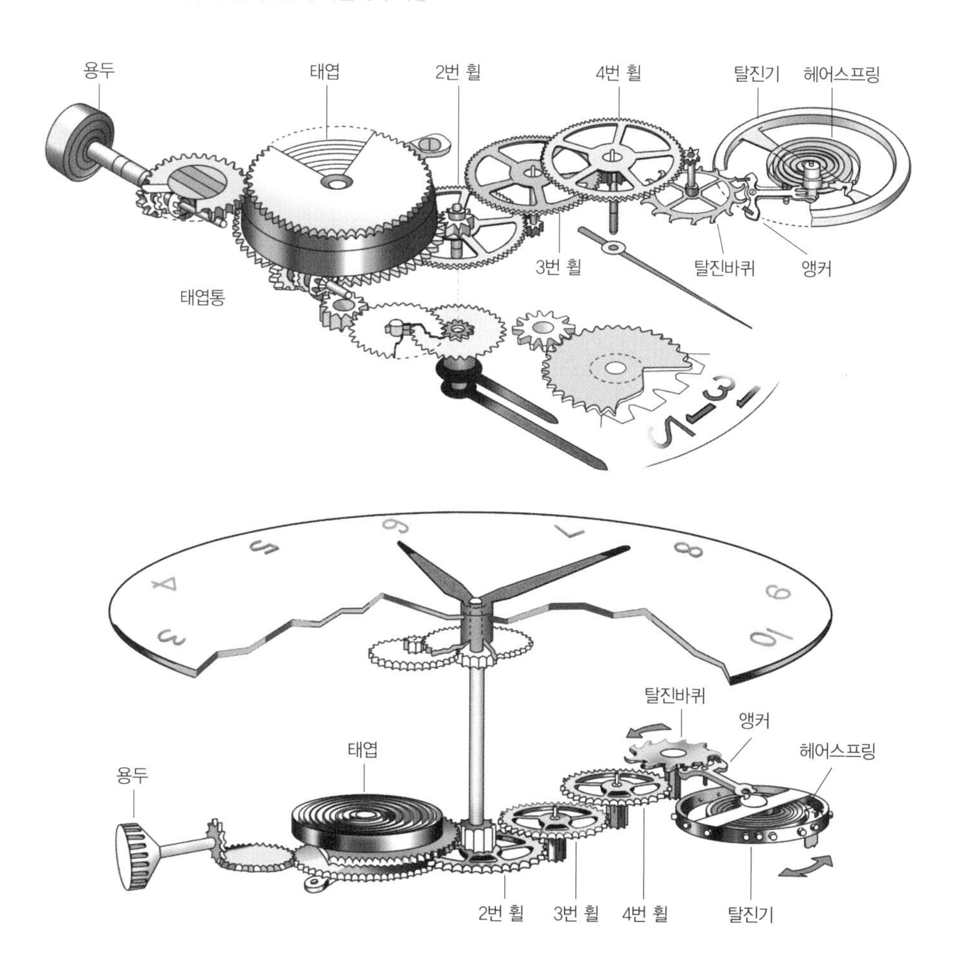

수 있도록 조절한다. 이 운동은 초침이 붙어 있는 4번 휠로 전달되고, 계속해서 분침이 붙어 있는 3번 휠로, 시침이 붙어 있는 2번 휠로 차례로 전달되어 규칙적인 시간의 흐름을 나타낼 수 있게 된다.

각각의 휠들은 서로 다른 톱니바퀴로 연결되어 있어 저마다 다른 속도로 회전한다. 예를 들어 톱니의 날이 20개인 톱니바퀴와 120개인 톱니바퀴가 맞물려 있다면, 날이 120개인 톱니바퀴가 한 번 회전하는 사이에 날이 20개인 톱니바퀴는 6번 회전하게 되어 각자 다른 속도를 나타내는 것이다. 즉, 시계의 경우 각각의 시계바늘이 1회전하는 데 걸리는 시간은 초침톱니바퀴는 60초, 분침톱니바퀴는 60분, 시침이 연결되어 있는 톱니바퀴는 12시간이다.

시계의 동력은 '태엽'을 감는 일에서 출발

그럼 탈진기는 어떤 동력으로 계속 진동하게 될까? 진자는 힘을 줘서 움직여줘야 진동이 시작되며 그 진동이 유지되려면 동력 또한 계속 공급되어야 한다. 태엽이 바로 그 동력을 공급하는 장치이다. 사람들이 용두(crown)를 돌려주면 용두에 연결되어 있는 태엽이 감기게 된다. 이 태엽은 태엽통의 중앙에 있는 작은 부속품인 아버에 연결되어 있어서 용두를 돌리면 아버가 돌아가면서 태엽을 감고, 태엽통도 함께 움직인다. 반대로 태엽이 풀릴 때는 풀리는 방향으로 태엽통도 함께 움직이게 된다. 감아놓은 태엽이 풀리기 시작하면 태엽통이 함께 돈다. 이 움직임은 태엽통의 톱니바퀴와 연결되어 있는 2번 휠로, 다시 3번 휠로, 4번 휠로 그 동력이 계속 전달된다. 4번 휠은 연결되어 있는 탈진바퀴로, 탈진바퀴는 앵커

■ 탈진바퀴 – 앵커 – 탈진기의 작동 모습

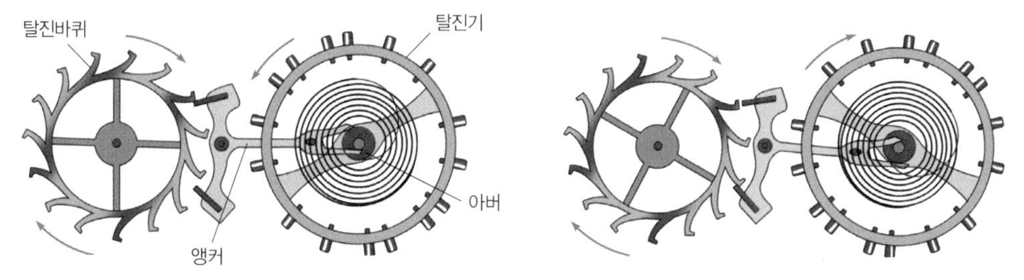

탈진바퀴가 일정한 시간 간격으로 회전하여 시간의 흐름을 만들어내는 과정

를 통해 다시 탈진기로 동력을 전달하여 시계 안의 진자인 탈진기가 진동을 하게 되는 것이다.

이때 탈진바퀴와 탈진기를 연결해주는 앵커(pallet pork)는 매우 중요한 역할을 한다. 앵커는 탈진기에 동력을 전달함과 동시에 탈진바퀴가 일정한 시간 간격으로 회전할 수 있도록 조절해주는 역할을 해서 규칙적인 시간의 흐름을 만들어낸다.

앵커의 왼쪽에 달려 있는 두 개의 보석은 탈진바퀴의 톱니들과 부딪치며 탈진기의 진동에 따라 일정한 시간 간격으로 탈진바퀴를 멈추거나 미끄러지게 하여, 탈진바퀴가 규칙적인 간격으로 움직일 수 있게 한다.

앵커가 일정한 간격으로 움직이며 탈진바퀴의 회전간격을 조절할 수 있는 것은 앵커의 오른쪽에 포크처럼 생긴 부분이 탈진기와 연동되어 양옆으로 같이 진동하기 때문에 가능하다. 탈진기가 일정한 주기로 진동하며 포크 모양을 연속적으로 같이 흔들어주기 때문에 앵커도 같은 주기로 반복적으로 흔들리게 된다. 이 과정을 통해 앵커는 태엽의 동력을 탈진기로 전달함과 동시에 탈진기의 진동을 탈진바퀴로 전달하여 일정한 시간의 흐름을 만들어낸다. 그 결과 태엽 또한 일정한 흐름으로 풀리며 오랜 시간 동안 시계에 동력을 공급하게 된다. 이렇게 제어된 움직임은 4번, 3번, 2번 휠의 초침, 분침, 시침과 연결되어 시간을 나타낼 수 있게 된다.

시계 안의 여러 가지 부품들을 잘 정리하여 동그란 통 안에 자리를 잡은 후 뚜껑으로 덮은 것이 우리가 사용하는 휴대용 시계이다.

시계는 태엽을 손으로 감아주는 수동방식과 탈진기의 진동에 의해 자동으로 태엽이 감기는 자동방식이 있다. 최근에는 태엽을 감아주는 번거로움을 줄이기 위해 전원장치를 사용하여 동력을 공급해주는 방식으로 진화하였다.

3천 년에 1초 틀리는 정교한 전자시계

기계식 시계가 진자의 진동을 이용하여 시간을 제어하는 것이라면 전자시계는 전자의 진동을 이용한 것이다. 즉, 전자시계는 보통 수정(quartz)시계나 원자시계와 같이 전자의 진동을 이용한다. 수정시계는 수정의 일정한 진동을, 원자시계는 보통 암모니아분자의 진동을 이용한 것이다. 원자시계는 오차가 3천 년에 1초 이하인 것도 만들 수 있다고 한다. 진동을 매우 많이 하기 때문에 그만큼 시간의 오차 폭을 줄일 수 있는 것이다. 이런 진동을 집적하고 제어하여 숫자로 표시될 수 있도록 한 것이 바로 전자시계이다.

디지털시계로의 진화

시계의 대중화에 기여한 쿼츠시계

시계의 숫자판을 자세히 보면 'QUARTZ'라는 글자를 발견할 수 있다. 쿼츠는 '석영(수정)'을 의미하는데, 쿼츠라고 쓰여 있는 시계는 시간을 일정하게 제어하는 장치로 탈진기 대신 석영을 사용한다. 석영은 모래사장에 많이 있는 투명한 모래알갱이로 주변에서 흔히 볼 수 있는 물질이다.

모든 물질은 고유한 진동수로 진동하는데, 석영은 1초에 3만 2768번 진동한다. 석영은 다른 물질에 비해 열에 둔감하기 때문에 시계에 많이 사용된다. 물론 석영도 온도가 20도 이하이거나 30도 이상에서는 시간이 조금씩 느려지고, 온도가 20도에서 30도 사이일 때는 조금씩 빨라진다. 하지만 3만 2768Hz의 높은 진동수로 인해 온도변화가 시계의 정확성에 별다른 영향을 주지는 못한다. 이렇게 석영은 주변에서 쉽게 구할 수 있으면서도 외부 환경 변화에 안정적이며 진동수가 크기 때문에 시계에 많이 사용된다.

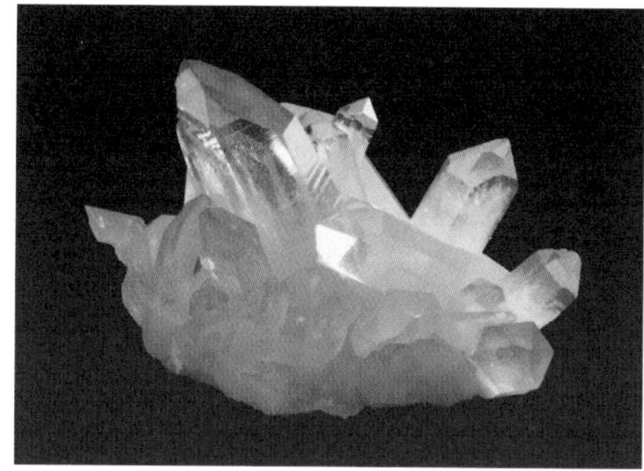

시계의 숫자판에 있는 'QUARTZ'는 '이 시계는 시간을 일정하게 제어하는 장치로 석영(수정)을 사용한다'는 의미다. 오른쪽 사진은 석영.

쿼츠기술은 자연현상일 뿐, 특허로 인정 못받아

쿼츠시계는 1969년, 우리에게도 익숙한 일본의 세이코(Seiko)라는 회사가 만들었다. 프랑스의 물리학자 피에르 퀴리Pierre Curie, 1859~1906가 1883년 발견한 결정에 압력을 가하면 전기가 일어나는 이른바 '피에조 현상'을 이용한 것이다. 세이코 사가 만든 최초의 쿼츠 손목시계인 아스트론의 가격은 출시되었을 때는 당시 공무원 월급의 15배 일 정도로 고가였으나, 현재는 대량생산이 되면서 많이 저렴해졌다.

그렇다면 쿼츠시계를 발명한 세이코 사는 그 명성만큼이나 많은 로열티를 받아서 큰돈을 벌었을까? 쿼츠기술이 자연현상을 이용한 것이라는 이유로 특허신청이 받아들여지지 않아, 세이코 사는 로열티를 한 푼도 받을 수 없었다. 하지만 가격이 저렴하면서 시간이 정확한 쿼츠시계야 말로 많은 사람들에게 시간의 소중함을 느끼게 해준 진정한 '명품'이라 하겠다.

1969년에 제작된 최초의 쿼츠시계 '아스트론'.

SECRET ▪ 29

가전제품을 전선에서 해방시킨 전기화학반응

건전지의 비밀

"악! 지각이다!" 매일 아침잠을 깨워주던 알람시계가 웬일인지 울리지 않았다. 시계를 보니 새벽 두 시를 가리킨다. 창밖에 보이는 하늘은 이미 환하다 못해 눈부실 지경인데 말이다. 시계를 새벽 두 시에 멈춘 건 수명을 다한 건전지의 소행이다.

'볼타의 열전기더미'에서 출발한 건전지

전지(batterty)는 내부에 들어있는 물질의 화학에너지(chemical energy)를 전기에너지(electrical energy)로 변환하는 장치이다. 이 중 건전지는 초기 볼타전지의 전해질이 액체이기 때문에 생기는 불편한 점을 없애고자 유동성이 없는 수용성 전해질을 넣어서 만든 것을 말한다.

우리가 현재 사용하는 전지의 원조는 1800년경 이탈리아 파두아 대학의 자연철학교수인 알레산드로 볼타 Alessandro Volta, 1745~1827가 처음 만들었다.

유로가 통용되기 전 볼타의 초상화가 들어간 이탈리아의 1만 리라 지폐 앞면과 볼타 전지 모형. 전압을 측정하는 단위인 볼트(V)는 볼타의 업적을 기려 그의 이름을 따 지은 것이다.

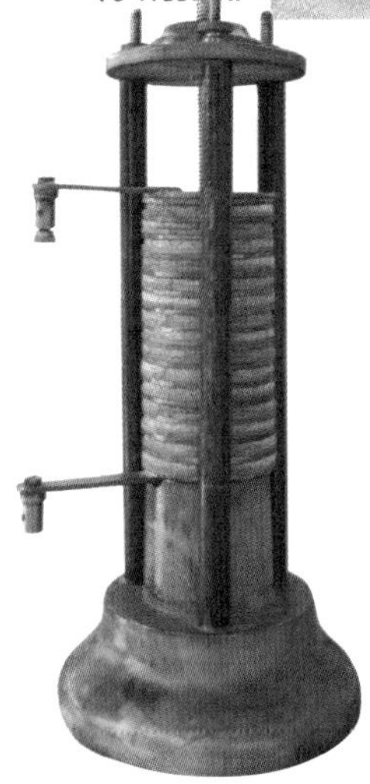

'열전기더미'라는 이름의 이 장치는 은판과 아연판 사이에 소금물이나 알칼리 용액으로 적신 천 조각을 끼운 것을 여러 쌍 겹쳐 쌓은 것이었다. 이때 가장 위에 있는 은판과 밑바닥의 아연판을 전선으로 연결하면 전류가 흐르게 된다.

최초의 근대식 전지는 1868년 프랑스의 조지 르클랑쉬George Le Clanche, 1839~1882가 만든 망간전지이다. 망간산화물과 아연을 (+)극과 (-)극으로 사용했다. 처음에는 전해질을 용액 그대로 사용했기 때문에 습전지(wet cell)라고 했으나 나중에는 전해질을 굳혀 마른 전지(dry cell)라고 불렀다. '건전지(乾電池)'라는 이름은 여기에서 유래했다.

전기화학반응으로 쉴 틈없는 건전지의 속사정

우리가 일반적으로 말하는 건전지는 망간건전지이다. 망간건전지의 겉모양은 원통 또는 사각기둥 모양이며, 바깥쪽은 아연으로 된 (-)극의 원통이 용기를 겸하고 있다. 중앙에 탄소막대의 (+)극이 있으며, (+)극 위를 싸고 있는 금속은 아연이 아닌 부식이 잘 되지 않는 특수금속으로 만들어진다. 또한 탄소막대 주위는 이산화망간과 흑연을 섞어 반죽한 것을 고압에서 압착시킨 물질로 채워져 있으며, 그 바깥쪽은 전해질(염화암모늄)을 충분히 흡수시킨 종이로 싸여있다. 탄소막대 위쪽은 공기실과 피치(콜타르, 나무타르, 지방, 지방산, 지방유를 증류할 때 얻어지는 흑색이나 암갈색의 찌꺼기) 등으로 구성되어 있다. 정리하면 건전지는 아연통 (-)극과 탄소막대 (+)극 사이에 전해질로 염화암모늄(NH_4Cl) 용액이 채워있는 구조물이다.

■ 기본적인 전지 구조

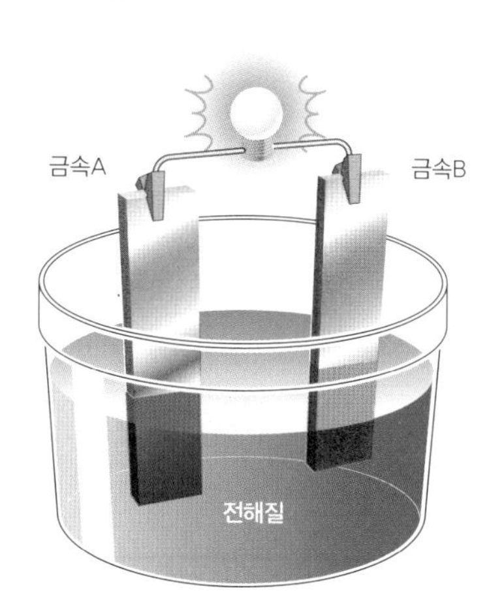

건전지에서 (+)극은 이온화경향성*이 작아 전자를 얻는(환원반응) 탄소를 사용하고 (-)극은 이온화경향성이 커서 전자를 잃는(산화반응) 아연을 사용한다. 이 건전지의 두 극을 외부에서 도선으로 연결하면 아연(Zn)은 아연이온(Zn^{2+})이 되어 전해질 속에 녹고 아연통에는 전자를 남겨 아연통은 (-)극이 된다. 이때 전해질 속의 염화암모늄은 전리(電離)*해서 암모늄이온(NH_4^+)과 염화이온(Cl^-)이 된다.

$$NH_4Cl \rightarrow NH_4^+ + Cl^-$$

이온화경향성
금속이 액체와 접촉하여 양이온이 되려는 경향으로, 이온화경향성은 K〉Ca〉Na〉Mg〉Zn〉Cr〉Fe(Ⅱ)〉Cd〉Co〉Ni〉Sn〉Pb〉Fe(Ⅲ)〉H〉Cu〉Hg〉Ag〉Au의 순이다.

전리(ionization)
중성의 분자 또는 원자에서 전자를 잃거나 얻는 전자의 이동이 일어나 전하를 띠게 되는 반응으로, 이온화라고도 부른다.

■ 건전지의 내부구조

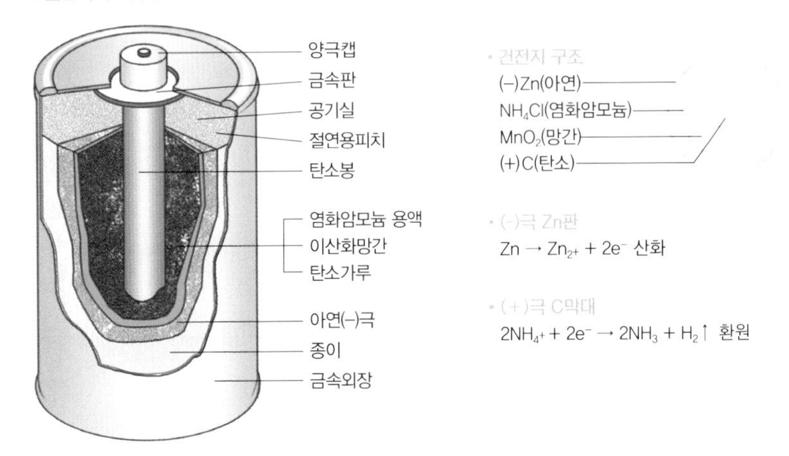

전해질 속의 암모늄이온은 녹아 나온 아연이온에 의해 밀려나 탄소막대 쪽으로 모이게 되고, 탄소막대에서 전자를 얻어 암모니아(NH_3)와 수소(H_2)로 분해된다.

$$2NH_4^+ + 2e^- \rightarrow 2NH_3 + H_2\uparrow$$

따라서 탄소막대는 전자가 부족하므로 (+)극이 된다. 이렇게 하여 건전지의 외부에서 두 극을 도선으로 연결하면 전위가 높은 (+)극에서 전위가 낮은 (-)극으로 전류가 흐르게 된다. 이때 산화되는 물질과 환원되는 물질 사이에 직접 전자를 주고받으면 전류의 흐름이 형성되지 않는다. 때문에 도선을 통하여서만 반응이 일어나도록 하기 위해 건전지는 (+)극과 (-)극이 직접 접촉할 수 없는 구조로 되어 있다. 또한 화학 반응 시 완전히 제거하지 못한 가스를 저장할 공기실과 발생하는 물로 인해 전해질이 흘러내리지 않도록 피치로 막고 있다.

전지의 능률을 책임지는 감극제와 분극

탄소막대 주위에서 발생한 수소는 그대로 두면 탄소전극 주변을 둘러싸서 전지의 능률을 떨어뜨린다(분극). 그 때문에 수소를 없애는 물질이 필요한데 이러한 물질을 감극제(소극제)라고 한다.

- 감극제 : (+)극에서 $2NH_4^+ + 2e^- \rightarrow 2NH_3 + H_2\uparrow$ 반응이 일어날 때 발생하는 수소가스를 물로 만들어 없애는 역할을 하는 물질을 말한다. 즉 여기서는 이산화망간을 가리킨다.

$$2MnO_2 + H_2\uparrow \rightarrow Mn_2O_3 + H_2O$$

이때 발생하는 암모니아가스는 아연과 반응하여 아연 – 암모니아 착물이온을 형성해 사라진다.

$$4NH_3^+ + Zn^{2+} \rightarrow Zn(NH_3)_4^{2+}$$

- 분극 : (+)극에서 수소가스가 발생하여 탄소막대에서 암모늄이온이 전자를 받기가 어려워지면, 전류가 잘 흐르지 못해서 전압이 약해지는 현상을 말한다.

건전지도 따끈따끈한 신상일수록 좋다?

건전지는 사용하지 않을 경우라도 전지 속에서 전해질과 아연판 사이에서 약간의 산화반응이 일어나며, (+)극 부근에 있는 수소이온이 주변의 전자와 반응해서 수소가스가 된다. 그리고 그 수소가스가 이산화망간과 화합해서 삼산화이망간(Mn_2O_3)과 물(H_2O)이 되는데, 이런 반응이 계속 진행되면서 건전지는 점점 약해진다. 그래서 건전지는 권장 사용기한이 있으며, 최근에 제조한 것을 사는 것이 좋다.

재사용 여부와 감극제에 따라 달라지는 건전지의 종류

건전지는 크게 1차전지와 2차전지로 구분된다. 우리가 흔히 건전지라고 부르는 것은 1차전지를 말한다. 1차전지는 다시 사용할 수 없는 것으로 망간, 알칼리, 산화은, 수은-아연, 망간-리튬 전지가 있다. 2차전지에는 납축, 니켈-카드뮴, 니켈-아연, 리튬-산화망간, 리튬-산화코발트, 리튬-고분자 전지(lithium-polymer cell) 등이 있다. 1차 전지인 알칼리 건전지에서는 아연이 일단 아연 이온으로 산화되고 나면 그것이 다시 금속아연으로 환원되는 반응은 일어나지 않는다.

미래 전지 산업이 가장 기대되는 분야는 단연 전기자동차 분야다.

반면에, 2차전지인 축전지에서는 다 쓴 전지에 역방향의 전류를 걸어 주면 전류를 만들어낼 때 일어났던 산화－환원 반응의 역반응이 일어나 전지의 내용물을 원래대로 돌려놓는다.

예를 들어 자동차에 사용하고 있는 납축전지는 과산화납을 (+)극으로 금속납을 (-)극으로 황산을 전해질로 사용한다. 납축전지의 회로를 통해 과산화납과 금속납이 모두 황산납으로 바뀌는 산화－환원 반응이 일어나면서 전류가 발생한다. 반면 자동차가 달릴 때는 엔진이 발전기를 돌려 생긴 전류를 납축전지에 보내 전자와 반대의 산화－환원반응을 일으킴으로써 황산납을 원래의 과산화납과 금속납으로 바꾸어 놓는다. 이와 같이 축전지가 '재충전*' 되는 것은 방전의 반대 과정을 거쳐서 이루어진다. 납축전지는 주로 자동차의 전기장치, 잠수함의 전력으로 사용되고, 리튬 전지는 핸드폰, 노트북, 전기차 등에 쓰인다.

재충전
방전 때와는 반대로 축전지나 2차전지에 외부로부터 전류가 들어가게 해 저장된 전하량을 증가시키는 것을 말한다.

전기제품의 다양화와 대중화에 공헌한 건전지

과학의 발달은 인류의 삶의 질을 향상시켰다. 전지의 발명도 그 중 하나라고 할 수 있다. 16세기 말에 영국의 의학자 길버트가 마찰전기 실험에 성공한 이후부터 현재까지, 생활 곳곳에서 전기의 쓰임새는 무한대에 가깝다. 특히 장난감에서부터 첨단제품에 이르기까지 전기제품이 다양화되고 대중화될 수 있었던 데는, 전깃줄 없이 전기를 공급할 수 있는 건전지의 공이 크다. 건전지 덕분에 많은 전자기기의 휴대가 용이해졌다. 현재 전지는 반도체, LCD, 전기자동차와 더불어 유망 산업의 하나로 일

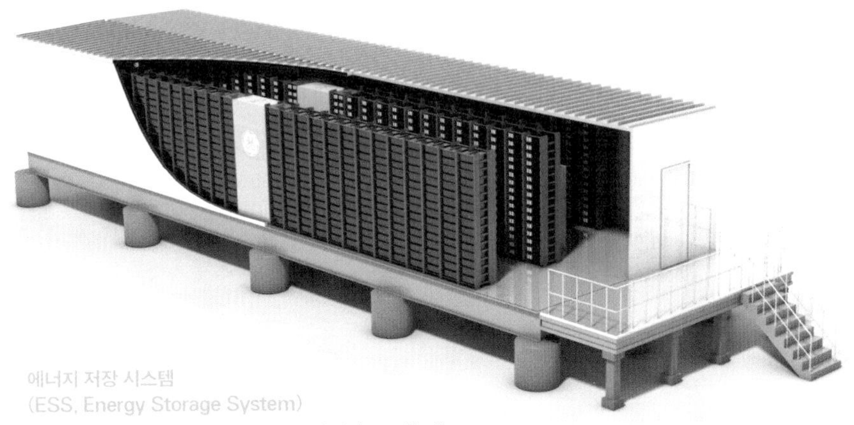

에너지 저장 시스템
(ESS, Energy Storage System)
전력을 저장해 두었다가 일시적으로 전력이 부족할 때 송전해 주는 저장장치. 전기를 모아두는 배터리와 배터리를 효율적으로 관리해 주는 관련 장치들이 있고, 배터리식 ESS에는 리튬이온과 황산화나트륨 등이 사용.

컬어지고 있다. 전지가 유망 산업으로 손꼽히고 있는 까닭은 정보통신, 우주항공, 환경기술로 집약되고 있는 인류의 미래산업과 직·간접적인 관련을 맺고 있기 때문이다. 앞으로는 전지가 에너지 저장 시스템처럼 간이 발전소 기능까지 대체해 인류의 주에너지 공급원으로 등장하는 날도 그리 멀지 않은 것으로 전망되고 있다.

도움 받은 자료

- 《전지의 기초》, 나카무라 아키요시, 성안당, 2000
- 《전자이동의 화학》, 정철수, 아진, 2006
- 《생활속의 화학》, 조성희, 형설출판사, 2001
- 《전기화학》, 백운기, 청문각, 2001
- 《물리화학》, Ira N. Levine, 자유아카데미, 1998

SECRET▪30

전선 없이 전기를 충전하는
무선충전의 비밀

스마트폰이 무선으로 충전된다는 사실은 이제 새롭지 않은 이야기가 되었다. 무선충전이란 전기에너지를 전선으로 전송하여 기기를 충전하는 방식 대신, 선 없이 기기에 전송하여 충전하는 방식을 말한다. 이 기술을 무선전력전송이라 하는데, 스마트폰이나 전동칫솔 등의 소형 전자 제품을 별도의 충전기나 전원 케이블과 연결하지 않고 충전 패드(거치대)에 올려놓기만 하면 자동으로 기기가 충전되는 기술이다. 무선충전 기술을 이해하기 위해서는 전기의 역사를 조금 알아둘 필요가 있다.

무선충전 중인 스마트폰

'전기'란 두 종류의 전하가 나타내는 여러 가지 현상으로 정의된다. 전기를 역사적으로 살펴보면, 마찰에 의한 전기, 화학반응에 의한 전기, 자석의 운동에 의한 전기가 있다.

마찰에 의한 전기는 기원전 600년경 그리스 철학자 탈레스Thales, BC624~BC545가 호박을 천으로 문질렀을 때 주변의 물체를 당기는 현상을 보고 기록한 데서 비롯한다. 전기를 영어로 '일렉트리서티(electricity)'라고 하는 것도, '호박'을 의미하는 '일렉트론(electron)'에서 유래했기 때문이다. 하지만, 그 당시에는 마찰에 의한 전기를 그저 '호박 현상' 정도로만 이해했다.

전기는 흐르는 전기와 머물러 있는 전기로 구분된다. 흐르는 전기를 동전기(動電氣), 머물러 있는 전기를 정전기(靜電氣)라 한다. 정전기를 유도하는 방법 가운데 하나는 대전(帶電)이 잘되는 물체 간의 마찰을 이용하는 것이며, 이로 인해 생기는 정전기를 마찰전기라 한다. 즉, 탈레스가 호박을 천으로 문질러 마찰을 통해 발견한 전기는 정전기였던 셈이다.

한편, 화학반응에 의한 전기는 18세기경 이탈리아의 물리학자이자 화학자인 알렉산드로 볼타Alessandro Volta, 1745~1827가 친구인 해부학자 갈바니Luigi Galvani, 1737~1798의 개구리 해부 실험 중에 관찰된 현상을 물질의 '산화 환원 반응'으로 설명하면서 발견한 것이다.

'건전지의 비밀'(201쪽)에서 살펴봤듯이, 볼타는 아연판과 구리판, 그리고 소금물을 이용하여 전지를 만들었는데, 이를 그의 이름을 다서 '볼타 전지'라고 한다. '전지(電池)'의 한자를 풀어보면 연못 '지(池)'를 써서 '전기 연못'이 된다. 이른바 '전기가 나오는 연못'이 되는 셈이다. 이후 사용의 편리를 위해 액체를 사용하지 않는 전지가 만들어졌는데, 이것이 바로 '건전지(乾電池)'이다. 건전지는 영어로 'Dry Cell(마른 전지)'이라고 부른다. 반면, 볼타전지는 'Wet Cell(젖은 전지)'이 된다. 전압을 측정하는 단위인 '볼트(Volt)'는 전지를 발명한 볼타의 업적을 기려 그의 이름을 딴 것이다.

영국의 화학자이자 물리학자로 발전기와 전동기 및 변압기의 원리를 규명하는 데 공헌한 마이클 패러데이.

우리가 현재 일상에서 사용하는 전기는 자석의 운동으로 만들어진 일종의 '자석전기'이다. 자석전기는 영국의 화학자이자 물리학자로 발전기와 전동기 및 변압기의 원리를 규명하는 데 공헌한 마이클 패러데이Michael Faraday, 1791~1867가 발견한 것이다.

패러데이의 전자기 유도 현상은, 전류가 흐르는 도선 주변에 자기장이 생긴다면 이와 반대로 자기장을 변화시키면 전류를 만들 수 있지 않을까 하는 생각에서 시작되었다. 그는 1831년경에 코일 속에 막대자석을 출입시키면 코일에 전류가 흐른다는 사실에 기인해 전자기 유도 현상을 알아낸 것이다. 패러데이가 전자기 유도 현상을 발견한 이후 유도전류를 얻으려면 자기(磁氣)를 변화시켜야 한다는 사실을 알아내기까지 무려 7년이나 되는 시간이 필요했다.

결국 패러데이의 전자기 유도 현상은 전기를 대량으로 생산할 수 있는 발전기의 원리를 제공하는 단초가 되었다. 패러데이 덕분에 우리는 발전소에서 일상생활에 필요로 하는 전기를 손쉽게 끌어다 사용할 수 있게 된 것이다.

발상의 전환 무선전력전송

19세기 후반 발명왕 에디슨Thomas Alva Edison, 1847~1931은 전력회사를 세워 미국 전역에 전기를 공급했는데, 당연히 '전선'을 이용한 방식이었다. 이는 마치 정수장에서 가정까지 파이프를 통해 수돗물을 공급하는 것과 같은 원리였다. 전선은 전기 이동의 중요한 매개체였다.

에디슨은 발명가이자 유능한 사업가이기도 했다. 1878년 전기조명회사를 설립했고, 1892년 톰슨휴스톤전기회사와 합병하여 제너럴일렉트릭(GE)을 세웠다(위). 전선 없이 전기를 공급하는 방법을 생각해 낸 크로아티아 출신 전기과학자 니콜라 테슬라(아래).

전기를 전선 없이(무선으로) 공급한다는 발상은 크로아티아 출신의 전기과학자 니콜라 테슬라Nikola Tesla, 1856~1943에게서 나왔다. 테슬라의 발상은 에디슨과의 경쟁심에서 비롯했다고 전해진다. 당시 여러 전기회사들은 보다 저렴하게 전기를 공급할 수 있는 방법을 찾고 있었다. 테슬라는 놀랍게도 전선 없이 전기를 공급하는 방법을 생각해 낸 것이다. '발상의 전환'이란 이를 두고 하는 말일 것이다. 경이로운 것은 테슬라의 생각이 지금부터 100여 년 전에 나왔다는 점이다. 당시 테슬라는 많은 투자자들로부터 후원을 받아 연구에 전념했지만, 안타깝게도 살아생전에 성공을 거두지는 못했다.

테슬라의 '무선'이 부분적으로나마 결실을 맺은 것은, 그로부터 한참 후인 1990년대 들어서이다. 뜻밖에도 전동칫솔에 무선충전 원리가 쓰이기 시작했다. 그리고 21세기에 들어 스마트폰에서 무선충전 원리가 꽃을 피운 것이다.

자, 그렇다면 지금의 스마트폰에서 쓰이는 무선충전 원리는 무엇일까? 이는 다름 아닌 패러데이의 전자기 유도 현상을 응용한 것이다.

〈전자기 유도 장치 구조도〉를 보면, 오른쪽에 전원장치(건전지)와 스위치, 가운데 2개의 코일(A와 B), 왼쪽에 충전기로 이루어져 있다. 전류가 흐르는 도선(코일A)에 전류가 흐르면 그 주변에 자기장이 생긴다. 그런데 전류가 흐른다고 해서 코일B에 유도전류가 생기는 것은 아니다. 오른쪽에 있는 스위치를 ON-OFF 반복해야 비로소 코일B에 전류가 흐르는 것이다. 즉, 코일A에서 '자기장의 변화'는 코일B에 유도전류가 흐르게 한다. 패러데이가 이 사실을 알아내기까지 수 년의 시간이 걸렸다고 하니 그의 인내심에 경의를 표할 뿐이다.

■ 전자기 유도 장치 구조도

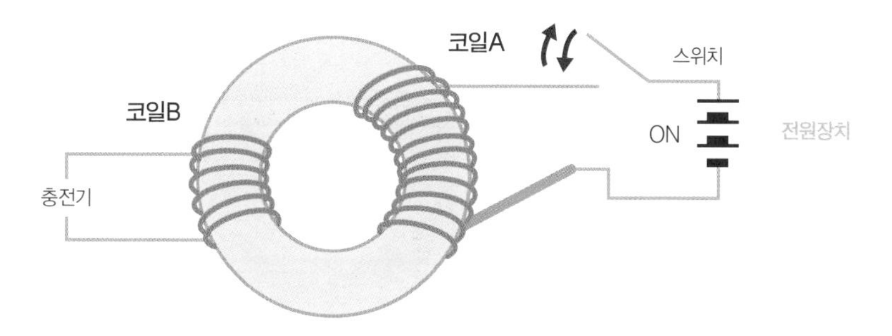

전자기 유도 방식을 활용한 스마트폰 무선충전 원리는 다음과 같다.

전원장치에 연결된 충전패드의 코일에 교류 전류가 흐르면, 코일 주변에 자기장의 변화가 있게 된다. 이 자기장의 변화는 직접 닿아있지 않은 스마트폰 속 코일에 전류가 유도됨으로 스마트폰을 충전할 수 있다.

■ 스마트폰의 무선충전 원리

자기장이 변하면 발생하는 전자기 유도 현상을 이용.
충전 패드는 하나의 코일로 두 가지 표준 방식에 맞는 주파수의 자기장 발생.

■ 스마트폰 코일에 전류가 유도되는 과정

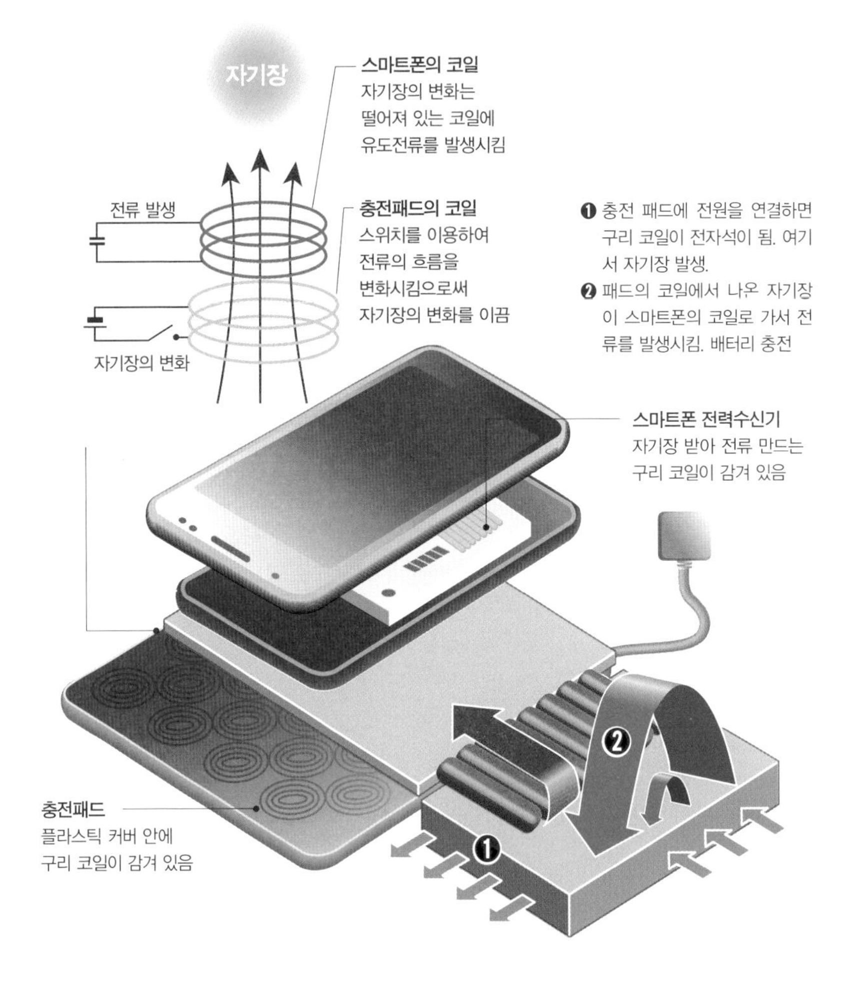

■ 다른 유형의 무선전력전송 방식

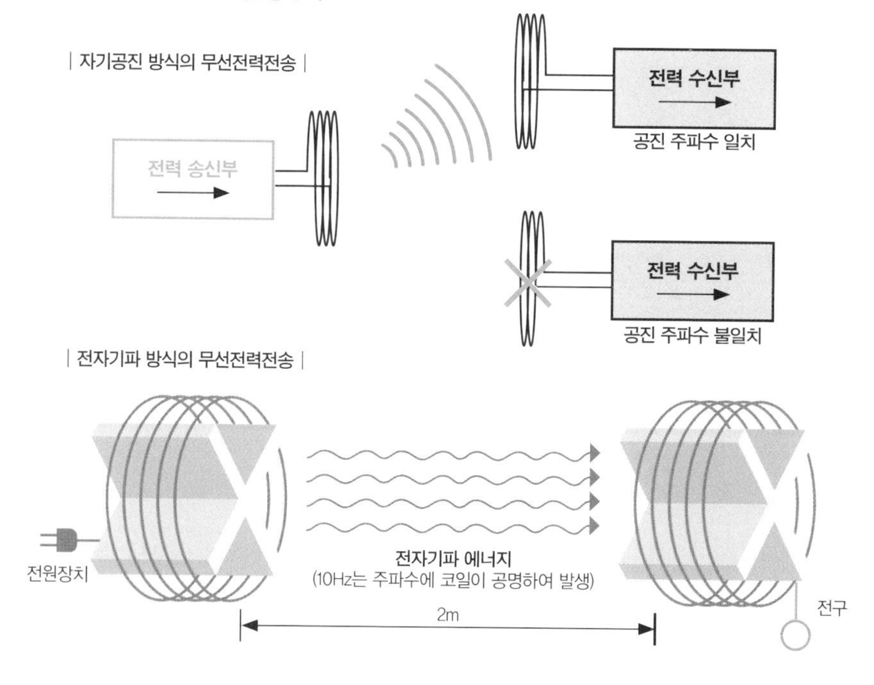

다른 유형의 무선전력전송 방식에는 '자기공진 방식'과 '전자기파 방식'이 있다. '자기공진 방식'은 와이파이(wifi)처럼 특정 공간 안에 공진주파수를 발생시키고 수신부에서 이를 받아 전기가 전송하는 것이다. 이는 마치 소리의 공명처럼 자기장의 공명현상인 자기공명 방식으로 2개의 코일을 같은 자기장에서 공명하도록 파장을 맞춘다. 이때 공진 주파수가 일치하지 않는 기기는 충전이 되지 않는다.

한편, 전자기파 방식은 자외선 레이저빔을 이용하여 에너지를 보내거나 받는 방식이다. 그런데 이 방법은 인체에 대한 안정성이 확보되지 않아 실용화되기까지 상당한 시간이 필요할 것으로 보인다.

무선전력전송의 미래 전기버스

무선전력전송은 전기차 업계에서도 매우 관심이 높은 기술이다. 전기버스의 경우, 도로 밑에 매설된 전선에서 발생하는 자기장을 차량 밑에 붙여둔 접전장치로 모아 전기에너지로 변환하여 차량을 운행시키는 원리를 생각해 볼 수 있다.

실제로 무선전력전송 방식의 전기버스는 서울대공원 코끼리열차 운행, 여수엑스포 시험 인프라 구축, 구미시와 세종시의 무선전기버스 운행을 통해 상용화를 추진 중이다. 이 프로젝트는 단순히 전기버스를 만들어 파는 것을 넘어, 도로의 충전 인프라까지 고려해야 하는 일이기에 일반적인 상용화에 앞서 전반적으로 시스템의 가격경쟁력을 높이는 데 주안점을 두고 연구가 이뤄지고 있다.

■ 온라인 전기버스(OLEV)

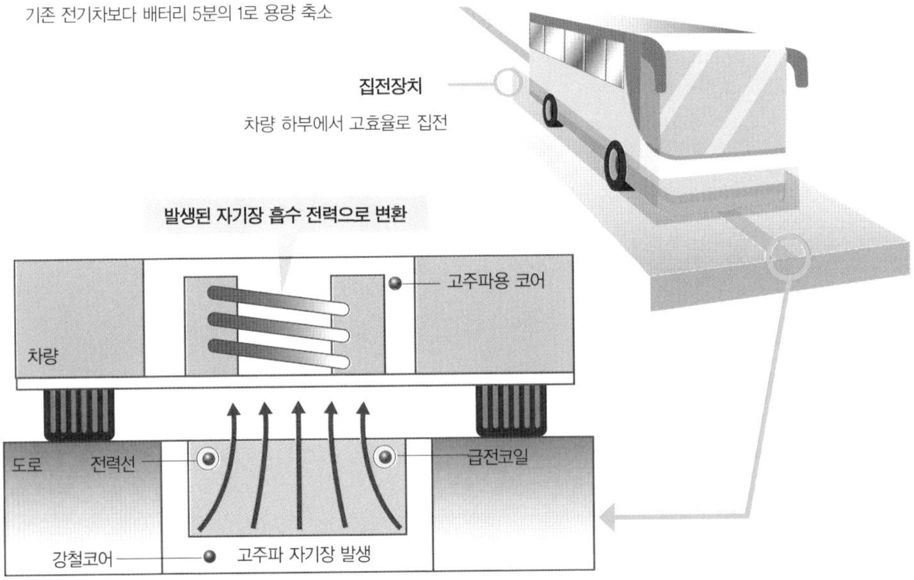

기존 전기차보다 배터리 5분의 1로 용량 축소

집전장치

차량 하부에서 고효율로 집전

발생된 자기장 흡수 전력으로 변환

고주파용 코어

차량

도로

전력선

급전코일

강철코어

고주파 자기장 발생

SECRET■31

‘드르륵’ 소리와 함께 완성된 예쁜 바느질

재봉기의 비밀

천장 조명에 바늘귀를 비춰가며 구멍이 난 양말을 꿰매 본 적이 있는 사람은 안다. 바느질이 그리 녹록치 않다는 것을……. 그런데 그것이 단순히 구멍 난 양말을 꿰매는 것이 아니라 옷을 한 벌 만드는 일이라면 그 어려움은 아마 ‘녹록치 않다’라는 말로는 턱없이 부족할 것이다. 그런 의미에서, 우리는 양식이 없어 삯바느질로 자식을 키워낸 어머니들에게 큰 경의를 표할 필요가 있다. 한 땀 한 땀 손바느질로 한 벌의 옷을 짓기 위해서 그들은 대체 몇 번의 바늘땀을 놀렸을까? 그 바느질에는 어머니들의 얼마나 많은 한숨이 들어가 있을까?

1844년에 개발된 1분당 300땀의 봉제가 가능한 엘리어스 하우의 재봉기.

하지만 이제 우리에게는 그런 고민이나 고생이 필요 없다. 재봉기의 발명 덕분이다. 재봉기의 발명은 오랜 시간 반복되던 단순노동의 고통에서 여성들을 해방시켜

주었고 의복의 대량생산을 가능하게 해 패션산업을 활성화시켰다. 이러한 축복 같은 재봉기에는 어떤 원리가 숨어 있는 것일까?

바느질하는 기계의 발명

재봉기는 한자로는 '裁縫機'이고, 영어로는 'sewing machine'이다. '재봉틀'이라고도 하고 'machine'의 일본식 발음에서 유래된 '미싱'이라고 부르기도 한다.

1755년 독일의 바이젠탈Charles Weisenthal이 봉제할 수 있는 기계적 장치를 처음 제작했지만, 최초의 재봉기 발명으로 인정된 것은 18세기 말 영국의 토마스 세인트Thomas Saint가 제작해서 특허를 받은 기계였다. 그 후 1800년 크램B. Krems이 하나의 실로 연결고리를 만들어가는 재봉기를 만들었고, 1830년 프랑스의 바세레미 시모니B. Thimonnier도 재봉기를 고안하였다. 1834년에 미국의 월터 헌트Walter Hunt도 바늘에 구멍을 뚫어서 재봉이 가능한 기계를 사용한 기록이 있다.

재봉기의 발전은 계속되어 1844년에는 미국의 엘리어스 하우Elias Howe가 1분당 300땀의 봉제가 가능한 기계를 개발했고, 1850년대에는 1분당 600~1000땀까지 봉제할 수 있을 정도로 발전하였다.

그러나 재봉기가 가정의 필수품으로 자리를 잡게 된 것은 1851년 미국의 싱거M. Singer의 공헌이 크다. 싱거는 가정용 재봉기인 HA형(표준형) 개발을 시작으로 HL형(직진봉형), ZH형(지그재그봉형), 프리암형(소매통 재봉이 쉬운 형)등을 차례로 개발하여 재봉기의 다양화와 의복의 대량생산에 기여했다.

우리나라에는 1900년 경에 재봉기가 도입되었고, 1960년대 초부터 공업용 재봉기가 사용되었다.

재봉기의 구조와 기능

재봉기가 어떻게 작동하는지를 알기 위해서는 먼저 그 간단한 구조와 기능을 살펴봐야 한다. 재봉기는 박음 속도에 따라 가정용과 공업용으로 분류된다. 가정용은 1분당 약 800땀 정도를, 공업용은 1분당 약 3000~6000땀 정도를 박는다. 재봉기 종류는 봉제 목적과 기능에 따라 다양하다. 여기서는 가장 기본이 되고 주변에서 흔히 접하는 가정용 재봉기의 구조를 살펴보자. 가정용 재봉기의 구조와 명칭은 아래 그림과 같고, 각부명칭에 따른 주요 기능은 다음과 같다.

■ 재봉기의 구조와 명칭

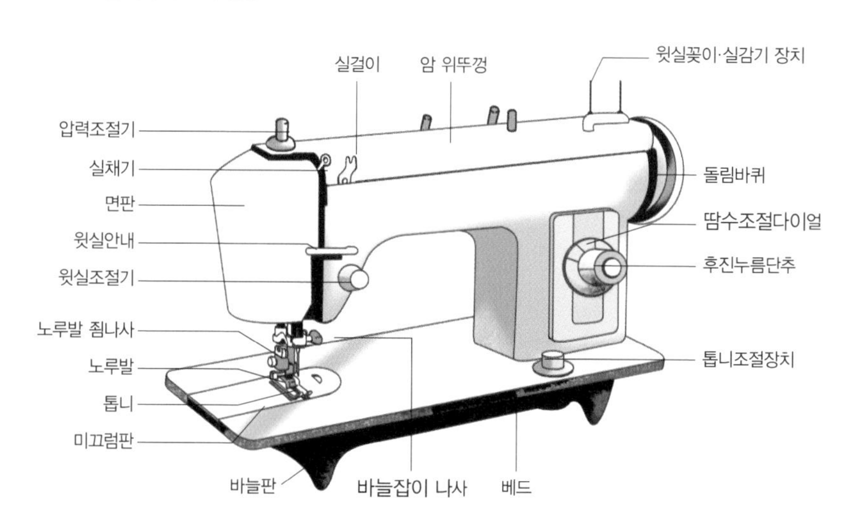

- 윗실꽂이 : 원통형의 실감개에 감긴 실패를 꽂아 고정시키는 곳이다.
- 압력조절기 : 노루발이 천을 누르는 압력을 조절해 주는 역할을 한다.
- 실채기 : 윗실을 당겨 바늘땀을 조여 주는 역할을 한다.
- 윗실안내 : 실의 길을 안내해 주며 실의 위치를 고정시켜 주는 역할을 한다.
- 윗실조절기 : 윗실이 당겨지는 정도를 조절한다.
- 노루발 : 옷감을 눌러 주어 옷감 속으로 바늘이 잘 관통할 수 있도록 한다.
- 톱니 : 옷감의 두께에 따라 수직으로 움직여 조정하고, 옷감을 조금씩 수평방향으로 밀어내는 역할을 한다.
- 미끄럼판 : 표면이 미끄럽게 되어 있어 헝겊이 노루발 밑으로 쉽게 미끄러져 들어가게 한다. 미끄럼판은 열리고 닫힘으로써 북과 북집을 넣을 수 있는 입구가 되기도 한다.
- 돌림바퀴 : 보통 모터에 연결되어 있어 재봉기를 움직이는 에너지가 전달되는 곳으로 실채기, 바늘, 톱니, 북집을 움직인다.
- 땀수조절다이얼 : 바늘땀의 길이를 조절한다.
- 후진누름단추 : 바느질의 방향을 바꿔주어 바느질의 시작과 끝부분에 바느질이 풀리지 않게 한다.

옷감 밑에서 일어나는 재봉기의 속사정?

재봉기가 작동하는 것을 보면 바늘이 옷감을 관통하여 들어갔다 나왔다하는 동작만 반복한다. 이 단순한 동작에 어떤 원리가 숨어 있어서 천과 천을 이어 붙여 꿰맬 수 있는지 궁금해진다. 겉으로 보이는 바늘의 반복동작 외에 바늘이 옷감을 관통한 후 옷감의 밑에서 일어나는 동작을 볼 수 있다면 그 궁금증이 풀릴 수 있을 것이다. 재봉방식에 따라 옷감 밑에서의 동작이 달라지므로 아래 그림과 같이 윗실과 밑실이 옷감 중간에서 얽혀 땀이 형성되는 가장 기본적인 재봉방식(본봉)을 예로 알아보자.

아래 그림에서 보는 것처럼 현재 사용되고 있는 대부분의 재봉기는 윗실과 밑실이 얽혀 바늘땀을 형성하게 되며 바늘땀의 앞뒤가 똑같이 직선상의 점선으로 나타난다. 땀의 구성은 풀리기가 어렵게 독립적으로 구성돼 있으며, 되돌아 박기가 쉬운 방식이다.

윗실이 끼워져 있는 바늘이 옷감을 관통하여 어떻게 밑실과 얽혀 바늘땀을 만들어내는지는 다음 장의 〈재봉기의 바늘땀 형성 과정〉 그림과 같다. ①번 그림과 같이 바늘이 옷감을 관통하면, 훅(hook)이라는 이름처럼 실을 걸어 낼 수 있는 걸쇠 구조가 있는 가마가 회전한다. 가마에는 밑실이 감겨있는 북과 북집이 들어 있어 가마 외부로 밑실이 나와 있는 상태로 가마가 회전하게 된다. 바늘이 바늘구멍에 윗실을 꿰어 옷감을 관

■ 윗실과 밑실로 땀이 형성되는 과정

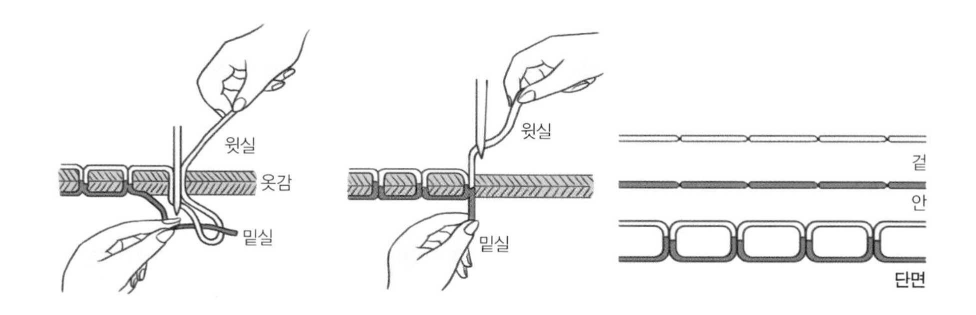

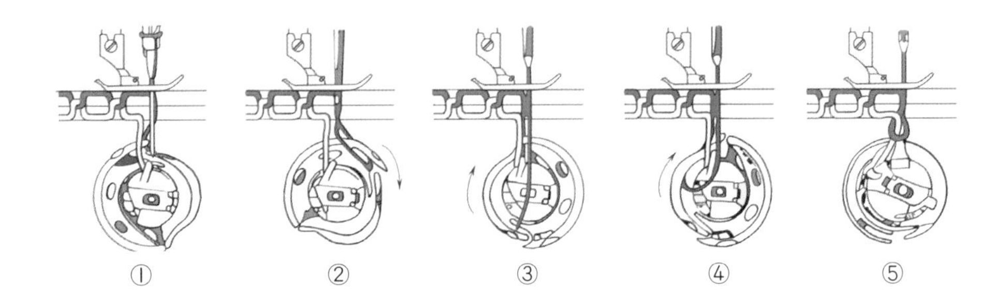

통해 옷감 밑으로 윗실을 끌고 내려오면, 옷감 밑으로 내려온 윗실을 가마의 걸쇠가 걸어 회전하게 된다. 가마가 회전하면서 ②번 그림과 같이 자연스럽게 윗실고리가 만들어 진다. 이렇게 만들어진 윗실고리는 가마가 계속해서 회전하므로 ③번 그림과 같이 북을 감싸게 된다. 북을 감싼 윗실고리는 가마의 걸쇠가 회전하여 밑까지 오면 가마걸쇠에서 벗어나게 된다.

④번 그림에서 보는 것처럼 가마가 계속 회전하여 처음 위치로 돌아가면서 커졌던 윗실고리의 크기가 줄어들게 된다. 이는 옷감을 관통하여 옷감 밑으로 들어와 있던 바늘이 상승하게 되어 윗실을 잡아당기기 때문이다. 그러나 바늘의 상승은 윗실을 그다지 완벽하게 잡아당기지는 못한다. 나머지 부분은 실채기가 담당한다. 실채기가 아직도 늘어져 있는 윗실을 위로 당겨주고, 윗실조정기는 윗실을 당기는 강도를 조절한다. 이처럼 바늘의 상승과 실채기의 작용으로 윗실고리가 조여들면 ⑤번 그림과 같이 윗실고리는 밑실과 얽히면서 옷감과 밀착하게 되어 바늘땀을 형성하는 것이다.

이렇게 한 과정이 끝나면 톱니의 움직임이 옷감을 조금씩 밀어내고 이 과정들이 다시 반복된다.

장력조절에 실패한 경우의 예

바느질할 때 윗실과 밑실의 장력조절이 잘못되면 아래 그림과 같은 현상이 나타난다. 윗실을 당기는 강도가 세면 윗실이 짧고 밑실이 옷감 윗부분까지 보이게 되고, 밑실을 당기는 강도가 세면 밑실이 짧고 윗실이 옷감 아래 부분까지 보이게 된다. 두 실의 장력이 적당하면 윗실과 밑실은 옷감 중간에서 알맞게 얽혀 튼튼한 바늘땀을 형성한다.

■ 윗실과 밑실의 장력조절

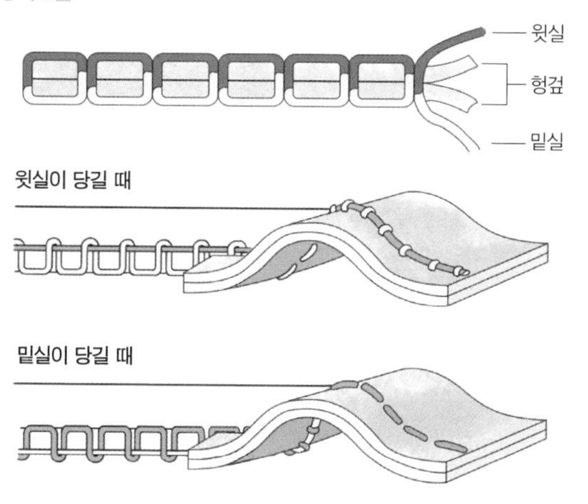

이제 재봉기의 원리를 알았으니 '드르륵' 경쾌한 소리를 내며 직접 바느질에 도전해 보자. 투박한 기계 안의 여러 부품들이 어우러져 만들어 내는 아기자기하고 정성어린 작품을 보며, 그 원리를 다시 떠올려 보는 것도 좋을 것이다.

도움 받은 자료

• 《패션 재봉틀의 원리와 사용법》, 김영옥 · 이숙녀 · 정미애, 경춘사, 2007

SECRET

다섯 번째 시크릿 스페이스

ROAD

SPACE

SECRET▪32

물 위에 떠있기도 하고 바닷속으로 들어가기도 하는 잠수함의 비밀

영화 〈타이타닉(Titanic)〉을 본 사람이라면 누구나 빙산에 부딪쳐서 가라앉는 배를 보며 안타까움을 금치 못했을 것이다. '그렇게 호화롭고 아름답던 배가 한 순간에 대서양 심해 아래로 가라앉음으로써 영원히 침묵하게 되다니…….' 또는 '수면 위에서 그렇게 위풍당당하던 배도 물 아래로 내려가면 별 수 없구나'라는 생각이 들었을지도 모른다. 그러나 모든 배의 운명이 타이타닉호와 같은 것은 아니다. 즉, 물속으로 가라앉아도 그 기능과 생명력이 끝나지 않는 배도 있다. 바로 잠수함이 그러하다!

도대체 잠수함은 어떤 원리로 물 위에 떠 있기도 하고 바닷속으로 잠수할 수도 있는 것일까?

1776년 미국 독립전쟁 중에 데이비드 버쉬넬(David Bushnell)이 만든 1인용 군사용 잠수정 '터틀'

물체가 떠오르도록 위쪽으로 작용하는 힘, 부력

이것을 알기 위해서는 먼저 부력*의 개념을 알아야 한다. 예를 들어 우리가 수영장에 있다고 생각해 보자. 일정한 크기의 밀폐된 봉지에 가벼운 모래를 채워서 물속으로 넣어보자. 이 봉지는 바닥으로 가라앉을 수도 있고, 모래의 밀도에 따라 바닥으로 가라앉지도 않고 위쪽으로 떠오르지도 않으면서 수영장 중간 깊이쯤에 잠겨 있을 수도 있다.

> **부력**
> 유체(액체나 기체) 속에 있는 물체가 유체를 밀어내고 차지한 공간 때문에 생기는 힘으로, 물체 주변의 유체가 물체의 각 부분에 미치는 압력을 합한 힘이다. 벡터합의 결과 물체를 떠오르게 하는 위쪽 방향으로 작용하게 된다.

아래 〈부력의 양상〉 그림에서 ①번과 같이 봉지가 중간 깊이쯤에 잠겨 있다고 가정한다면, 이 봉지를 중간쯤에 떠 있게 하는 힘은 무엇일까? 봉지가 가라앉도록 아래쪽으로 작용하는 힘은 봉지 안에 채워져 있는 물질에 작용하는 중력이다. 봉지가 떠오르도록 위쪽으로 작용하는 힘은 봉지 주변의 물에 의해 봉지 안에 있는 물질에 가해지는 힘인 부력이다. 부력은 수면 아래로 내려감에 따라 증가하는 물의 압력으로부터 생기는 힘이다.

■ 부력의 양상

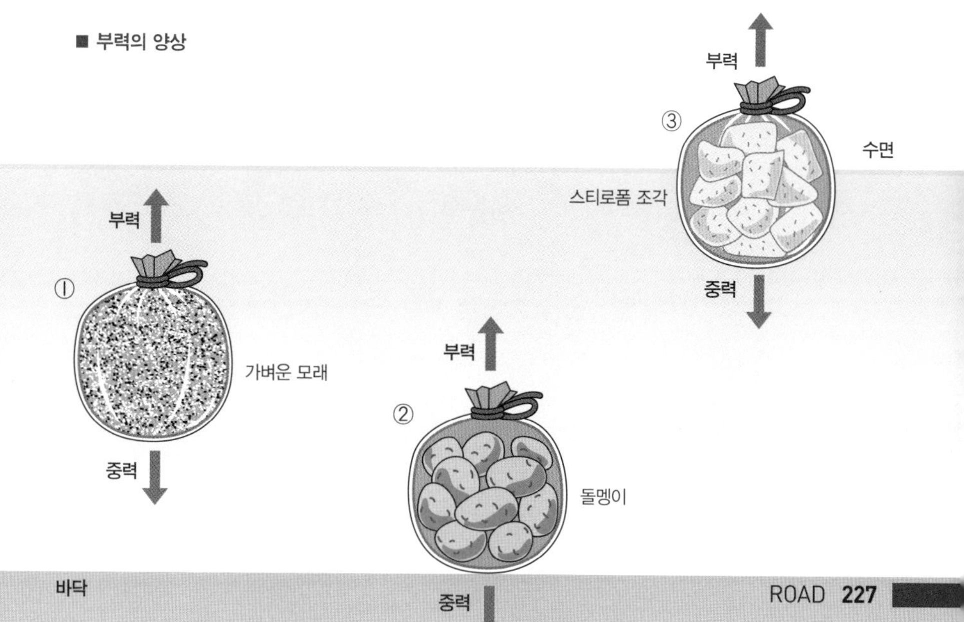

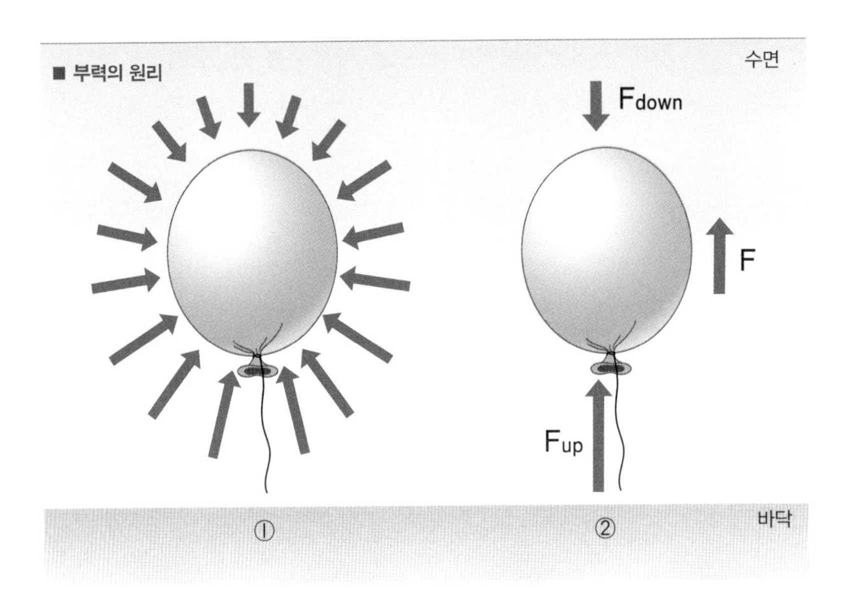

위쪽 〈부력의 원리〉 그림의 ①과 같이 어떠한 이유로 물속에 물이 없는 일정한 공간이 생긴다고 가정하자. 그 공간 주변의 물은 그 공간을 향해 힘을 가하게 된다. 모든 방향에서 비어 있는 이 공간을 향한 힘들을 합하면 수평의 힘은 상쇄되고 그림의 ②번과 같이 수직의 힘만 남게 된다. 물속에서 수직의 힘은 물의 압력에 의해 생기는 힘이다. 물의 압력은 수면에서 아래로 내려갈수록 커지므로 힘 F_{up}의 크기가 힘 F_{down}의 크기보다 크게 된다. 그러므로 최종적으로 남게 되는 힘은 힘 F_{up}과 힘 F_{down}의 합력 F이고, 이 힘 F를 부력이라고 한다.

아르키메데스가 목욕 중 발견했다는 부력의 원리

어떤 물체의 전체 또는 일부분이 물속에 잠기게 되면 잠긴 공간만큼의 물을 밀어내게 되고 그 밀어낸 물의 무게에 해당하는 크기의 부력이 생기게 된다. 이를 '아르키메데스의 원리'라고 한다. 앞서 살펴 본 〈부력의 양상〉 그림의 ①은 봉지에 담긴 물질에 작용하는 중력과 부력이 힘의 평형을 이루고 있어서 봉지가 중간 깊이에서 떠 있게 된 상태이다. 그런데 이 그림의 ②와 같이 봉지에서 가벼운 모래를 빼내고 무거운 돌멩이를 채워서 물에 넣어 보면 이 봉지는 어떻게 될까? 아마도 봉지는 수영장 바닥으로 가라앉을 것이다. 이는 봉지의 부력보다 봉지 속에 채워진 물질의 무게가 더 무거워서 봉지가 아래로 가라앉기 때문이다.

이번에는 같은 봉지에 가벼운 스티로폼을 채워보자. 이때 작용하는 부력은 이 그림의 ①번과 ②번에 작용하는 부력과 크기가 같을 것이다. 왜냐하면 봉지의 부피가 같으므로 밀려나간 물의 부피도 같아서 부력도 같기 때문이다. 스티로폼을 채운 봉지는 돌멩이나 모래가루를 담은 봉지보다 무게가 훨씬 가벼울 것이다. 그래서 부력에 비해 작아진 무게 때문에 이 봉지를 위쪽으로 떠오르게 하는 힘이 더 커지게 된다. 만약 무게가 너무 가볍게 되면 이 그림의 ③번처럼 봉지의 일부가 물 밖으로 나오게 될 것이다. 이때는 봉지가 물 밖으로 나온 부분을 제외하고 물속에 잠겨 있는 부분만큼의 부력이 생기게 된다. 그러므로 완전히 잠겼을 때의 부력보다 부력이 줄어들게 되어 줄어든 무게와 평형을 이루게 된다.

중력과 부력을 이용한 잠수함의 잠수원리

이와 같은 원리를 이용하여 잠수함도 부력을 조절하면서 잠수와 부상을 자유롭게 할 수 있다. 잠수함은 배의 앞부분과 뒷부분에 있는 주부력 탱크에 바닷물을 채워서 중량을 조절하고 압축공기를 빼내거나 불어 넣으면서 부력을 조절하여 잠수와 부상을 한다. 잠수함이 바닷속으로 잠수해야 하는 경우를 생각해 보자. 주부력 탱크에 바닷물을 많이 채워서 잠수함의 무게를 늘리면, 잠수함이 바닷속에서 차지하는 부피에 해당하는 부력의 크기보다 바다 아래쪽으로 작용하는 중력이 더 커져서 잠수함은 가라앉게 된다.

잠수함이 물속에 잠겨 있다가 떠올라야 할 경우에는 주부력 탱크에 압축 공기를 불어넣어 탱크 안의 바닷물을 잠수함 밖으로 배수시킨다. 그러면 잠수함의 무게가 줄어들어 부력이 중력보다 커지게 되며 잠수함은 바다 위쪽으로 떠오르게 되는 것이다. 이렇게 부력이 중력보다 커서 잠수함이 부상하는 상태가 되는 것을 '양성 부력', 중력이 부력보다 커서 잠수함이 가라앉게 되는 상태를 '음성 부력', 중력과 부력이 같은 상태를 '중성 부력'이라고 한다.

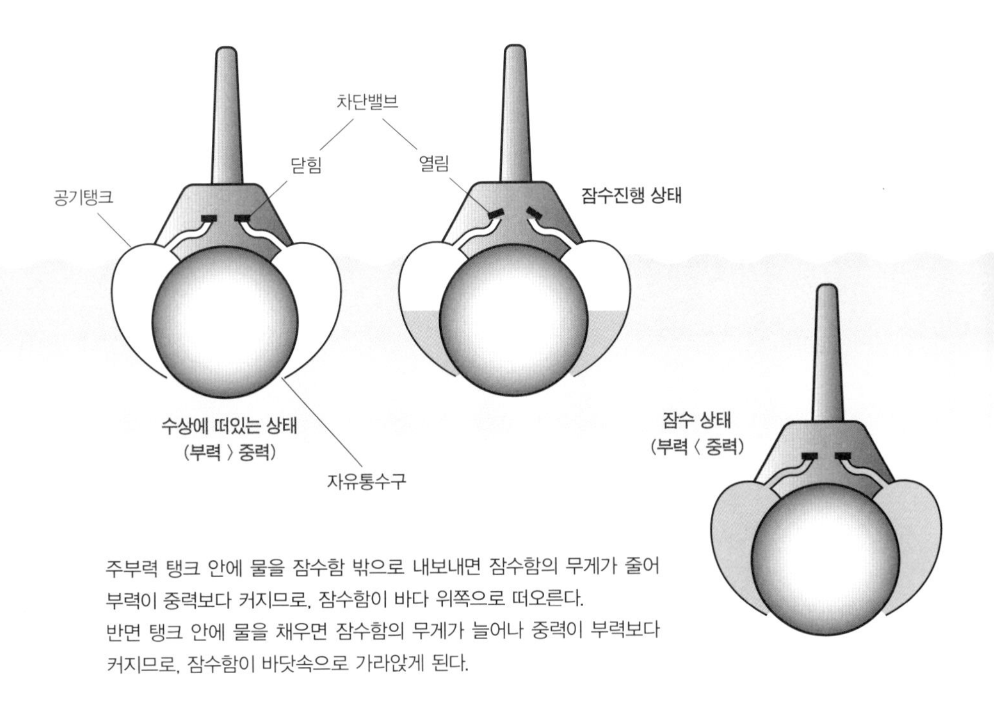

주부력 탱크 안에 물을 잠수함 밖으로 내보내면 잠수함의 무게가 줄어 부력이 중력보다 커지므로, 잠수함이 바다 위쪽으로 떠오른다.
반면 탱크 안에 물을 채우면 잠수함의 무게가 늘어나 중력이 부력보다 커지므로, 잠수함이 바닷속으로 가라앉게 된다.

잠수함은 앞이 뭉뚝하고 뒤가 가늘다. 이러한 형태는 물로 인한 저항을 극복하기 위해 고래의 생김새에서 힌트를 얻은 것이다.

바다는 해수의 염분이 장소에 따라 조금씩 다르기 때문에 잠수함의 부력도 변한다. 잠수함이 염분이 높은 해수 쪽으로 이동할 때는 상대적으로 부력이 커져서 양성 부력이 되기 때문에 떠오르게 된다. 이것은 바닷물에서 염류의 농도 때문에 해수의 밀도가 커져서 민물에서보다 몸이 더 잘 떠오르는 것과 같은 원리이다. 반대로 잠수함이 염분이 낮은 해수 쪽으로 이동할 때는 상대적으로 부력이 작아져서 음성 부력이 되고 잠수함은 가라앉으려고 한다.

이와 같이 잠수함은 바닷물의 밀도에 따른 중력과 부력의 원리를 적절히 이용하여 물속과 물 위를 자유로이 오가는 것이다.

도움 받은 자료

- 《일반물리학》, 고려대학교·서강대학교 물리학과 공역, 범한서적, 1998
- 《재미있는 잠수함 이야기》, 최성규, 양서각, 2000
- 《잠수함 그 하고 싶은 이야기들》, 안병구, 집문당, 2008
- 《인류의 문화를 바꾼 물건이야기 100》, 장석봉, 오늘의 책, 1999
- 《발명 상식 사전》, 왕연준, 박문각, 2011

SECRET▪33

차량 충돌 시 탑승자를 보호하는 에어백의 비밀

에어백은 차량이 충돌할 때, 충격으로부터 탑승자를 보호하는 장치이다. 에어백의 센서 및 전자제어장치는 자동차가 충돌할 때 충격력을 감지하여, 압축가스로 백(bag)을 부풀려 승객에 대한 충격을 완화시킨다. 에어백은 안전띠만을 사용했을 경우보다 상해를 현저히 줄이도록 고안된 2차 충격흡수장치이다.

안전벨트를 보완하기 위해 도입된 에어백

1960년대 미국에서 대중화된 안전벨트는 자동차 사고 시 탑승자를 시트에 묶어둠으로써 치명적인 피해를 줄여주는 데 큰 역할을 하였다. 하지만 초기에 사용된 2점식 안전벨트는 허리만 고정시켜 가슴, 머리 등이 핸들이나 계기판 등에 부딪히는 피해가 여전하였다.

이를 개선하여 나온 3점식 안전벨트는 허리벨트와 어깨벨트를 통하여 상체의 움직임을 제어하여 2점식 안전벨트보다는 안전성이 높아졌지만, 여전히 머리와 목 부위가 다치는 문제를 남겼다.

이러한 안전벨트의 취약점을 보완하기 위해 보조 안전장치로 에어백이 도입되었다. 에어백은 처음에 '안전벨트 보조용 구속장치(supplemental restraint system air bag)'로 불렸는데, 이는 안전벨트를 착용한 상태에서 최적의 승객 보호 효과를 얻을 수 있다는 것을 뜻하기도 한다.

3점식 안전벨트는 1958년 볼보자동차의 기술자였던 닐스 볼린(Nils Ivar Bohlin)이 개발했다. 1963년 볼보가 다른 자동차 생산업체들의 3점식 안전벨트 사용을 허가하면서 오늘날 전 세계 모든 자동차에 3점식 안전벨트가 탑재되었다.

충돌하는 순간 펴지는 에어백의 작동원리

에어백의 작동조건은 에어백의 종류와 차종에 따라 조금씩 차이가 있다. 정면충돌 에어백은 대체로 정면에서 좌우 30도 이내의 각도에서 유효충돌속도가 약 20~30km/h이상일 때 작동한다. 여기서 유효충돌속도란 자동차의 충돌속도를 의미하는 것이 아니라, 자동차 충격의 크기를 추정할 수 있는 '속도변화량(ΔV)'을 의미한다. 예를 들어 100km/h로 주행하다가 충돌 후 속도가 70km/h로 감속되었다면 유효충돌속도는 30km/h(=100-70)이다.

그렇다면 에어백은 어떻게 해서 펴질까?

에어백은 충격감지시스템과 에어백이 터지도록 하는 기체 팽창장치, 에어백으로 이루어진 에어백 모듈로 구성되어 있다.

■ 에어백 모듈

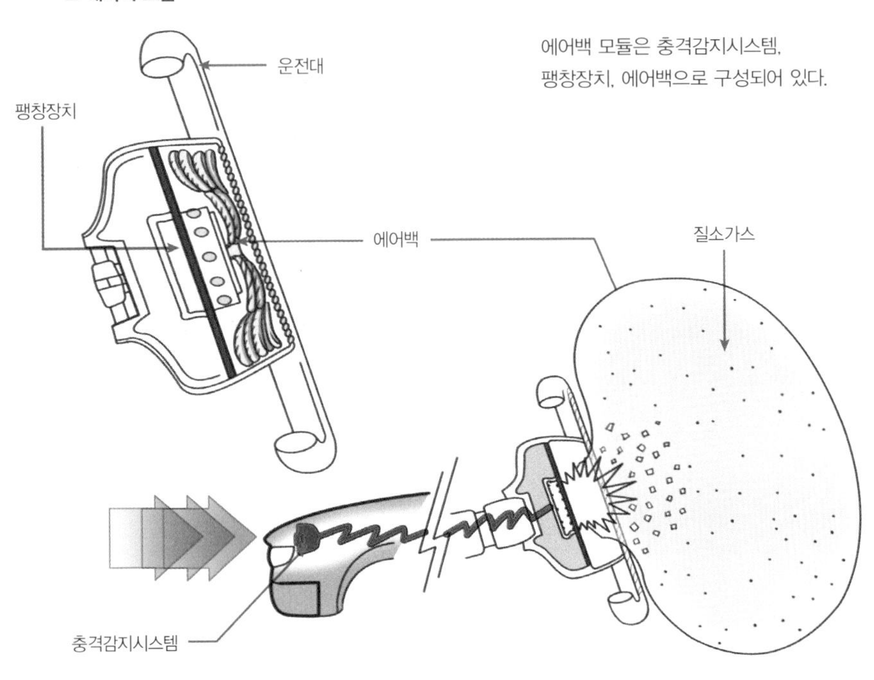

충격감지시스템은 충돌센서와 전자센서 두 부분으로 되어 있다. 차가 일정속도 이상으로 충돌하는 순간 충돌센서의 롤러는 관성의 법칙* 에 따라 앞쪽으로 구르면서 스위치를 누르게 된다. 이때 회로에 전류가 흘러 가스 발생장치에 폭발이 일어나게 한다. 이때까지 걸리는 시간은 0.01초이다. 점화가 되면 질소가스가 발생하여 에어백 안으로 가스가 순식간에 들어간다. 가스 발생장치의 작동과 함께 에어백을 잘 접어 넣어둔 용기가 완전히 부풀기까지는 약 0.05초 이내의 시간이 걸린다. 에

관성의 법칙(The Law of Inertia)
아이작 뉴턴(Isaac Newton, 1642~1727)이 1687년《프린키피아(Principia: 자연철학의 수학원리)》에서 제시한 운동법칙 중 제1법칙이다. "외부에서 힘이 작용하지 않으면 운동하는 물체는 계속 그 상태로 운동하려고 하고, 정지한 물체는 계속 정지해 있으려고 한다." 즉, 정지한 물체는 영원히 정지한 채로 있으려하고 운동하던 물체는 등속직선운동을 계속하려고 한다.

어백에 담기는 질소가스의 양은 약 60리터로 많은 기체가 순식간에 공기자루에 들어가 충격을 완화시켜줌으로써 1차적 충돌에서 오는 치명적인 부상을 피할 수 있게 해준다.

아지드화나트륨과 산화철의 반응으로 부풀어 오름

에어백을 순간적으로 부풀리는 데 사용하는 물질은 나트륨과 질소로 이루어진 아지드화나트륨(NaN_3, sodium azide)이라는 물질이다. 이 물질은 350℃ 정도의 높은 온도에서도 불이 붙지 않으며, 충돌이 일어날 때 폭발하지 않는 안정성을 가지고 있어 차내에 저장해두기에 매우 안전한 물질이다. 이러한 물질에 산화철(Fe_2O_3)이라는 화합물을 섞어 놓으면 격렬히 반응하며 질소를 생성하는데, 이를 이용한 것이 바로 에어백이다.

에어백이 장착된 운전대에는 접혀져 있는 에어백과, 아지드화나트륨 캡슐, 약간의 산화철, 그리고 기폭 장치가 들어있다. 충돌 시에 스위치가 작동하여 전류가 기체발생장치 내의 점화기를 작동시키면 순간적으로 높은 열이 발생해 불꽃이 생긴다. 이때 아지드화나트륨 캡슐을 터트려 산화철과 반응하게 만들고, 아지드화나트륨은 나트륨과 질소로 분해된다. 이때 나오는 질소가스가 에어백을 채워 부풀게 한다.

■ 아지드화나트륨이 분해되어 질소가 발생되고 나트륨산화물이 생성되는 반응

$$2NaN_3(s) \rightarrow 2Na(s) + 3N_2(g)$$
$$6Na(s) + Fe_2O_3(s) \rightarrow 3Na_2O(s) + 2Fe(s)$$

아지드화나트륨에는 질소가 전체 질량 중 65%를 차지한다. 충돌 시에 생성된 불꽃에 의해 0.04초 이내에 화합물들이 분해되면서 많은 양의 질소가스가 발생된다. 이때 생기는 나트륨은 산화철과 섞이면서 산화나트륨을 만드는데, 산화나트륨은 금속나트륨보다 훨씬 안전하다.

발생된 질소가스는 압력이 낮은 에어백 속으로 들어가 백을 부풀리고 시간이 지나면 작은 구멍을 통해서 점점 빠져나가게 된다. 이 과정에서 자동차 탑승자는 충격을 적게 받게 되고, 에어백은 본래의 상태로 되돌아가 다시 사용할 수 있게 되는 것이다.

충돌시간을 늘려 충격을 완화

달리는 자동차 안에서 우리의 몸은 자동차와 함께 같은 속력으로 달리고 있는 것과 같다. 따라서 우리 몸도 운동량을 갖게 되는데, 이 운동량은 물체가 다른 물체와 충돌할 때 변하게 된다. 처음에 승객이 가지고 있던 운동량에서 충돌 후 운동량의 차이인 '운동의 변화량'은 충격량의 식과 같다. 이를 표현하면 다음과 같다.

운동량 = 물체의 질량×속도
충격량 = 충격력×충돌한 시간 = 운동의 변화량
운동의 변화량 = 처음 운동량 – 나중 운동량

충격량은 가해진 힘의 크기 즉, 충격력(F)에 충돌한 시간(t)을 곱한 값으로, 운동변화량과 같다. 자동차가 부딪혔을 때 실제 승객이 받는 힘은

승용차 내에서 에어백이 터지는 위치

충격력으로, 물체에 실질적으로 가해지는 힘의 크기이다. 승객이 가지고 있는 운동변화량은 일정하므로 충격량의 값 또한 일정하다. 승객이 충격을 적게 받으려면 충돌시간을 늘려 충격력을 줄여주어야 한다. 즉, 충격량의 식에서 충격량이 일정할 때, 충격력과 시간은 반비례하므로 충격력을 줄이려면 충돌시간을 늘려주면 된다.

에어백에서 생성되는 질소는 에어백을 쿠션처럼 만들어서 사람이 차체에 충돌하는 시간이 길어지도록 한다. 따라서 상대적인 충격력이 감소되어 사람에게 가해지는 충격, 즉 힘의 크기는 줄어들게 되고 그에 따라 운전자는 덜 다치게 된다. 이는 마치 우리가 세게 던진 공을 받을 때 뒤로 물러나며 받으면 충격이 덜한 것과 마찬가지이다.

승객의 착석 상황을 감지하는 똑똑한 에어백 개발

최근 승객의 안전을 위하여 개발된 에어백이 오히려 승객의 목숨을 앗아가거나 상해를 입게 만드는 일이 많이 발생했다. 이런 사고는 에어백이 승객의 상태와 관계없이 일정한 충돌상황에서 무조건 작동하는 데에 원인이 있다. 즉 에어백이 승객의 탑승여부, 성인과 소아의 구별, 착석 위치, 충돌상황 등에 관계없이 충돌로 인해 일정한 기준 이상의 차체 감속이 일어나면 작동하기 때문이다.

이런 문제점을 해결하고자 최근에는 승객의 다양한 착석상황(안전벨트 착용 유무, 탑승자의 무게, 소아 유무, 측면·정면 충돌 구분 등)을 감지하는 센서들과 그에 따라 에어백에 적절한 양의 가스를 적절한 시간에 발생시키도록 하는 장치가 달린 '스마트 에어백'이 개발되고 있다.

도움 받은 자료

- 《브리태니커 백과사전》, 권영일·나도백, 한국브리태니커회사, 2008
- 〈에어백〉, 김권희, 한국과학기술정보연구원, BA025, 2002
- 〈자동차공학회지 18.5 / 에어백 기술의 발전 동향〉, 정승철, 한국자동차공학회, 1996
- 〈자동차공학회지 13.5 / 에어백장치 개발 개요〉, 박영재·장익규, 한국자동차공학회, 1991
- 《자동차 공학》, 김민복, 삼성북스, 2008
- 《Automotive 통권15호 / 자동차 전장 입문 12-1》, 윤대권, 나노피앤씨, 2009
- 《안전벨트 vs 에어백》, 교통안전공단, 2008

SECRET▪34

육중한 몸으로 하늘을 빠르게 나는
비행기의 비밀

인류는 언제부터 하늘을 나는 꿈을 꿔 온 것일까? 새의 깃털과 밀납을 사용해 날개를 만들어 붙이고 창공을 향해 몸을 던졌던 신화 속 이카로스(Icarus)를 생각해 보면, 고대부터 우리는 늘 비행을 꿈꿔왔던 것 같다. 하지만 오늘날 우리에게는 하늘을 나는 일이 더 이상 그저 꿈만은 아니다. 장거리 여행의 교통수단으로 제일 먼저 떠올리는 것이 바로 비행기일 정도로 비행이 상용화되었기 때문이다. 그런데 문득 궁금하다. 많게는 600명까지도 수용 가능한 400톤이 넘는 육중한 몸을 하늘에 띄우는 비행기, 그 비행기 속에는 어떤 원리가 숨어 있는 것일까?

지금의 벨기에 지역인 플랑드르 출신의 화가 루벤스는 1636년 완성한 〈이카로스의 추락〉을 통해 날개를 붙인 밀랍이 태양열에 녹아 바다로 추락하는 이카로스를 묘사했다.

비행기가 지상에 정지해 있을 때는 일반 자동차와 크게 다를 바가 없어 보인다. 단순히 덩치 큰 자동차라고 할 수도 있을 것이다. 그러나 자동차가 아무리 빨리 달리고 점프를 한다고 해도 하늘을 날 수는 없다. 그렇다면 자동차와 비행기의 어떤 차이가 비행기를 날 수 있게 하는 것일까? 자동차와 비행기의 가장 큰 차이점이 날개라는 것은 금방 찾아낼 수 있다.

하늘을 나는 비밀은 날개 형태에 있다

아래 그림에서처럼 날개는 특징적인 모양과 공기와 맞닥뜨리는 각도를 통해 비행기가 공중에 떠오를 수 있도록 하는데 결정적 역할을 한다.

움직이는 비행기 날개 주변에는 그림에서처럼 날개로 접근하는 공기의 흐름을 볼 수 있다. 날개는 앞쪽이 위를 향해 적당한 각도로 들려 있다. 또 날개 모양이 곡면이기 때문에 날개로 접근하는 공기의 흐름을 변

■ 뉴턴의 제3법칙에 의한 양력 발생

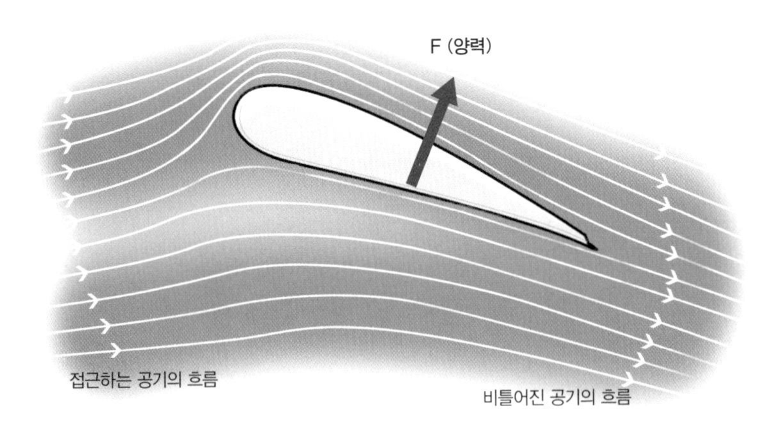

화시킨다. 날개로 접근하는 공기의 흐름은 날개 앞부분에서 날개와 부딪혀 두 갈래로 나뉘게 된다. 한 갈래의 공기 흐름은 날개 위 곡면 모양을 따라 흐르게 되고, 다른 한 쪽은 날개에 부딪혀 날개 아래쪽으로 꺾이게 된다. 이때 날개와 꺾인 공기는 작용반작용 법칙인 '뉴턴의 제3법칙*'에 의해 상호작용을 하여 비행기를 공기 중으로 띄우는 힘인 양력을 발생시킨다. 날개는 공기의 흐름을 날개 아래쪽으로 꺾기 위해서 공기에 힘을 작용하고, 공기는 같은 크기의 힘을 방향만 반대로 날개에 반작용하게 된다. 이 반작용에 의해 날개에 생기는 힘 F가 비행기를 공기 중으로 떠오르게 하는 양력이다.

뉴턴의 제3법칙
뉴턴이 1687년 《프린키피아》에서 제시한 운동법칙 중 제3법칙, 작용과 반작용의 법칙을 가리킨다. "모든 작용에 대해 크기는 같고 방향은 반대인 반작용이 존재한다." 즉, 물체 A가 다른 물체 B에는 힘을 가하면(작용), 물체 B에는 물체 A와 크기는 같고 방향은 반대인 힘(반작용)이 동시에 작용한다.

한편 두 갈래로 나뉘어져 흐르던 공기의 흐름 중 날개 위쪽 곡면을 따라 흐르는 공기흐름은 날개 아래쪽으로 꺾어진 공기흐름 보다 속도가 빨라진다. 그러므로 날개 주변의 공기의 흐름을 선으로 표현하면 그림과 같이 되는데, 날개 위쪽은 선의 간격이 좁고 날개 아래쪽은 선의 간격이 넓어진다. 이는 날개 위쪽은 공기의 이동속도가 빠르고 아래쪽은 공기의 이동속도가 느리다는 것을 나타낸다. 유체속도가 커지면 압력이 작아지고 유체속도가 작아지면 압력이 커진다는 베르누이 원리(71쪽 '냉장고의 비밀' 참조)에 의해 공기의 이동속도가 빠른 날개 위쪽은 공기압력이 작고, 공기의 이동속도가 느린 날개 아래쪽은 공기압력이 크다는 것을 알 수 있다. 그래서 공기압력이 큰 아래쪽에서 공기압력이 작은 위쪽으로 밀어 올리는 힘인 양력이 발생하게 되는 것이다. 이는 앞서 설명한 뉴턴의 제3법칙에 의한 양력 발생 설명과도 부합한다. 결국 두 원리 설명이 일맥상통함을 알 수 있다.

비행기가 날기 위해 활주로는 반드시 필요하다?

지금까지 설명한 비행기 날개에 작용하는 양력은 비행기가 정지해 있을 때는 생기지 않는다. 비행기는 어느 속도 이상으로 움직일 때에만 자신의 무게를 이기는 양력을 발생시킨다. 비행기는 자신의 무게를 이기고 하늘로 떠오를 수 있는 최소한의 속도 이하에서는 날 수가 없다. 최소속도 이상이 될 때까지는 지상에서 활주를 한 후 이륙하게 된다. 착륙할 때에도 마찬가지로 지상 활주가 필요하다. 비행기가 추락하지 않고 착륙하기 위해서는 비행기 무게와 같은 크기의 양력을 유지한 채 지상에 접촉해야 한다. 그러므로 비행기가 땅에 닿는 순간 속도는 최소속도 정도일 것이다. 최소속도 정도로 땅에 닿은 비행기는 속도를 줄여 정지하기 위해 지상 활주가 꼭 필요하다. 반면 점프제트기는 엔진의 노즐방향을 아래로 향하게 해 추진력의 반작용으로 양력을 얻어 수직으로 이륙한다.

비행기를 날게 하는 네 가지 힘

비행기가 일정한 속도로 수평비행을 할 때는 오른쪽 그림과 같이 비행기를 앞으로 나아가도록 하는 엔진에 의한 추진력과 공기의 저항 때문에 반대방향으로 생기는 저항력, 비행기의 무게인 중력과 비행기를 떠있도록 하는 양력 이 네 가지 힘이 평형을 이룬다. 만약 비행기의 양력이 중력에 비해 작아지면 비행기는 추락을 할 것이고, 양력이 중력보다 크면 비행기는 더 높이 떠오를 것이다. 또한 비행기의 추진력이 공기저항보다 크면 비행기의 수평속도는 증가할 것이고, 추진력보다 공기저항이 더 크

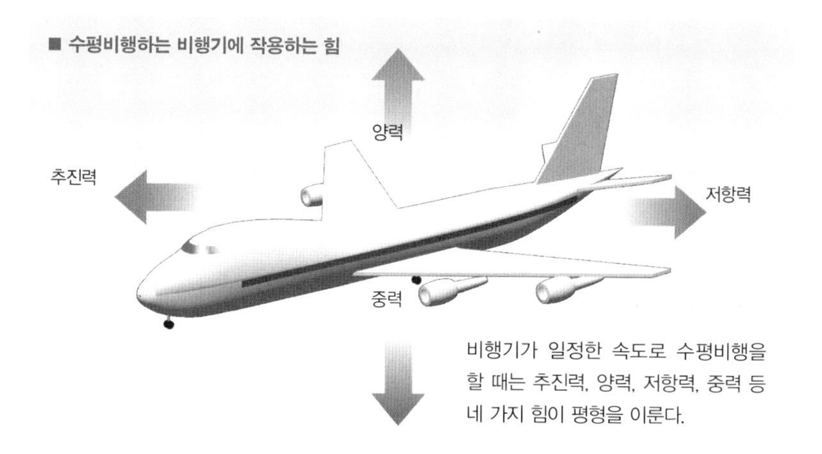

비행기가 일정한 속도로 수평비행을 할 때는 추진력, 양력, 저항력, 중력 등 네 가지 힘이 평형을 이룬다.

면 비행기의 수평속도는 감소할 것이다.

그러나 추진력이 저항력보다 커져서 수평속도가 증가하면 양력도 따라서 증가하므로 비행기는 속도증가와 동시에 상승을 하게 된다. 비행기가 수직상승은 하지 않고 수평비행을 하면서 속도만 증가시켜야 할 때는 증가하는 양력을 줄여주어야 한다. 양력을 줄이기 위해서는 공기흐름 방향에 맞서는 날개의 각도를 작게 조절해야 한다. 날개에 접근하는 공기흐름방향과 날개의 중앙선 사이의 각도를 받음각이라고 한다. 이 받음각은 어느 정도 범위 내에서 각도를 크게 하면 양력이 커지고, 각도를 작게 하면 양력이 작아진다.

날개의 받음각 조절과 다양한 꼬리날개로 방향 전환

이렇게 비행기는 날개의 받음각을 조절하여 양력을 가장 적절한 상태로 조절하기도 하고 주날개에 있는 플랩을 통해 날개 모양을 변형시켜 양력을 조절하기도 한다. 또한 주날개와 꼬리날개를 이용하여 비행기의 각도와 방향을 바꾼다. 수평꼬리날개는 수평안정판과 승강타(뒷날개에 달린 키)의 두 부분으로 나뉘어져 있다. 이륙할 때는 승강타를 위로 올려서 비행기의 뒷부분을 아래로 내리 누르는 힘을 발생시킨다. 그러면 비행기 앞머리가 위로 향하게 되어 속도가 크지 않아도 받음각이 커지므로 양력은 증가하게 되어 이륙을 용이하게 한다. 반대로 승강타를 내리면 비행기 앞부분은 아래로 향하게 된다.

비행기의 수직꼬리날개는 비행기를 흔들리지 않고 똑바로 날아갈 수 있도록 중심을 잡아주는 역할을 한다. 수직꼬리에는 방향타도 있어서 방향타를 오른쪽으로 꺾으면 비행기는 오른쪽으로 향하고, 왼쪽으로 꺾으면 비행기는 왼쪽으로 향한다. 그러나 비행기가 방향을 바꿀 때는 방향타와 함께 주날개에 달려있는 보조날개의 도움이 필요하다. 주날개에 달려있는 보조날개는 모양을 바꿔 양력을 조절할 수 있다. 비행기가 회전을 해야 할 때는 양쪽 날개의 양력을 서로 다르게 해 비행기의 몸체를 기울이게 한다. 만약 왼쪽 날개의 양력은 줄이고 오른쪽 날개의 양력을 늘리면 비행기는 왼쪽 아래로 기울어지면서 왼쪽으로 회전할 수 있게 되는 것이다.

지금까지 살펴본 바와 같이 비행기는 엔진의 추진력, 공기의 저항력, 중력, 날개모양과 각도 조절을 통한 양력 등 네 가지 힘의 상호작용을 통해 최선의 비행 상태를 찾아내어 하늘을 날 수 있다.

도움 받은 자료

- 《일반물리학》, 고려대·서강대 물리학과 공역, 범한서적, 1998
- 《비행의 원리》, Gale M. Craig, 우용출판사, 2002
- 《비행기는 어떻게 날까?》, 장밥티스트 투사르, 민음사, 2006
- 《비행기가 비틀비틀》, 명로진, 김영사, 2001

1900년대 초 라이트 형제가 발명한 플라이어호의 비행 장면.

SECRET▪35

달리는 차 안에서 무선으로 통행료를 지불하는 하이패스의 비밀

하이패스(hi-pass)는 주행상태의 차량에서 무선통신에 의해 통행료를 처리하는 자동 전자요금징수시스템이다. 여기에는 근거리전용통신기술을 사용한다. 이 시스템은 통행료를 자동으로 정산해 교통지체를 줄이고, 결과적으로 배출가스를 줄이는데도 큰 기여를 하고 있다. 하이패스는 우리나라에서는 2000년에 처음으로 고속도로 일부구간에 설치되었고, 2007년 말에는 전국적으로 확대 설치되었다.

하이패스의 통행료 처리 과정

하이패스를 이용해 통행료를 처리하기 위해서는 차 안과 톨게이트 주변에 다음과 같은 시스템 구성이 필요하다.

기본적인 시스템은 전자카드, 차량단말기 그리고 톨게이트 안테나이다. 먼저 차량을 인지하고 안테나에서 차량단말기로 결제요청 정보를 보

■ 하이패스를 이용한 통행료 처리 시스템과 통행료 처리 과정

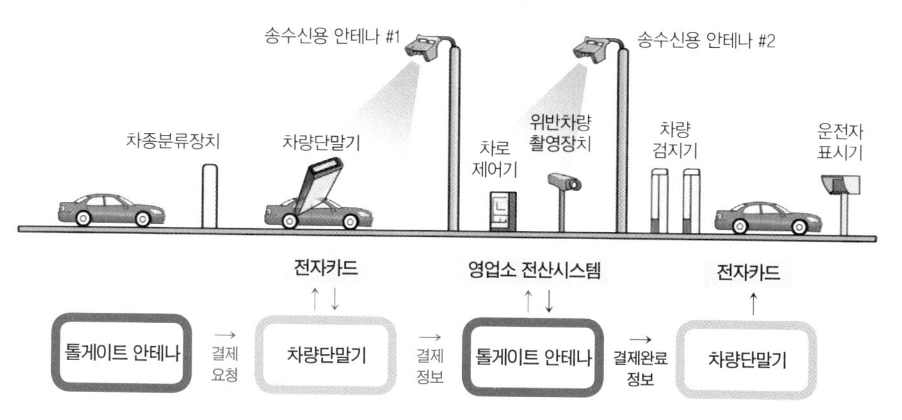

낸다. 단말기는 카드의 결제정보(카드종류 · 결제방식 등)를 읽어 톨게이트 안테나로 보내고, 결제가 완료되면 다시 결제완료 정보를 역순으로 카드로 보내 카드에 기록하게 한다.

카드와 차량단말기 사이의 정보처리 과정

먼저 알아둘 것은 하이패스가 접촉식 및 비접촉식 통신방식을 갖는 콤비카드라는 사실이다. 차량이 하이패스 차로를 통과할 때는 차량단말기와 하이패스카드가 접촉형 통신방식으로 정보를 주고받는다. 이 경우 카드 앞면에 금색으로 된 접촉판에서 전원공급 및 외부와 통신이 이루어진다. 선불카드는 단말기가 카드에 일정금액을 요청하는 신호를 보내면, 카드가 이 신호를 받아들여 카드에 충전된 금액에서 요금을 뺀 다음, '지불했다'는 신호를 다시 단말기에 보내게 된다. 만일 요금이 부족하면 '지불하지 못했다'는 신호를 보낸다.

반면 하이패스카드를 가지고 일반차로를 통과하는 경우에는 우리가 흔히 쓰는 교통카드와 같이 비접촉형 통신방식으로 정보를 주고받는다. 비접촉형 통신방식에서 카드단말기에 신호를 보내는 동력원인 전기는 어디서 얻을까? 이 경우에는 차량단말기가 하이패스카드 속 안테나 코일에 유도전기를 발생(전자기유도현상*)시킨다. 단말기에는 제1코일이 있고 주기적으로 세기가 변하는 자기장을 발생시키면 카드 속에 있는 제2코일에 전기가 유도된다.

이때 발생되는 전류는 미약하지만 카드 속 반도체 칩을 동작시키기에 충분하다. 이 경우 0.3초 이내에 카드의 위조와 변조 여부를 파악하고 카드의 전자지갑에서 금액 정보를 단말기로 이체하며 잔액을 카드에 다시 기록한다. 이 과정에서 여러 차례의 암호인증 및 상호인증이 진행되고 카드 내 금액 정보가 차량단말기로 이체된다.

■ 유도전기의 발생

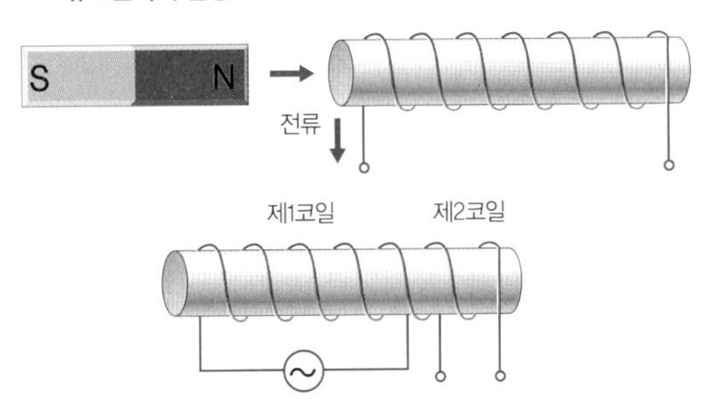

전자기유도현상
코일 속에 자석을 왕복운동시키면 코일의 도선에 전기가 흐르는 현상이다. 하이패스에서 단말기는 자석 역할을, 교통카드는 코일 역할을 한다. 전자기유도현상은 1831년 영국의 과학자 패러데이가 발견했다.

차량단말기와 톨게이트 안테나 간의 정보 처리 과정

차량단말기와 톨게이트 안테나 사이에는 5.8GHz 근거리전용통신을 이용한다. 근거리전용통신이란 차량을 위한 무선 전용 이동통신으로 지능형교통체계(ITS: Intelligent Transportation System)* 서비스를 제공하기 위한 통신 수단의 하나이다. ITS에서 요구되는 정보들은 노변 기지국과 차량 간의 신호가 서로에게 전달되어야 한다. 이를 구현하기 위해서는 양쪽 장치 간의 무선고속패킷 통신이 가능한 기술을 이용해야 한다. 근거리전용통신은 노변-차량 간의 양방향 근거리통신, 일 대 다수의 통신기능, 고속전송 기능, 값싸고 단순한 변조기술을 활용한다.

지능형교통체계
사람이 두뇌의 조절과 제어 기능에 의해 신체가 움직이듯이 기존의 교통시스템에 인공지능을 갖추어 정보를 제공하고, 그 정보를 통하여 교통시설이 상황에 따라 자동제어되어 이용자에게 최대한 편의를 제공하는 시스템을 말한다. 과속차량단속시스템, 교통소통안내시스템, 버스도착예정시간안내시스템 등의 서비스가 이에 해당된다.

무선주파수 방식 vs 적외선 방식 단말기

하이패스 단말기는 통신방법과 전원방식에 따라 구분한다. 통신방법에 따라 무선주파수(RF: Radio Frequency) 방식과 적외선(IR: Infrared Ray) 방식이 있다. RF방식은 통신거리가 멀기 때문에 차량 안에 부착할 때 위치가 자유롭다. 반면 IR방식은 통신 거리가 짧고 적외선이 방향에 영향을 받기 때문에 반드시 차량 앞 유리에 부착해야 한다. 전원방식의 차이로 구분하면 차량전원방식과 배터리내장방식으로 나눌 수 있다. 차량전원방식은 방전에 신경을 쓰지 않아도 되나 설치가 번거롭다. 배터리내장방식은 차량 내부가 깔끔하게 유지될 수 있는 반면, 방전의 염려가 있기 때문에 수시로 충전 상태를 확인해야 한다. IR방식이 전력 소모가 낮아 일반적으로 많이 사용된다.

SECRET■36

인류에게 이동의 자유를 제공한 자동차의 비밀

〈전격Z작전〉이라는 꽤 오래된 외국드라마에는 어디선가 나타나 주인 앞에 도착해 스스로 문을 열어주던 인공지능 자동차 '키트'가 있었다. 몇몇 SF영화에는 자동운전모드가 있어 알아서 운전을 해주는 자동차도 등장했다. 아직 이런 자동차는 현실화되지 않았지만, 100km이상의 주행에서 가속페달을 밟지 않아도 속도를 유지하며 달리는 자동차나 원격으로 시동이 걸리는 자동차는 이미 실용화되었다.

저절로 움직인다고 해서 'automobile'

자동차는 처음 나왔을 때는 스스로 움직인다고 하여 'automation(자동장치)', 'oleo locomotive(기름기관차)', 'motor rig(모터마차)', 'elect-robat(전기박쥐)' 등이 이름으로 거론되었다. 그 후 1876년에 프랑스에서 만든 '저절로 움직인다'는 뜻을 가진 'automobile(자동차)'로 불리게 되었다.

1770년 프랑스의 군사기술자 퀴뇨(Nicolas Joseph Cugnot)가 제작한 증기자동차는 역사상 최초로 기계의 힘으로 주행했다.

한국공업규격(KS)에 의하면 자동차는 '원동기와 조향장치(자동차의 진행방향을 바꾸어 주는 장치)를 구비하고 그것에 승차해서 지상을 주행할 수 있는 차량'이라고 설명하고 있다. 따라서 무궤도전차의 일종인 트롤리버스와 피견인 차량인 트레일러, 불도저 등은 자동차로 분류하지만, 궤도전차와 2륜 자동차, 오토바이 및 스쿠터는 자동차가 아니다. 자동차는 동력을 어디에서 얻느냐에 따라 디젤, 전기, LPG, 가솔린 자동차 등 여러 종류로 나뉜다. 그러나 동력이 달라도 자동차가 움직이는 기본 원리는 모두 같다. 가솔린 자동차를 통해 자동차의 기본 구조와 작동원리에 대해 알아보자.

자동차는 어떤 원리로 움직이는 걸까?

자동차는 1891년 세계 최초의 자동차 회사인 프랑스의 파나르 르바소(Panhard Levassor)가 기본 구조를 확립하였다. 현재 많은 후륜 구동식 자동차들이 이 구조를 채택하여 사용하고 있다. 자동차는 3만여 가지의 부품으로 구성되어 있지만, 크게 차체(body & frame)와 그 나머지 부분인 섀시(chassis)로 구분된다.

섀시는 자동차의 기능을 발휘할 수 있게 하는 부분으로 다시 엔진, 동력전달장치, 바퀴로 나눌 수 있다.

운전자가 자동차 운전석에 앉아 시동을 걸면 배터리로부터 전기가 공급되어 스타팅 모터가 엔진의 플라이휠(flywheel)을 돌린다. 이때 플라이휠에 연결된 크랭크축, 피스톤, 밸브가 같이 움직이기 시작한다. 자동차에 필요한 동력을 발생시키는 시스템인 엔진은 피스톤엔진을 사용한다. 자동차의 피스톤엔진은 실린더 내부에서 연료와 산소를 연소시켜 고압·고온으로 된 가스가 직접 피스톤을 움직이게 하는 내연기관*이다. 이때 위 아래로 움직이는 피스톤의 왕복운동은 크랭크축에 연결된 커넥팅 로드(connecting rod)에 의해 크랭크축에서 회전운동으로 전환된다.

내연기관
피스톤을 움직이게 하는 액체 또는 기체와 연소한 가스가 일치하는 기관을 말한다. 석탄이나 석유가 직접 연소하여 피스톤을 움직이는 것이 아니라 물을 가열하여 나온 증기를 이용하는 증기기관 같은 경우는 외연기관이라 한다.

자동차 엔진은 거의 모두 4행정 사이클로 작동한다. 4행정 사이클이란 한 사이클이 '흡입행정 – 압축행정 – 동력행정 – 배기행정'으로 이루어진 것으로, 크랭크축이 두 번 회전하게 된다. 이것을 위해 실린더가 네 개 이

■ **4행정 사이클**

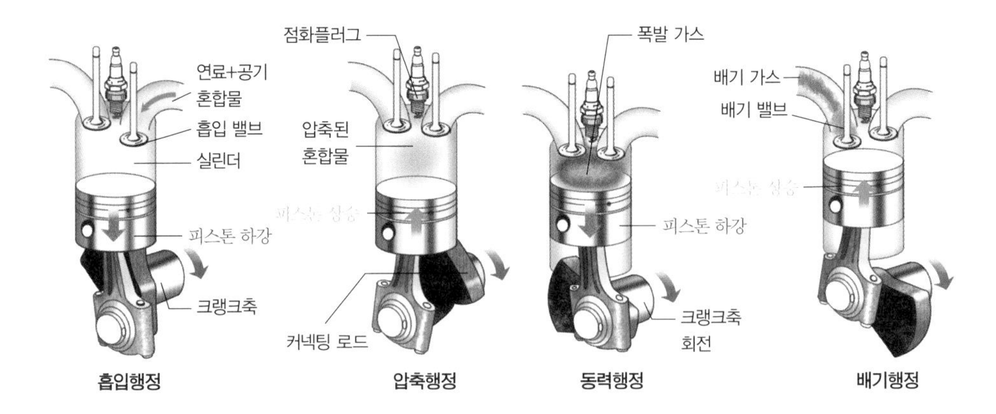

상 존재하며, 순서대로 작동되면 동력이 원활하고 연속적으로 발생하게 된다. 디젤엔진은 4행정 사이클을 사용하기는 하지만 '압축행정 – 흡입행정 – 동력행정 – 배기행정' 순으로 진행된다. 즉, 먼저 공기를 압축시켜 실린더 내부를 고온·고압상태로 만든다. 따라서 점화플러그 없이도 발화점이 낮은 경유를 분사하여 발화가 일어나게 한다.

4행정 사이클을 돈 후 엔진에서 발생한 배기가스는 삼원촉매전환장치(배기가스 중에 환경을 오염시키는 CO, HC, NOx의 세 가지 오염물질을 제거하는 것)를 거쳐 유독한 가스성분을 일부 제거한 후 머플러를 통해 대기 중으로 방출된다. 머플러를 통하지 않고 그냥 나가면 배기가스가 한 번에 팽창하기 때문에 큰 소리가 난다. 이를 방지하기 위해 머플러는 배기가스의 팽창이 원만히 일어나도록 한다. 그리고 엔진에서 발생한 열은 냉각수를 통해 방출된다. 만약 엔진의 냉각이 잘 되지 않으면 연료를 연소시킬 때 엔진에서 발생하는 열 때문에 엔진 주변 부품이 타거나 녹아내리는 오버 히트(over heat) 현상이 일어나게 된다. 물론 냉각수만으로는

■ **자동차의 구조**

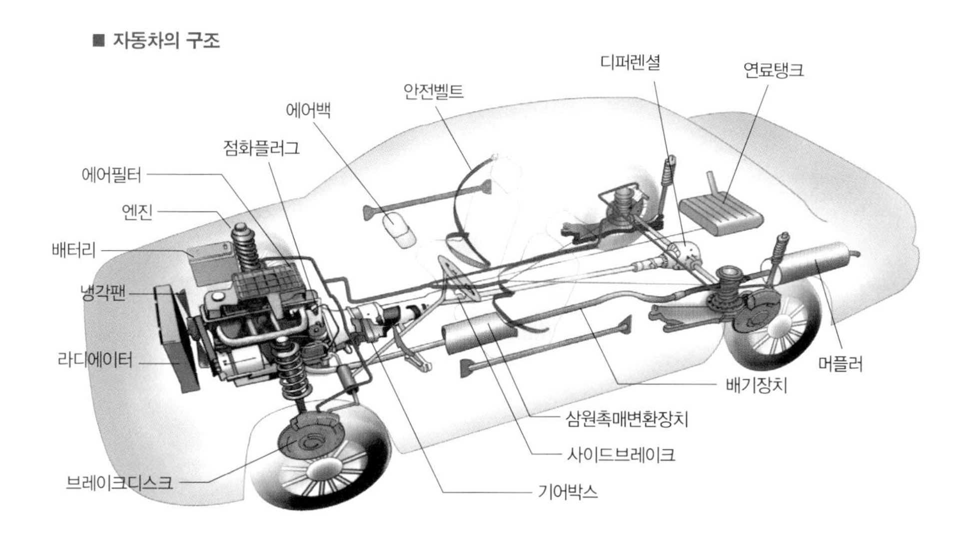

엔진의 열을 계속 감당할 수 없기 때문에 라디에이터(radiator)로 보내져 데워진 냉각수의 열을 공기 중으로 방출시켜 온도를 낮추게 된다.

자동차의 각 부분은 다음과 같은 역할을 한다.

- **엔진** : 전방탑재형 4기통(실린더 4개) 엔진, 뒷바퀴를 움직이게 한다.
- **배터리** : 시동 및 기타 전기장치에 전력을 공급하는 납축전지를 말한다.
- **냉각팬** : 라디에이터와 엔진 주변에 공기를 넣어 냉각시킨다.
- **라디에이터(냉각기)** : 수냉식의 경우 물이 가득 찬 라디에이터가 연소 과정에서 발생된 열을 발산시킨다.
- **브레이크디스크** : 주행 시 바퀴와 함께 회전하며, 유압으로 바퀴에 압착하여 제동력을 발휘한다.
- **에어백** : 운전자와 탑승자 앞에 장착된 보호용 백으로 충돌 사고 시에 자동으로 팽창한다.
- **점화플러그** : 실린더 내부 연료를 점화시키는 불꽃을 발생시킨다.
- **기어박스(변속기)** : 엔진의 고속 회전운동을 저속이나 강력한 회전력으로 바꿔 바퀴를 움직이게 한다.
- **안전벨트** : 충돌사고 시 자동차 탑승자를 보호한다.
- **디퍼렌셜(자동기어)** : 코너를 돌 때 안쪽 바퀴의 회전수를 줄이고, 바깥쪽 바퀴의 회전수를 늘려 매끄럽게 돌 수 있도록 한다.
- **머플러** : 배기 장치의 소음을 감소시킨다.
- **구동축** : 엔진의 회전운동을 기어박스에서 디퍼렌셜로 이어준다.
- **배기장치** : 엔진에서 나오는 가스가 삼원촉매변환장치를 거쳐 머플러를 통과해 배출되도록 한다.
- **삼원촉매변환장치** : 엔진에서 나오는 가스 중 유해성분을 처리한다.

- **사이드브레이크(주차용 보조브레이크)** : 뒷브레이크를 기계적으로 작동시키는 장치로 주차나 비상시에 사용한다.

수동변속기 차가 자동변속기 차 보다 연비가 좋은 이유는?

크랭크축의 회전은 플라이휠에 그 회전력을 전달하고 다시 변속기(transmission)로 회전력을 전달한다. 그러나 운전자가 클러치를 밟고 있거나 기어가 중립상태로 있을 때는 회전력이 변속기를 통해 바퀴로 전달되지 않는다. 기어를 중립상태에서 1단으로 바꾼 후 클러치 페달을 천천히 떼면 클러치 디스크가 플라이휠 면과 압착이 되면서 동력이 전달된다. 이 동력은 변속기로 바로 전달되어 엔진 출력을 달리는 상황에 맞게 구동 토크(구동력)와 회전수(주행속도)를 조절해 바퀴에 전하는 역할을 한다.

수동 변속기

자동 변속기

최근 많이 사용하는 자동변속기는 엔진동력을 직접 변속기에 전하는 수동변속기와 달리 토크컨버터(크랭크축에서 일어나는 회전력을 변환해 동력을 전달하는 장치)의 유압에 의해 변속이 일어나는 원리를 채용하고 있다. 이러한 자동변속기는 자동변속기오일이 반응하는 시간이 필요하므로 가속페달을 밟아 큰 동력을 발생시켜도 수동변속기보다 반응속도가 조금 느리다. 또한 엔진출력이 오일의 압력(유압)을 올리는데 100% 사용되지 못하고 오일 온도로 일부 빼앗긴다. 따라서 연비 면에서 자동변속기 차량보다 수동변속기 차량이 더 유리하다.

바퀴에 의한 구동력과 브레이크에 의한 제동력

변속기의 변속비에 의해 결정된 구동력은 구동축 양 끝단에 위치한 바퀴(타이어)로부터 노면에 전달되어 자동차를 움직인다. 구동력이 어느 바퀴에 전달되느냐에 따라 자동차는 전륜 구동식 자동차(FF: Front engine Front drive), 후륜 구동식 자동차(FR: Front engine Rear drive), 4륜 구동(4WD: 4wheel drive) 등으로 나눌 수 있다. 전륜 구동식 자동차는 엔진의 힘이 앞바퀴에 전달되어 구동하는 형식이고, 후륜 구동식 자동차는 앞쪽 엔진의 힘이 뒷바퀴에 전달되어 구동하는 형식이다. 험한 산도 달리는 4륜 구동은 엔진의 힘이 네 개의 바퀴 모두에 전달되는 방식이다.

바퀴의 구동 못지않게 중요한 것은 운전자가 원할 때 감속하거나 움직임을 멈추게 하는 제동장치인 브레이크이다. 브레이크는 발로 조작하는 풋 브레이크와 손으로 조작하는 핸드 브레이크가 있다. 주로 주차할 때 많이 사용하는 핸드 브레이크는 보통 뒷바퀴 쪽에 케이블로 연결된다. 운전석 옆의 손잡이를 당기면 뒷바퀴에 있는 라이닝과 브레이크 드럼이 서로 밀착돼 바퀴를 멈추게 한다. 풋 브레이크는 브레이크 오일의

■ 바퀴의 구동

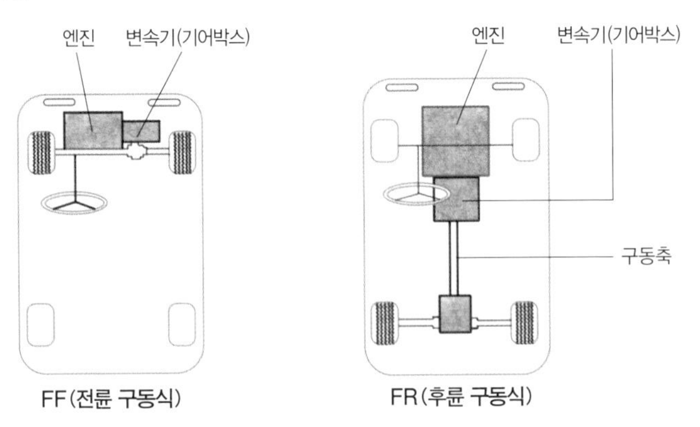

압력으로 작동된다. 브레이크 페달을 밟으면 브레이크 오일의 유압이 모든 바퀴에 동시에 전달돼 바퀴가 멈춘다. 브레이크 형태는 주로 앞바퀴에 사용되는 원판 모양 디스크타입과 뒤쪽에 주로 사용하는 원통형 모양의 드럼식으로 구분된다. 흔히 '브레이크가 밀린다'고 하는 상황은 브레이크 드럼과 라이닝 간극이 멀어 멈출 때까지의 제동거리가 길어졌을 때를 말한다.

환경까지 생각하는 미래의 자동차

미래의 자동차는 고갈되는 석유를 대체하는 동시에 친환경적으로 개발되고 있다. 전기와 가솔린을 같이 사용하는 하이브리드 자동차는 이미 상용화 되었다. 전기만으로 달리는 전기자동차와 물을 분해하여 얻는 수소를 연료로 달리는 수소자동차는 개발 중에 있다. 전기자동차는 배출가스가 없어 대기 오염을 일으키지 않는 완전 무공해라는 점에서 각광을 받고 있다. 그러나 필요한 전기를 만드는 과정인 화력발전이나 수력발전 등이 친환경적이지 못하다는 한계가 있다. 그런 면에서 수소도 물을 분해하여 얻으므로 석유에 대한 대체에너지라 하지만, 역시 물의 분해에는 전기분해를 많이 사용하므로 완전한 대체에너지라고 볼 수는 없다.

차체의 지붕에 태양전지판을 설치한 태양광 콘셉트카. 사진은 토요타 프리우스 모델.

그렇기 때문에 현재 과학자

들은 전기분해가 아닌 지구 상에 풍부한 햇빛을 사용한 광촉매로 인한 분해를 연구 중에 있다. 물과 햇빛만으로 가는 수소자동차는 완벽하게 친환경적인 대체에너지를 이용한 자동차라 볼 수 있다. 그러나 수소자동차 개발을 위해서는 수소의 폭발력 때문에 수소 연료의 저장과 수송의 위험성 문제를 먼저 해결해야 한다.

이러한 측면에서 아마도 미래의 자동차는 태양열을 이용한 태양전지 자동차로 가야 하지 않을까 생각해본다. 물론 태양전지판의 집광능력이 아직은 떨어져 자동차의 출력을 내기 위해서는 엄청 많은 태양전지판을 설치해야 한다. 또한 태양전지가 비싸기 때문에 자동차 생산비용이 높아지는 문제가 있다. 태양열 자동차가 현실적으로 실용화하기 위해서는 우선 태양전지와 충전하는 화학 배터리 기술이 더 발달되어야 한다.

- 《첨단 기기들은 어떻게 작동되는가?》, 사이언티픽아메리카, 서울문화사, 2001
- 《What's 자동차 속이 보인다》, 골든벨 편집부, 골든벨, 2010

SECRET▪37

작은 힘으로 물체를 결합하는 나사의 비밀

길 위에 여기저기 굴러다니는 것 중 흔히 볼 수 있는 것이 나사이다. 이렇듯 나사는 흔해 빠진 쓸모없는 물건일까? 그래서 문득 이런 상상을 해 봤다. 어느 날 갑자기 나사가 전부 사라진다면 어떤 일이 벌어질까? 집안에 있는 가구나 전기제품이 모조리 후루룩 분해되고, 달리던 자동차도 부품 별로 해체되어 여기저기 흩어져 버릴 것이다. 이처럼 우리 주변에 있는 많은 물건과 구조물 들은 나사의 도움으로 결합되거나 지탱되고 있다. 나사는 물체와 물체를 쉽게 결합하기 위해 사용되거나, 기름을 짤 때 쓰는 압착기나 공장에서 사용하는 기계에 큰 힘을 전달하기 위해 사용되기도 한다.

서로 맞물리는 볼트와 너트

나사란 원통 모양에 한쪽 방향으로 계속 회전하는 홈을 파 놓은 것이

■ 나사의 구조와 명칭

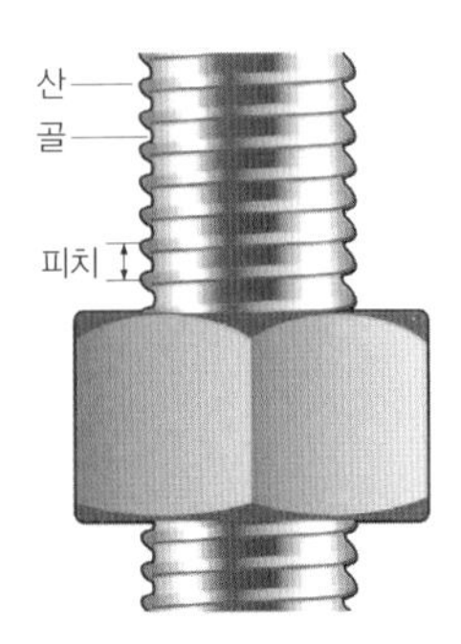

다. 원통에 홈을 팔 때 원통 바깥쪽으로 홈을 판 것을 '수나사' 또는 '볼트(bolt)'라 하고, 원통의 안쪽으로 홈을 판 것을 '암나사' 또는 '너트(nut)'라고 한다. 주변에서 흔히 볼 수 있는 수나사와 암나사의 모양은 페트병 주둥이와 뚜껑이다.

나사는 매끈한 못과는 달리 바깥으로 나오고 안으로 들어간 부분, 즉 요철이 있다. 바깥으로 튀어나온 곳을 '산', 안으로 들어간 곳을 '골'이라 한다. '피치(pitch)'는 나사의 축방향으로 산과 산(골과 골) 사이 거리를 나타내며 지름의 크기와 함께 나사의 규격을 표시한다. 피치가 작을수록 나사선(나선) 간격은 촘촘하고 결합력이 강해진다.

작은 힘으로 물체를 결합할 수 있는 비밀은 빗면의 원리

종이를 직각삼각형으로 잘라서 양초, 연필과 같은 원기둥에 오른쪽 〈빗면을 이용한 나사의 원리〉 그림처럼 감아보면 삼각형의 빗면이 나선을 그리는 것을 볼 수 있다. 빗면을 사용하면 작은 힘으로도 일을 할 수 있다. 높은 산을 올라갈 때 완만한 경사를 따라 걸어가는 것이 가파른 길을 걸어갈 때보다 힘이 훨씬 적게 드는 원리와 같다. 만약, 무게 W인 물체를 직접 위로 들어 올린다면 중력을 이겨내야 하므로 최소한 물체의 무게와 같은 힘 W가 필요하다. 하지만 빗면의 원리*를 이용하면 원하는 높이까지 끌어올리는 힘(F)=W$\sin\theta$이므로 무게보다 작아지게 된다(마찰력은 없다고 가정, $\sin\theta$는 -1부터 1까지의 값을 가짐). 이와 같이 빗면을 이용하면 빗면 방향으로 끌어당기는 힘은 줄일 수 있지만 직접 위로 들어 올릴 때보다 실제 움직이는 거리가 길어진다. 그래서 나사를 이용하면 나사선을 따라 길게 움직여야 하지만 작은 힘으로 물체를 결합할 수 있게 되는 것이다. 만약 빗면의 경사각(θ)이 더 작아지면 기준 높이에 대한 빗면의 길이가 길어지기 때문에 나사의 피치가 더 커지고(나사선 간격이 촘촘해지고) $\sin\theta$의 값은 감소하므로, 나사를 사용하는 데 드는 힘은 더 줄어들게 된다.

빗면의 원리
빗면을 이용하면 너무 무거워서 직접 위로 이동시키기 힘든 물체를 작은 힘으로 원하는 높이까지 이동하게 할 수 있다. 빗면으로 끌어올리는 힘은 물체의 무게(중력의 크기)가 빗면방향과 빗면을 누르는 방향으로 분산되기 때문에 감소한다. 하지만 이동 거리는 직접 들어 올리는 높이보다 길어진다. 빗면의 경사각이 작을수록 끌어올리는 힘은 감소하지만 이동 거리는 상대적으로 증가하는 특징이 있다.

나사는 산과 골의 모양에 따라 역할이 다르다. 나사 산과 골의 모양은 삼각형, 사각형, 사다리꼴, 둥근 모양 등으로 다양하다. 삼각형 모양은 주로 물체를 결합하는 데 사용하고, 사각형이나 사다리꼴은 큰 힘을 전달하는 프레스, 잭, 바이스 등과 같은 기계에 사용한다. 전구와 소켓처럼 먼지

■ 빗면을 이용한 나사의 원리

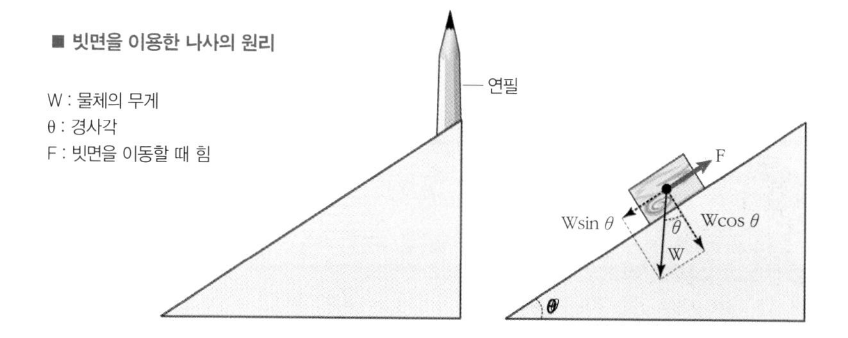

나 모래가 들어가기 쉬운 곳은 둥근 모양의 나사산을 사용한다. 또한 나사는 들어가는 회전 방향에 따라 오른나사와 왼나사로 분류되기도 한다.

나사가 보편화되기까지

나사가 처음 만들어진 시기는 정확하지 않지만 기원전으로 거슬러 올라가야 할 만큼 꽤 오래 전이다. 기원전 3세기경 아르키메데스Archimedes, BC 287~212가 배에 고인 물을 퍼 올리기 위해 나선 모양의 펌프를 만들었다는 기록은 꽤 유명하다. 흔히 나사라고 하면 물체의 결합을 생각하기 쉽지만 이 도구는 물을 쉽게 퍼 올리기 위해 나사의 원리를 이용한 장치라고 할 수 있다. 나사는 레오나르도 다빈치Leonardo da Vinci, 1452~1529의 하늘을 나는 기계, 중세 기사의 갑옷 부품, 옷감이나 종이를 압착하는 기계 등의 기록에서 보듯이 꾸준히 사용되어 왔다. 하지만 통일되지 않은 나사의 규격과 나사산 모양 때문에 널리 사용되는 데는 아주 오랜 시간이 걸렸고 대형 사고도 있었다. 예를 들면, 1990년 초 미국 볼티모어의 한 호텔에서 발생한 작은 불이 대형 화재로 이어진 적이 있었는데, 화재가 확대된 이유는 소방전과 소방호스 연결 부위의 나사 규격이 맞지 않아 물을 공급할 수 없었기 때문이었다. 또한 2차 세계대전 당시 고장이 난 미 폭격기를 최고의 기술과 장비를 자랑하는 영국으로 보냈으나 수리에 실패했다. 그 이유 또한 영국과 미국에서 사용하는 나사 규격이 서로 달랐기 때문이었다.

나사의 기원이 된 아르키메데스의 나선형 펌프

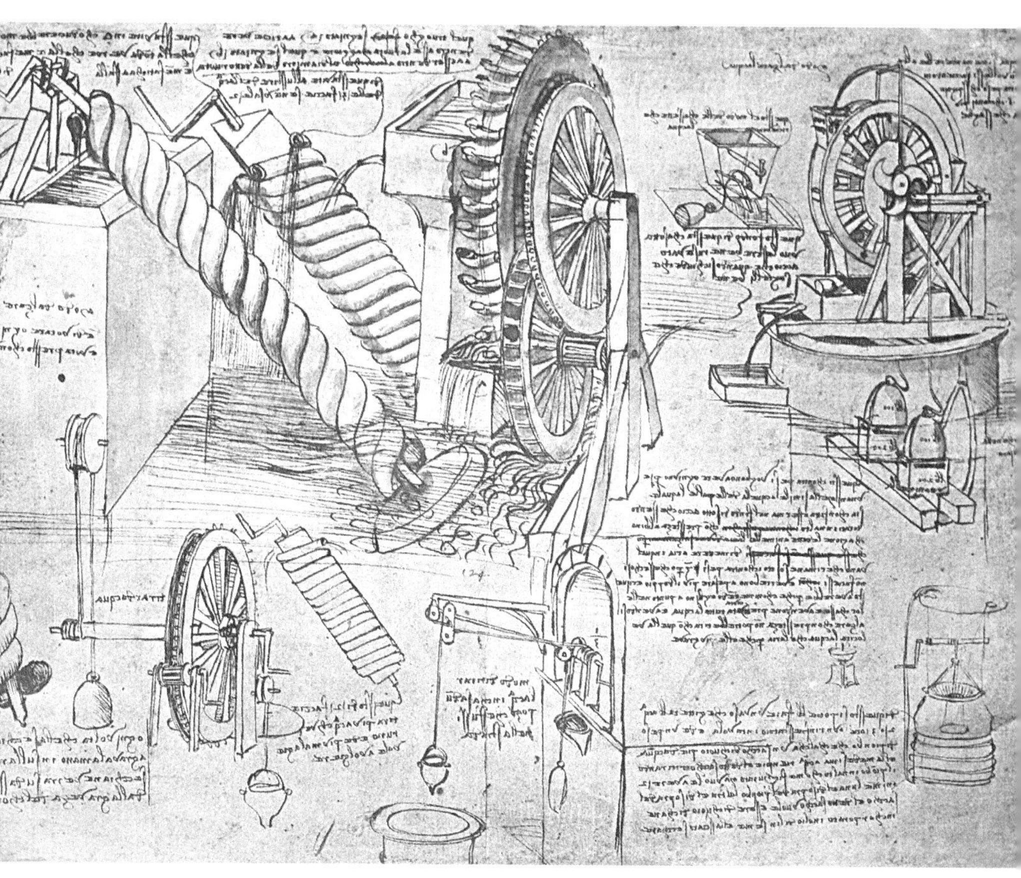

레오나르도 다빈치가 남긴 스케치에는 아르키메데스의 나선형 펌프 원리에 착안한 것으로 추측되는 다양한 나선형 원리의 기계가 등장한다. 다빈치가 고안한 하늘을 나는 기계의 날개도 지금의 헬리콥터와 흡사한 나선형 구조를 하고 있다.

SECRET ▪ 38

무거운 물체를 쉽게 들어 올리는 방법

도르래의 비밀

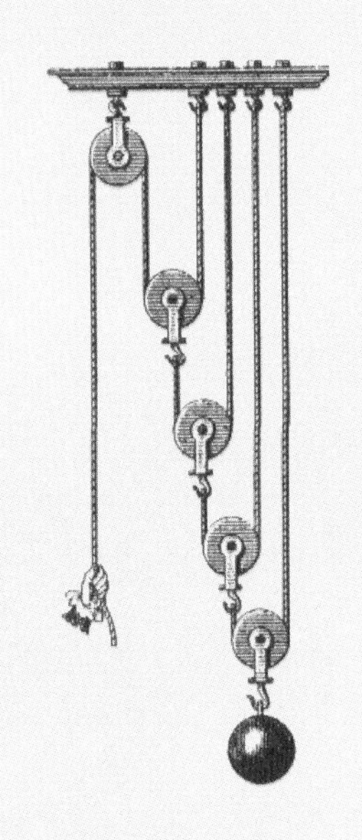

사람이 들어 올릴 수 있는 물체 무게의 한계는 얼마나 될까? 2008년 베이징 올림픽에서 장미란 선수는 여자 75kg급 역도 부문에서 인상 140kg, 용상 186kg을 들어 올려 세계 신기록을 세우며 금메달을 땄다. 중력에 대항하여 사람이 들어 올릴 수 있는 물체 무게의 극한에 도전하는 스포츠인 역도 기록을 보면, 아무리 무거운 바벨을 들어 올리는 선수라고 해도 들어 올릴 수 있는 바벨의 무게는 자기 몸무게의 약 세 배를 넘기가 힘들다고 한다.

1인당 240kg의 돌을 들어 올려 쌓은 화성의 비밀

하지만 세계문화유산으로 등재된 수원 화성에 가보면 크고 무거운 돌로 쌓은 성곽을 볼 수 있다. 매우 무거운 돌 하나하나를 사람이 어떻게 쌓았을까? 이 궁금증은 축성 과정을 기록한《화성성역의궤(華城城役儀軌)》

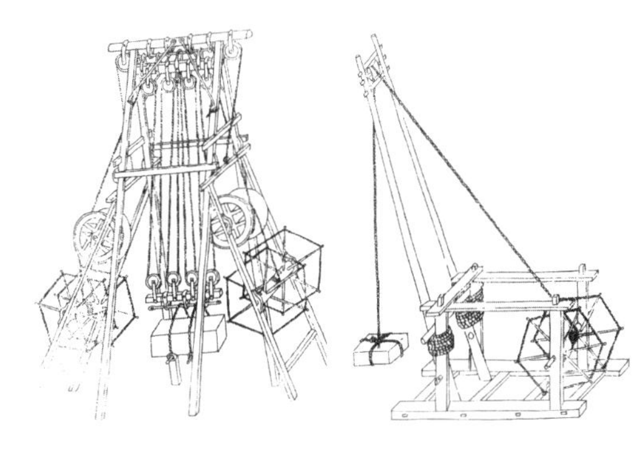

《화성성역의궤》 속 거중기와 녹로의 모습. 녹로는 고정도르래를 이용하여 힘의 방향을 바꿔 무거운 물건을 높은 곳으로 운반할 때 사용한 도구로 지금의 크레인과 같은 역할을 했다.

를 보면 알 수 있다. 이 기록에 의하면 "성곽에 사용한 돌은 약 18만 개이며…… 거중기를 이용하여 1만 2천 근의 큰 돌을 불과 30명의 장정이 움직여 한 사람당 넉넉히 400근을 감당할 수 있었다"라고 쓰여 있다. 1근을 600g이라고 한다면 7200kg의 돌을 1인당 240kg씩 나누어 든 셈이다. 만약 사람이 역도선수처럼 직접 이 무게를 감당한다면 도저히 들어 올릴 수 없었을 것이다. 그러나 조선 후기 실학자 정약용1762~1836이 제작한 거중기를 사용하였기 때문에 실제로는 8분의 1의 힘만 들이고도 작업이 가능했다. 거중기는 도르래의 원리를 이용하여 만든 도구이다. 네 개의 고정도르래와 네 개의 움직도르래 그리고 녹로가 응용된 도구로 무거운 물체를 손쉽게 들어 올림과 동시에 무게 중심을 잘 잡을 수 있도록 고안되었다고 한다.

힘의 방향만 바꾸는 고정도르래

도르래는 둥근 바퀴에 튼튼한 줄을 미끄러지지 않도록 감아 무거운 물체를 들어 올리는 데 사용하는 도구이다. 도르래는 지레와 함께 고대 그리스나 로마에서도 사용했다는 기록이 남아 있다. 가장 기본이 되는 도

■ 고정도르래

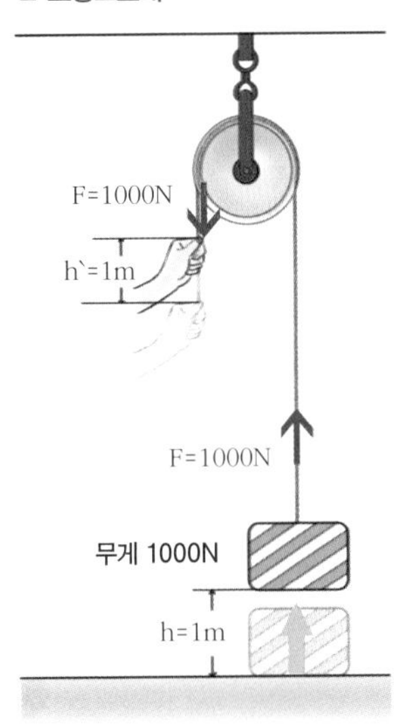

물체의 무게만 고려한다.

르래는 고정도르래와 움직도르래이다.

고정도르래는 줄을 감은 바퀴의 중심축이 고정되어 있다. 힘의 이득을 볼 수는 없지만 힘의 작용방향을 바꿀 수 있는 장점이 있다. 고정도르래를 사용할 때는 왼쪽 〈고정도르래〉 그림처럼 줄의 한쪽에 물체를 걸고 다른 쪽 줄을 잡아 당겨 물체를 원하는 높이까지 움직인다. 힘의 이득을 볼 수 없는 이유는 다음과 같다.

예를 들어 무게 1000N인 물체를 직접 들어 올리려면 무게를 이길 수 있는 최소한의 힘 1000N이 필요하다. 고정도르래를 이용해 이 물체를 원하는 높이까지 들어 올리려면 그림과 같이 장치한다. 그림에서 보는 것처럼 물체를 들어 올리는 힘은 줄 하나가 지탱하고 있다. 따라서 직접 들어 올리는 것처럼 힘의 이득은 없으며 단지 고정도르래로 인해 줄을 당기는 힘의 방향만 바뀐다.

하지만 팔을 올리는 것보다 내리는 것이 더 편하듯이, 물체를 높은 곳으로 직접 들어올리기 보다는 줄을 아래로 잡아당김으로써 물체를 올리는 방법이 훨씬 편하며 방향을 원하는 대로 바꿀 수 있게 된다. 또한 물체를 1m 들어올리기 위해 잡아당기는 줄의 길이도 1m면 된다.

힘의 이득이 없다는 이 상황은 이상적인 경우이다. 실제로 작용하는 힘은 무게와 약간 차이가 난다. 왜냐하면 도르래의 무게, 도르래의 회전, 줄의 무게, 도르래의 마찰력이 작용하기 때문이다.

이 고정도르래는 국기게양대, 엘리베이터, 블라인드 등에 사용되고 있다.

힘의 이득을 보는 움직도르래

힘의 이득을 보기 위해서는 움직도르래를 사용해야 한다. 아래 그림과 같이 움직도르래는 도르래 축에 직접 물체를 지탱하기 때문에 줄을 당기면 물체와 함께 도르래 축의 위치도 움직인다. 움직도르래를 사용하려면 도르래에 줄을 감고 물체를 들어 올린다. 이때 물체를 지탱하는 줄은 두 가닥이 된다. 물체의 무게만 고려했을 때 두 줄의 합력이 물체의 무게를 지탱하는 힘과 같으므로, 나란한 각 줄에 걸리는 힘은 물체 무게의 2분의 1이 된다. 즉 물체의 무게는 각 줄에 분산되어 두 사람이 각각의 줄을 잡고 동시에 들어 올리는 효과가 난다. 따라서 움직도르래 한 개를 사용하면 물체 무게의 2분의 1의 힘으로 물체를 움직일 수 있게 되는 것이다.

하지만 물체를 1m 들어올리기 위해 당겨야 하는 줄의 길이는 물체가 올라가는 높이의 두 배인 2m이다. 왜냐하면 물체가 1m 올라갈 때 물체를 지탱하는 두 줄도 동시에 1m씩 움직여야 하는데, 줄을 당기는 쪽으로 줄이 감기게 되기 때문이다. 그래서 움직도르래를 이용하여 물체를 들어 올리는 일을 하면 실제로 줄은 물체가 움직여야 하는 높이의 두 배가 필요하게 된다.

■ 움직도르래

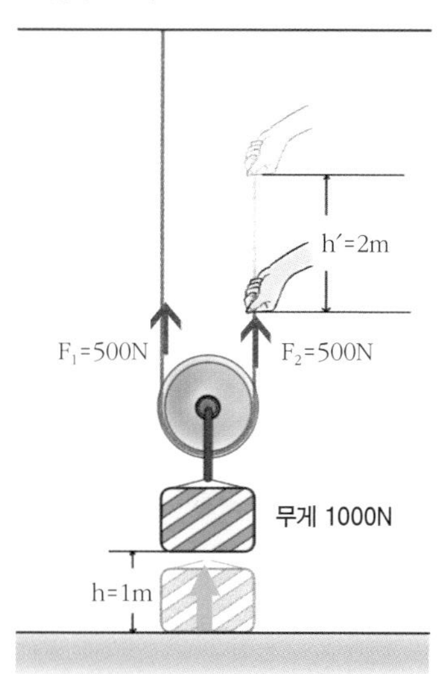

물체의 무게만 고려한다.

만약, 물체를 움직이는 힘을 더 줄여 힘의 이득을 보고 싶으면 움직도르래의 개수를 증가시키고 움직도르래의 연결법을 다양하게 변화시키면 된다.

이러한 움직도르래는 높은 빌딩을 짓기 위해 무거운 건축자재를 들어 올리거나 바닷속에 침몰한 배를 인양하는 크레인에 고정도르래와 함께 사용되고 있다.

힘의 이득을 보면서 힘의 방향도 바꿀 수 있는 복합도르래

움직도르래와 고정도르래를 함께 사용하면 힘의 이득과 더불어 힘의 방향도 바꿀 수 있는데, 이를 복합도르래라고 한다. 또는 축바퀴처럼 같은 중심축에 크기가 다른 도르래를 여러 개 연결한 복합도르래를 차동도르래라고 한다. 차동도르래는 체인호이스트(체인을 이용하여 무거운 물건을 들어 올리는 장치)에 응용되고 있다.

여러 개의 도르래를 연결한 복합도르래를 이용하여 물체를 들어 올릴 때 힘의 변화를 비교해 보면 오른쪽 그림과 같다. 같은 개수의 움직도르래를 사용해도 연결하는 방식에 따라 힘의 효과는 달라진다. ①, ②와 같은 연결방식이 ③, ④와 같은 연결방식보다 힘의 효과는 더 크다. 왜냐하면 ①, ②는 각 도르래에 걸리는 힘이 무게의 $(1/2)^{n=\text{움직도르래의 개수}}$로 감소하지만 ③, ④는 물체를 지탱하는 전체 줄의 수만큼 힘이

■ 복합도르래

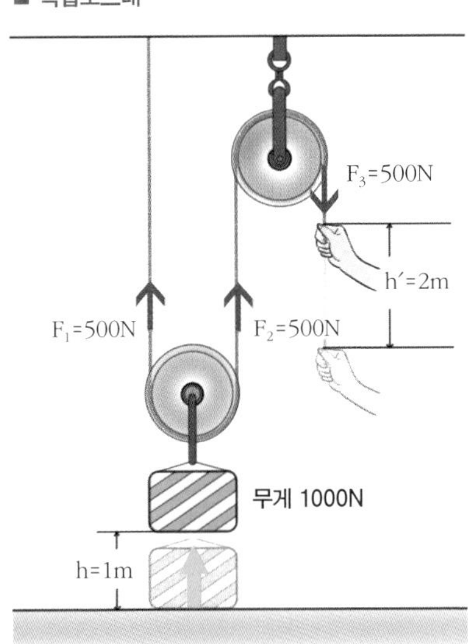

물체의 무게만 고려한다.

■ 복합도르래를 이용해 물체를 들어 올릴 때 힘의 변화

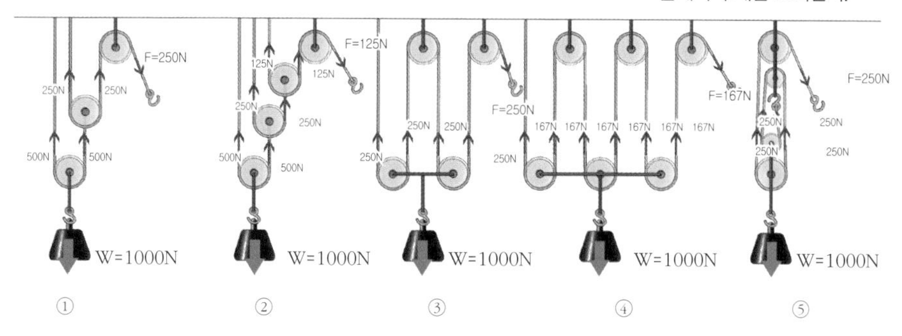

줄어들기 때문이다. ③과 같은 연결방법은 ⑤와 같이 변형할 수 있다. 이처럼 복합도르래는 균형과 힘의 효과를 고려하여 적절한 응용이 가능하다. 화성 축성에 사용된 거중기는 ④와 같은 방법을 응용하였다.

위대한 건축물과 같은 세계적인 문화유산이나 타워크레인과 같은 기계는 이러한 도르래의 원리를 적절히 응용한 결과물이다. 도구를 사용하는 인간은 자신의 한계를 극복하고 지속적으로 중력에 반하면서 더욱 거대한 건축물과 편한 도구를 개발하기 위해 끊임없이 경쟁해 나간다. 그러나 결국 가장 기본이 되는 원리는 서로 공유하고 있음을 도르래를 통해 알 수 있다.

SECRET▪39

무선으로 사물을 연결하는 블루투스의 비밀

살다보면 이유 없이 축 처지고 우울하고 의욕마저 방전될 때가 있다. 아무 이유 없이 찾아오는 무력감이기에 하소연 할 곳도 없다. 복잡한 현실에서 벗어나고 싶어 조용히 눈을 감아 보지만 주변의 소음이 내버려두지 않는다. 가방에서 이어폰을 꺼내 스마트폰에 연결한 다음 스트리밍 음원 앱에서 노래 한곡을 고른다. 잠시라도 날 좀 그냥 내버려 두라고 세상에 하소연이라도 하고 싶은 마음에 선곡한 노래는 비틀스의 'Let It Be'.

그런데, 음악 소리가 들리지 않는다. 왜? 꼬일 대로 꼬인 이어폰 선이 하필 오늘따라 접촉불량! 결국 함께 꼬인 내 마음은 더욱 꽁꽁 얼어붙고……

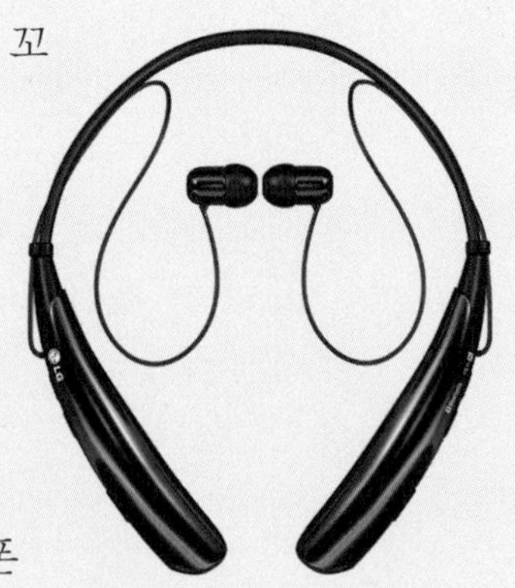

누구나 한번쯤 심하게 꼬인 이어폰 줄을 푸느라 고생한 경험이 있을 것이다. 운이 없으면 똬리를 틀며 꺾인 이어폰

줄이 속에서 끊어져 아예 못쓰게 되는 경우도 있다. 어디 그뿐이랴. 이어폰 줄은 뜻하지 않게 어처구니없는 인연(!)을 초래하기도 한다. 만원 지하철 안에서 이어폰 줄이 옆 사람 가방고리나 셔츠 단추에 걸려 내려야 할 역에 내리지 못하는 웃지 못할 해프닝까지 벌어진다.

헤럴드 '블루투스' 곰슨 왕의 초상화

이어폰의 이런 만행(!)을 해소해준 이는 뜻밖에도 스칸디나비아 반도 출신의 왕이다. 정말일까? 물론 사실이 아니다. 그런데 왜 그런 허무맹랑한 말을 하냐고? 무선 헤드폰 블루투스를 소개하기 위해서다.

푸른 이빨의 비밀

블루투스? 혹시 푸른 이빨(blue tooth)? 그렇다.

휴대폰, 노트북, 이어폰 등의 휴대기기를 서로 연결해 정보를 교환할 수 있게 하는 무선 기술 표준을 뜻하는 블루투스는 10세기경 스칸디나비아 반도를 통일했던 왕 헤럴드 '블루투스' 곰슨Harald 'Bluetooth' Gormsson, 910~985의 이름에서 유래했다. 여기에는 그가 스칸디나비아 반도 주변 국가들을 통일한 것처럼 서로 다른 통신 장치들을 하나의 무선통신 규격으로 통일한다는 뜻이 담겨 있다. 푸른 이빨을 뜻하는 '블루투스'는 그의 별명인데, 전투 중 치아를 다쳐 파란색 의치를 해 넣었기 때문이라는 주장도 있고, 블루베리를 워낙 좋아해 항상 치아가 푸르게 물들어 있었기 때문이라는

주장도 있다.

그런 이유로 근거리 무선 통신 블루투스의 로고는 스칸디나비아 전통문자인 룬문자를 합성한 것으로 되어 있다. 헤럴드 블루투스를 스칸디나비아식으로 읽으면 하랄드 블로챈(Harald BlAtand)이 된다. 이니셜인 'H'와 'B'를 따서 블루투스의 로고를 만든 것인데, 'H'는 룬문자로 ᚼ이고, 'B'는 ᛒ인데, 이 두 개를 포개놓으면 블루투스 로고 모양이 된다.

master와 slave의 교감 원리

인간은 사회적 동물이다. 만남을 통해 관계를 맺고 이것이 발전해 단체나 집단을 이루고 사회를 형성한다. 그런데 사람을 만나다 보면 서로 마음이 맞는 사람도 있고 서로 생각이 다른 사람도 있다. 마음이 편한 사람은 계속 만나면서 생각을 공유하고 대화하며, 경우에 따라서는 심장의 떨림 같은 감정도 느낀다(이러한 떨림은 이성 간에 느끼는 경우가 일반적이다). 그런데, 이런 떨림 현상은 물체에서도 일어난다. 물체는 고유진동수를 지니고 있는데, 고유진동수와 같은 진동수를 물체에 작용하면 물체도 떨림 현상이 일어난다. 이것을 '공명'이라고 한다. 공명할 때의 주파수를 공진주파수라고 한다.

데이터를 무선으로 전송시키는 원리를 예를 들어 보자. 만약 송신부에서 2402MHz의 진동수를 보내면 안테나 역할을 하는 수신부에서 2402MHz의 진동수를 받을 수 있도록 장치해두면 수신부에서 소리를 들을 수 있다. 블루투스의 무선 전송 원리는 바로 이 공진주파수에서 착안한 것이다.

블루투스의 무선 전송 시스템은 ISM(Industrial Scientific and Medical) 주파수 대역인 2400~2483.5MHz를 사용한다. ISM이란 산업, 과학, 의료용으로 할당된 주파수 대역으로, 전파 사용에 대해 허가를 받을 필요가 없는 저전력의 전파를 발산하는 개인 무선기기에 주로 쓰인다.

블루투스 시스템에 할당 받은 주파수 중 '위아래' 경계면에 있는 주파수는 '위아래' 주파수를 쓰는 다른 기기들과 간섭이 일어나 통신장애를 일으킨다. 이러한 간섭을 막기 위해 주파수의 범위를 조절해야 한다. 그래서 2400MHz 이후 2MHz, 2483.5MHz 이전 3.5MHz까지의 범위를 제외한 2402~2480MHz, 총 79개 채널을 쓴다.

한편, 여러 시스템과 같은 주파수 대역을 이용하기 때문에 시스템 간 전파 간섭이 생길 수 있는데, 이를 예방하기 위해 '주파수 도약(Frequency Hopping)' 방식을 취한다. '주파수 도약'이란 많은 수의 채널을 특정 패턴에 따라 빠르게 이동하며 데이터를 조금씩 전송하는 기술이다. 블루투스는 할당된 79개 채널을 1초당 1,600번 도약(호핑)한다. 이처럼 주파수 대역을 나누기 때문에 데이터 전송을 여러 주파수에 걸쳐서 분할해 보낼

■ 주파수 도약 방식

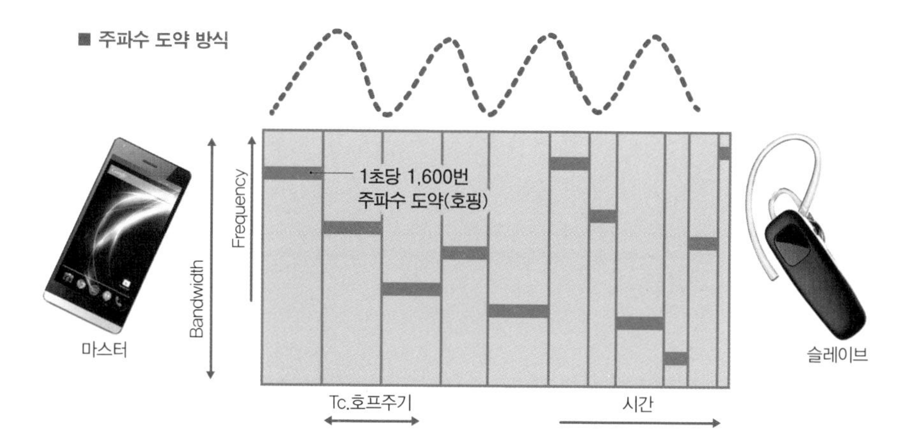

수 있는 것이다.

블루투스는 스마트폰과 무선 이어폰 등의 기기를 마스터(master)와 슬레이브(slave) 원리로 연결한다. 즉, 블루투스를 지원하는 스마트폰과 블루투스 이어폰을 연결하는 경우, 스마트폰이 마스터, 이어폰이 슬레이브가 된다. 마치 스마트폰이 주인(master)이 되어 이어폰을 하인(slave) 다루듯이 작동하는 것이다. 이어폰 전원을 켜고 스마트폰의 블루투스를 활성화하면 이내 주변의 모든 블루투스 기기를 탐색한다. 그중에서 연결을 원하는 이어폰 모델을 선택하면 즉시 연결(페어링: pairing, 두 기기를 한 쌍으로 묶는다는 의미)되는 것이다.

블루투스의 진화는 어디까지?

1994년 세계적인 통신기기 제조회사인 스웨덴의 에릭슨은 휴대폰과 그 주변장치를 연결하는 무선 솔루션을 고안해 케이블을 대체하기 위한 연구를 시작했다. 즉, 휴대폰과 주변기기 간에 소비전력은 적으면서 값싼 무선 인터페이스를 연구하기 시작한 것이다. 그후 에릭슨은 다른 휴대장치 제조사와 제휴를 추진했고, 마침내 1998년 2월 에릭슨을 주축으로 노키아, IBM, 도시바, 인텔 등 IT기업들로 구성된 '블루투스 SIG(Special Interest Group)'가 발족했다. 블루투스 SIG는 모토로라 · 마이크로소프트, 루슨트테크롤로지, 스리콤 등 다른 IT기업들을 참여시켜 전 세계적인 표준 규격으로 자리 잡았다.

초기 블루투스는 전송 속도가 느려 음악이나 동영상과 같은 대용량 데이터를 전송하는 것이 곤란했다. 하지만 비약적인 기술발전을 이뤄내면서 블루투스 최초의 버전인 1.0b을 시작으로, 키보드, 마우스, 이어폰, 헤드셋 등에 탑재되는 4.0 버전을 거쳐 5.0 버전으로 진화를 거듭하고 있다.

블루투스를 가장 성장시킨 산업으로는 자동차가 꼽힌다. 블루투스 핸즈프리 시스템은 전 세계 수천만 대의 자동차에 기본 사양으로 탑재되고 있다. 핸즈프리 시스템은 운전 중 휴대폰을 꺼낼 필요 없이 네비게이션에 내장된 마이크로 전화를 걸거나 받을 수 있는 장치다. 아울러 자동차의 오디오 시스템과 연결되어 별다른 조작 없이 운전 중에 원하는 뉴스나 음악을 편안하게 들을 수 있도록 하는 인포테인먼트(infotainment) 기능까지 제공해 준다. 또 오디오 시스템과 평면 디스플레이를 연결하면 운전 중에도 간단한 터치로 앱을 사용하여 날씨, 미세먼지 정도, 교통 혼잡 및 길찾기 등 다양한 정보를 탐색할 수 있다.

5.0 버전 시대에 들어선 블루투스는 웨어러블(wearable)과 스마트홈 등 사물인터넷(Internet of Thing) 산업에서 만개할 전망이다. '웨어러블'은 말 그대로 IT기기를 입는다는 의미다. 대표적인 것이 스마트워치와 스마트안경이다. 스마트워치는 단순한 시계의 기능을 넘어 스마트폰과 연결해 다양한 정보를 제공한다. 스마트안경 역시 가상현실 기능을 수행한다. 스마트아웃도어는 심박수, 체온 등 생체 관련 정보를 인식해 알려준다. 스마트홈 기술은 스마트폰을 통해 외출한 상태에서도 집 안의 냉·난방 기기와 가전용품을 통제할 수 있고, 또 TV 모니터를 CCTV처럼 보안용 장비로 활용할 수도 있다. 스마트홈 기술은 블루투스가 '근거리 무신통신'에서 '장거리 무선통신'으로 진화할 수 있음을 방증한다.

10세기경 블루투스 왕이 스칸디나비아 반도를 통일했던 것처럼, 21세기 '무신통신의 왕' 블루투스는 수많은 IT기기를 연결해 소통시킨다. 블루투스의 진화가 어떤 모습으로 계속될지 자못 궁금하다.

SECRET

여섯 번째 시크릿 스페이스

OFFICE

SECRET▪40

몸속에서 나는 소리를 증폭시켜 몸의 이상을 진단하는 청진기의 비밀

병원하면 가장 먼저 떠오르는 도구가 청진기와 주사기이다. 이 중에서 청진기는 몸속에서 나는 소리로 몸의 이상을 진단하는 의학도구이다. 청진기를 뜻하는 'stethoscope'는 그리스어로 'chest(가슴)'과 'examination(검사하다)'의 합성어이다. 의사들은 청진기로 심장 박동음(心音), 호흡 소리(肺音), 장의 소리(腸音) 및 혈관음(血管音) 등 인체에서 나는 여러 소리의 특성을 파악해 질병을 진단한다.

아이들의 타전놀이에서 힌트를 얻은 청진기

환자의 몸에서 나는 소리로 질병을 진단하는 청진기는 그리스 시대에 히포크라테스Hippocrates, BC 460~377가 자신의 귀를 환자의 몸에 대어 체내의 음을 직접 들은 데서 비롯되었다. 청진기는 1816년 라에네크Rene Laennec, 1781~1826가 처음 만들어 사용했는데, 그가 만든 청진기는 한쪽 귀로만 소리를 듣는 외귀형이었다. 그는 아이들이 긴 나무막대를 가지고 한쪽에서 다른 쪽으로 신호를 전달하는 타전놀이를 하는 것을 보고 청진기 발명의 힌트를 얻었다. 평소 여성환자의 가슴에 귀를 대기 난처했던 그에게 청진기는 매우 편리한 도구였다. 처음에 종이를 둘둘 말아 만든 통을 이용하였다가, 나중에 이것을 목제통으로 개량하여 사용하였다. 청진기에 대한 관심이 높아지면서 1851년 레아레드Arthur Leared, 1822~1879에 의해 오늘날처럼 두 귀를 통해 소리를 듣는 쌍귀형 청진기가 발명되었다.

르네 라에네크가 자신의 저서 《심장과 폐의 병을 귀로 들어 진단하는 방법》에 수록한 청진기 설계도의 모양과 흡사한 청진기를 분해한 모형

소리를 모으고 들려주는 청진기의 구조

일반적인 청진기는 다이아프램(diaphragm), 벨(bell), 연결관(tube), 바이누랄(binaural), 귀꽂이(ear tip)로 이루어져 있다. 다이아프램은 고음을, 벨은 저음을 듣는 데 사용된다. 진료 시 많이 사용되는 것은 다이아프램 부분이다.

청진기의 각 부분은 다음과 같은 역할을 한다.

- **다이아프램** : 평평한 플라스틱 떨림판이 있는 부분이다. 이곳을 통해 들을 수 있는 주파수 범위는 100Hz~1kHz로, 주로 폐음이나 장이 움직이는 소리이다.

• 벨 : 종처럼 움푹 패여 있어 벨이라고 불린다. 벨을 통해 들을 수 있는 주파수 범위는 20Hz~200Hz로, 심장 판막이 여닫는 소리나 혈류가 역류되거나 와류로 인해 발생하는 소리 등 비교적 낮은 소리이다. 진료 시 의사가 환자에게 숨을 멈추라고 요구하는 이유는 정확한 심장음을 듣기 위해서이다.
• 연결관 : 다이아프램과 벨의 집음판에 잡힌 음원을 귀에 전달하는 통로 역할을 한다. 튜브식 청진기는 구조적으로 높은 주파수 대역을 놓칠 수 있는데, 이를 피하기 위해 연결관을 짧게 하여 사용하기도 한다.
• 바이누랄 : 두 귀에 걸쳐지는 부분으로 연결관을 통해 올라온 소리를 귀꽂이로 전해준다. 보통 강화 알루미늄이나 스틸 혹은 구리를 사용해서 만드는데, 전자청진기가 나오면서 가격을 낮추기 위해 플라스틱으로 제작하기도 한다.
• 귀꽂이 : 귀에 들어가서 마지막으로 소리를 전달하는 부분이기 때문

■ 청진기의 구조

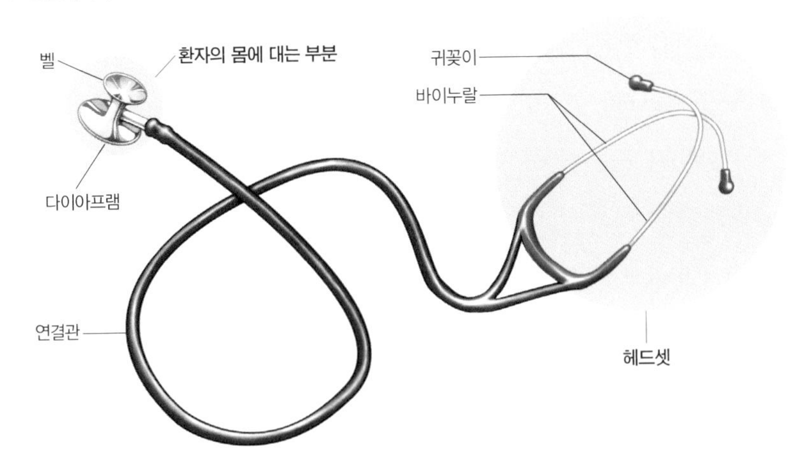

에 귓구멍에 잘 맞고 아프지 않아야 오래 착용할 수 있다. 신체에 접촉되는 부분이기 때문에 무해한 재질을 사용한다.

공기를 진동시켜 신체 내부 소리를 전달

청진기를 통한 진단은 다음의 두 과정이 중요하다. 즉, 작은 소리를 어떻게 들을 수 있는가와 들은 소리를 어떻게 판단하는가 하는 부분이다.

첫째, 심장이나 폐 혹은 장에서 나는 작은 소리는 집음 부위에서 모여 의사의 귀에 전달된다. 벨의 경우 낮은 주파수의 소리를 듣는 데 사용되고, 다이아프램의 경우 상대적으로 좀 더 큰 소리와 넓은 대역의 소리를 듣는 데 사용된다. 이 차이는 두 집음 부위의 구조에서 발생한다. 벨은 떨림판이 없어 몸에서 발생한 소리가 곧바로 공기를 진동시킴으로서 작은 소리를 들을 수 있다. 그런데 다이아프램은 피부의 진동이 일단 플라스틱으로 된 떨림판에 전달되고, 다시 떨림판의 떨림이 공기를 진동시켜야 한다. 그런데 아주 작은 소리는 떨림판 자체에서 흡수되어 더 이상 진동

■ 인체의 소리가 청진기를 통해 귀에 전달되는 과정

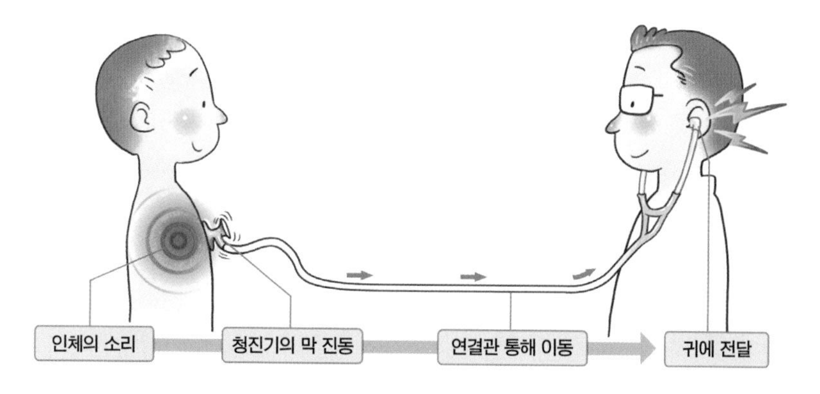

이 전달되지 않기 때문에 다이아프램으로는 일정 수준 이상의 진동이 있는 큰 소리만 들을 수 있다.

인체의 소리가 청진기를 통해 귀로 전달되는 과정은 앞서 살펴본 그림과 같다. 소리는 공기라는 매질을 통해 전달되는 파동으로, 파의 진행방향과 매질의 진동방향이 같은 종파*이다. 따라서 청진기 모형은 컵과 고무호스를 이용해도 쉽게 만들 수 있다.

둘째, 청진기를 통해 들려오는 소리의 정상 여부에 대한 판단은 의사의 경험에 의존한다. 의사는 청진음을 어떻게 구분할까? 심장병을 진단하는 방법은 여러 가지가 있는데, 우선 청진기로 심잡음이 있는지를 알아보는 것이 가장 기본이다. 심잡음이 발견되면 방사선 사진 촬영, 심전도와 심에코 등의 정밀 검사를 하게 된다. 그런데 일반 청진기를 사용해 심잡음을 정확하게 구분하기란 그리 쉬운 일이 아니다. 최근에는 IT 기술을 이용해 청진기와 컴퓨터를 무선으로 연동시켜 소리를 그래프로 나타내어 시각적으로 분석하기도 한다. 소리를 듣는 것이 아니라 보여준다니, 청진기의 이름도 바뀌어야 할 것 같다.

종파
용수철을 잡아당겼다가 놓으면 용수철의 길이 방향으로 촘촘한 상태와 성긴 상태가 생성된다. 이와 같이 파가 나아가는 방향과 매질의 진동방향이 나란한 파동이 바로 종파이다. 종파에는 음파 외에 지진파의 P파가 있다. 종파는 고체, 액체, 기체를 모두 다 통과할 수 있다.

1차 진료 도구로 향후에도 사라지지 않을 의료장비

의사들의 가장 기본 의료장비인 청진기는 환자들의 심장이나 폐 소리를 보다 크고 정확하게 듣기 위해 고안된 것이다. 따라서 소리를 보다 크고 정밀하게 들을 수 있는 모습으로 발달되었고, 앞으로도 그렇게 될 것으로 예측된다. 최근 들어 전자공학 기술의 발달에 따라 의공학 기술도 점차 디지털화되어 가고 있다.

전자청진기는 일반 청진기처럼 변이된 소리가 아닌 원음을 듣기 때문에 보다 정확한 진단이 가능하다. 따라서 음원에 더욱 가까이 가기 위해 일반 청진기의 머리를 가슴 깊이 대거나, 세게 눌러 환자에게 고통을 주는 일은 많이 없어지고 있다. 하지만 간편성, 경제성 그리고 청진기의 한계성으로 인해 병원에서 일반 청진기가 쉽게 사라지는 일은 없으리라 생각된다.

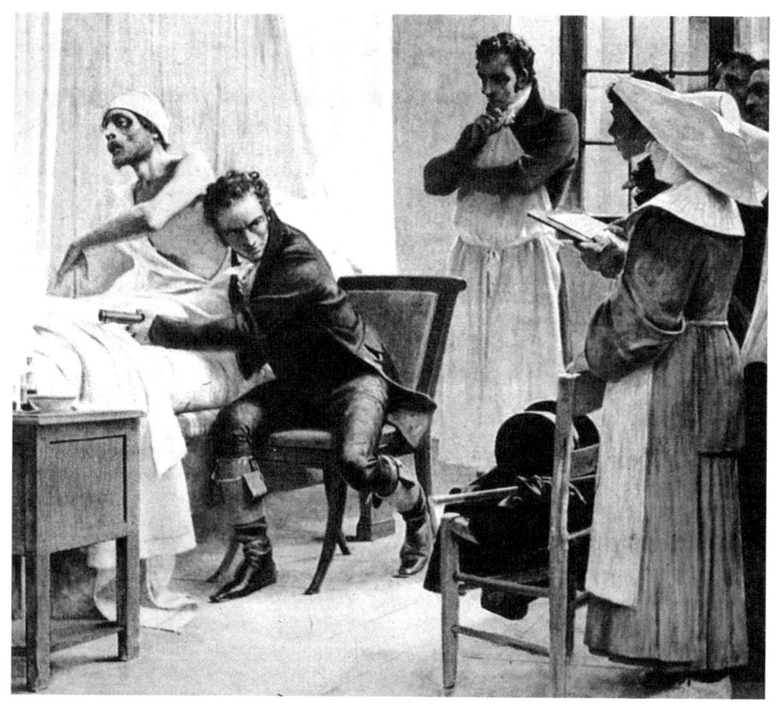

1816년 프랑스의 화가 테오발 샤르트랑은, 르네 라에네크가 자신이 만든 청진기로 환자를 진찰하는 모습을 그렸다.

SECRET • 41

느리게 켜지지만 더 환하게 더 오래 세상을 비추는 형광등의 비밀

"아~! 그거였어?" 누군가 대화 중에 훨씬 전에 했던 이야기를 그제야 이해하여 이렇게 소리칠 때 우리는 그 사람을 '형광등'에 비유하곤 한다. 이것은 형광등이 스위치를 누른 후 바로 켜지지 않고 조금 있다가 켜지는 모습을 빗대어 말하는 것이다. 오늘도 변함없이 사무실을 환하게 밝히는 형광등은 어떻게 빛을 내는 구조이기에 전원이 들어가고도 조금 있다가 켜지는 걸까?

전구를 대신할 수명 길고 효율 높은 조명기구의 탄생

형광등이 언제 만들어졌는지를 알아보기 위해서는 전구의 역사를 되짚어봐야 한다. 많은 사람들이 아는 것처럼 현재 실용화된 전구는 에디슨이 1879년 발명했다. 에디슨은 탄소 필라멘트를 사용하여 40시간 정도 빛을 내는 전구를 만들었다.

1808년 산업혁명이 한창일 때 화학자 험프리 데이비Humphry Davy, 1778~1829가 만든 2개의 탄소 전극 사이에서 방전을 일으켜 주위의 공기가 이온과 전자로 나누어지는 플라즈마* 상태의 아크방전*이 일어나는 아크등이 최초의 전구이다. 이 아크등은 실내에서 사용하기에는 무리가 있어 실용화되지 못했다.

1910년 쿨리지William David Coolidge, 1873~1975가 탄소 필라멘트의 잘 끊어지는 단점을 보완하여 텅스텐 필라멘트를 발명해, 전구는 더 밝고 수명도 길어지게 되었다. 요즘 사용하는 백열전구는 아르곤에 소량의 질소를 혼합한 가스를 넣어 텅스텐 필라멘트가 산화되어 끊어지는 현상을 막아 수명을 더 늘렸다(122쪽 '전구의 비밀' 참조).

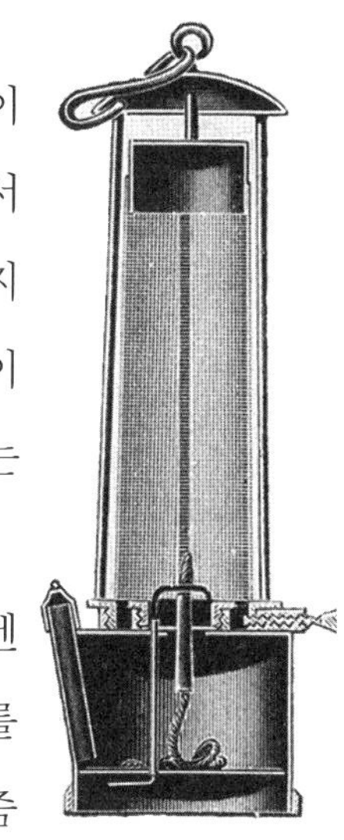

최초의 전구로 알려진 험프리 데이비가 만든 아크등 일러스트

이러한 백열전구에 비해 긴 수명, 높은 발광효율 등의 장점을 가진 현재의 형광등은 1938년 GE사의 인만G. Inman이 발명하여 특허를 내어 실용화한 것이다. 누가 만든 것을 형광등의 시초로 볼 것인지에 대해서는 의견이 분분하다. 1857년 프랑스의 물리학자 알렉산더 에드먼드 백퀴렐Alexandre E. Becquerel이 전기방전으로 빛을 낼 수 있다는 자신의 이론을 실험적으로 증명해 보인 후, 1901년 미국의 피터 쿠퍼 휴잇Peter Cooper Hewitt이 수

플라즈마(plasma)
기체가 초고온에서 음전하를 가진 전자와 양전하를 띠는 이온으로 분리되어 있는 상태를 말한다. 물질의 세 가지 형태인 고체, 액체, 기체와 더불어 '제4의 물질 상태'로 불린다. 전기적으로는 전자와 양이온의 수가 비슷하여 중성을 띤다.

아크방전(arc discharge)
두 개의 전극 사이에 고압의 전기를 연결시켰을 때 불꽃 방전이 일어나면서 전기가 통하는 현상이다. 이때 고열과 강한 빛이 발생한다. 두 전극 사이 전체 영역에서 방전이 일어나는 것이 두 전극의 일부분에서만 방전이 일어나는 코로나방전과 다른 점이다.

은 방전등을 만든 것을 지금의 형광등이라고 보는 경우도 있다. 그리고 1927년 에드먼드 저머Edmund Germer가 동료들과 함께 만든 시험적인 형광등을 시초로 보는 경우도 있다.

방전해서 빛을 내는 형광등의 구조

백열전구가 필라멘트에 전류가 흐를 때 발생하는 열을 이용한 것이라면, 형광등은 기체나 증기 중의 방전(대전체가 전하를 잃는 과정으로, 전자가 밖으로 튀어나가면 전류가 흐르게 된다)에 의해 발생하는 빛을 광원으로 이용한다는 점에서 발광원리가 다르다. 이를 위한 형광등의 구조는 다음과 같다.

일반적으로 형광등은 형광방전관, 안정기, 점등관, 콘덴서 등으로 구성되어 있다.

- **형광방전관** : 유리관 속의 공기를 빼고 아르곤가스와 수은 증기를 넣은 관으로, 안쪽 벽에는 형광물질이 발라져 있다. 이 형광물질에 따라 여러 가지 색을 낼 수 있는데 형광등 벽에 발라진 것이 규산아연이면 푸른색, 텅스텐산마그네슘이면 청백색, 규산아연과 망간이면 녹색, 붕산카드뮴이면 분홍색을 낸다. 이 형광방전관의 양끝에는 이중 코일로 된 텅스텐 필라멘트의 전극이 존재하며, 표면에 산화바륨과 산화스트론튬 등이 입혀져 있어 전자의 방출이 쉽게 일어나도록 되어 있다.
- **점등관(글로램프, 글로스타터)** : 유리관 내에 고정전극과 바이메탈*의

가동전극(고정되지 않은 전극)을 설치한 후 아르곤가스를 넣은 것이다. 전원이 연결되면 점등관에 전원전압이 직접 걸리게 되고, 점등관의 전극이 방전되며 바이메탈이 가열된다. 가열된 바이메탈이 고정전극 방향으로 휘어 고정전극에 접촉되면 형광등의 회로가 연결되어 형광방전관의 필라멘트에 전류가 흘러가게 된다. 가장 먼저 전류를 흘려주면 역할이 완료되므로 '스타터'라고도 불린다.

바이메탈(bimetal)
바이메탈은 열팽창률이 다른 두 금속을 접합시킨 것이다. 전구에 전류가 흘러 열이 생기면 바이메탈에 휘어짐의 차이가 생기고, 이 차이를 이용하여 스위치 역할을 하도록 만들 수 있다(82쪽 참조).

- **안정기** : 철심에 가는 구리선을 감은 코일이다. 점등관의 바이메탈이 전류를 끊는 순간 형광방전관의 방전에 필요한 높은 전압을 순간적으로 일으킨다. 방전을 개시한 뒤 전류를 안정적으로 계속 공급해주는 역할을 한다.

■ 형광등의 구조

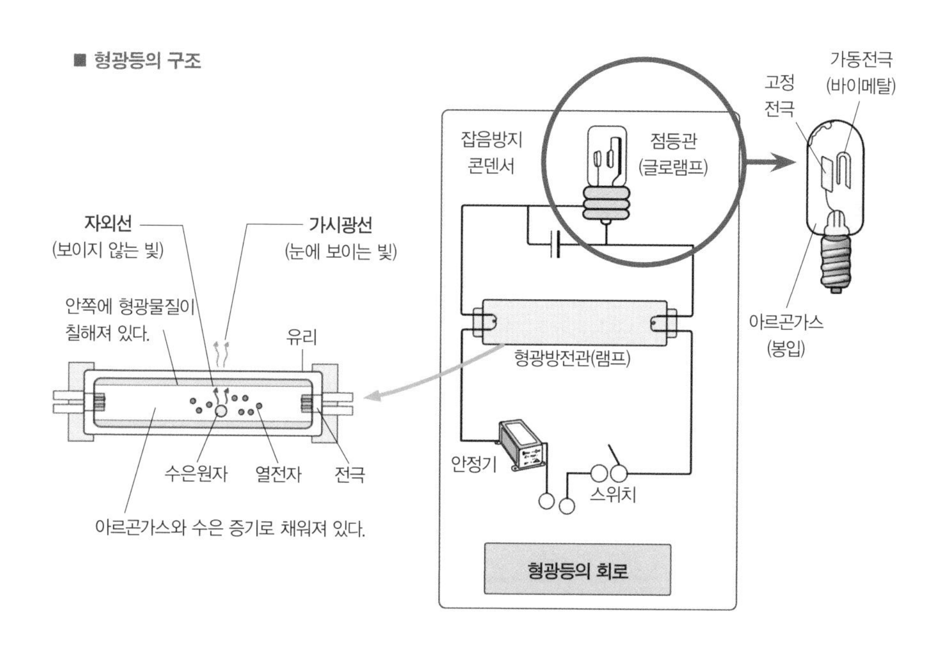

- 콘덴서 : 형광방전관이 방전을 준비하는 사이 점등관의 바이메탈이 냉각되면 고정전극에서 가동전극이 떨어져 전류를 차단한다. 이때 고주파 전류가 생성되어 잡음이 발생한다. 이 고주파 전류를 흡수하는 역할을 하는 것이 콘덴서이다.

형광등이 늦게 켜지는 이유는?

형광등은 진공으로 된 유리관 내에 소량의 수은 증기와 방전을 일으키기 쉽도록 아르곤가스가 들어있다. 유리관 양쪽에 걸려있던 전극에 전압이 걸리면 전자가 방출되어 수은원자와 충돌하여 자외선이 많이 포함된 빛을 발생시킨다. 자외선은 눈에 보이지 않기 때문에 형광등 유리관 속에 형광물질을 칠해 놓는다. 방전으로 발생한 빛은 형광물질을 통과하면서 가시광선의 빛 파장을 내고 백색광을 띠게 된다. 형광등이 켜지는 과정을 단계별로 살펴보면 다음과 같다.

1. 전원이 연결되면 점등관의 바이메탈에 의해 폐회로가 형성된다.
2. 회로가 연결되어 전류가 흐르면 형광방전관의 필라멘트가 달궈지고, 수은이 증기로 증발된다.
3. 안정기의 코일에 유도전류가 생겨 고전압이 발생하면, 달궈진 형광방전관의 필라멘트로부터 열전자(고체를 가열함에 따라 방출되는 전자)가 방출된다.
4. 방출된 열전자와 수은 증기 속의 수은원자가 세차게 부딪치면서 자외선을 많이 포함한 빛이 발생한다.
5. 발생한 빛이 형광방전관 벽의 형광물질을 통과하면서 가시광선 영

역의 빛으로 전환하여 형광방전관 밖으로 형광등 빛이 나온다.

이 과정 중 점등관에서 바이메탈이 달궈져 폐회로가 형성될 때까지 2~3초의 시간이 걸리기 때문에, 스위치를 누르고 조금 있다가 형광등에 불이 들어온다. 그래서 우리는 말뜻을 늦게 이해하는 사람을 '형광등'이라고 부르게 된 것이다. 그러나 이 결점을 보완하기 위해 글로스타터(glow starter) 대신 반도체를 사용한 래피드스타터(rapid starter)가 개발되었기 때문에, 이제 이해력이 늦은 사람에게 형광등이라는 말을 쓰지 못하게 될 듯하다.

형광물질이 가시광선의 빛을 내기까지

형광물질이 빛을 내는 원리는 높은 곳에 있는 구슬이 떨어지는 것으로 설명할 수 있다. 높은 곳에 올려놓은 구슬은 높이에 비례한 위치에너지

■ 빛을 흡수한 분자에서 일어나는 분자 내부 및 분자 간 과정

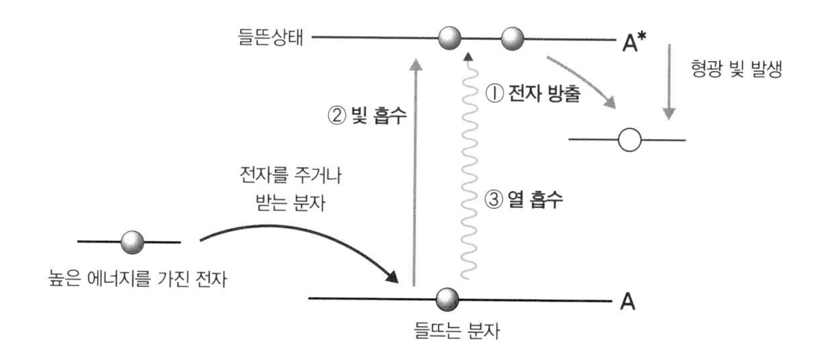

분자가 ①과 같이 다른 분자로부터 높은 에너지를 가진 전자를 전해 받거나 ②, ③에서와 같이 빛이나 열에너지를 흡수하게 되면 에너지상태(에너지 준위)가 높아져 A 수준에 있던 전자(회색구슬)가 들뜬상태(A*)가 된다. 그러나 들뜬상태에서 다시 제자리로 돌아오거나 낮은 에너지 준위로 돌아오게 되면 에너지 준위 차이만큼 빛에너지를 방출한다. 이때 나오는 에너지 차이에 따라 형광빛의 색이 정해진다.

를 가지고 있다. 이 구슬이 떨어지면 감소한 위치에너지만큼 운동에너지를 갖게 된다. 형광물질은 높은 에너지 상태의 전자가 빛을 흡수해 낮은 에너지 상태로 바뀌면서 전자가 뛰어내린 높이에 대응하는 빛을 낸다. 즉 에너지 차이가 크면(방출되는 빛의 양이 많으면) 파장이 짧은 푸른 계열, 에너지 차이가 작으면(방출되는 빛의 양이 적으면) 파장이 긴 붉은 계열 색의 빛이 나오는 것이다.

형광등으로 범인도 잡는다

삼파장 램프는 많은 사람들이 '오스람 램프'라고도 말하는데, 이는 독일 오스람 사의 삼파장 램프가 광고를 통해 국내에서 유명해졌기 때문이다. 삼파장 전구, 오스람 전구보다 정확한 이름은 '전구형 형광등'이다.

삼파장 램프는 형광등을 접어놓은 것처럼 생겼다. 백열전구는 태양과 거의 흡사한 빛을 낸다는 장점은 있지만 발열에 의한 전력 소모가 크고 수명이 짧은 단점이 있다. 반면 형광등은 크기가 크면서도 에너지 효율이 높고 수명이 긴 장점이 있다. 이 두 가지 전구를 결합한 형태가 전구형 형광등인 삼파장 램프이다. 삼파장은 적색, 녹색, 청색의 세 가지 발광형광물질을 사용하여 백열전구의 장점인 태양과 거의 흡사한 빛을 낸다고 해서 붙은 이름이다.

또 다른 형태의 형광등은 미국드라마 〈CSI〉 애청자라면 보았을 어두운 곳에서 비추면 혈흔이 보라색으로 빛나는 자외선등이다(영어로는 'black light'라 불린다). 꺼진 상태에서는 검은색을 띠는 블랙라이트는 내부에 자외선 외에 다른 빛들은 흡수하는 물질이 발라져 있어 자외선만

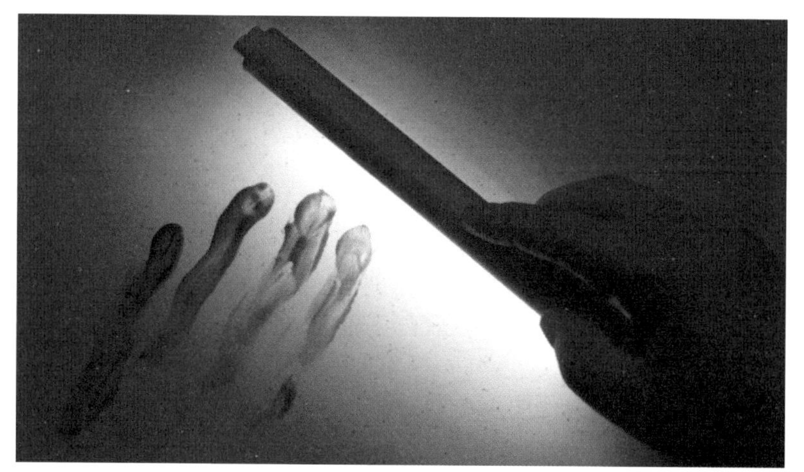

형광물질을 바른 뒤 자외선등(black light)을 비추면 평상시에 보이지 않던 것이 나타난다. 적혈구에는 형광성질이 있어서 혈흔이 묻은 곳에 자외선등을 비추면 발광한다. 실제로 과학수사에서 활용된다.

나오는 형광등이다. 형광물질은 가시광선 자체를 흡수하지 않기 때문에 평상시에는 보이지 않는다. 형광물질은 자외선을 흡수한 후 가시광선을 내어놓기 때문에 자외선이 나오는 블랙라이트를 형광물질이 있는 곳에 비추면 비로소 발광현상이 일어나게 된다. 적혈구에는 형광성질이 있기 때문에 혈흔이 있는 곳에 블랙라이트를 비추면 발광하게 된다.

형광등의 방전관 안에 아르곤가스와 수은 증기 대신 다른 종류의 기체를 넣어 발광하는 색이 달라지게 할 수 있다. 이를 '네온관'이라 하는데, 우리가 흔히 네온사인이라 부르는 형광등이다. 들어간 기체가 질소일 때 노란색, 산소와 네온일 때 주황색, 이산화탄소일 때 흰색, 수은증기일 때 청록색, 헬륨일 때 붉은색의 빛을 낸다.

• 《알기 쉬운 전기의 세계》, 송길영, 동일출판사, 2004

SECRET▪42

사무실, 가정 어디에서나 인쇄를 손쉽게

프린터의 비밀

30여 년 전에는 파랑색 등사용지에 철펜으로 글씨를 써서 등사를 하는 일이 드물지 않았다. 그 당시 깔끔하고도 흐트러지지 않는 서체를 찍어주던 타자기는 부러움의 대상이었다. 20여 년 전, 그러니까 수동타자기로 어렵게 줄을 그려가며 문서를 작성했던 시절에 한글과 영문을 하나의 타자로 치고 잘못 친 글자도 자동으로 지울 수 있는 전동타자기는 놀라운 것이었다.

곧이어 보게 된 컴퓨터프린터, 이는 정말 신기함 그 자체였다. 글자의 크기나 모양을 사용자 마음대로 인쇄할 수 있는 프린터는 타자기 시대에는 상상도 못할 발명품이었다. 이 시대에 프린터는 너무 귀해서, 프린터를 가진 친구에게 작은 글씨로 된 수업시간표를 부탁했던 적이 있다. 그 뒤에 본 컬러프린터와 레

타자기를 발명해 1868년 특허를 낸 크리스토퍼 L. 숄즈.

이저프린터는 인쇄에 대해서는 더 바랄 게 없을 듯하였다. 요즘 들어 프린터는 대부분의 사무실에 한 대쯤은 있는 흔한 물건이 되어 생활에 편리함을 더해주고 있다.

컴퓨터의 출력장치로서 프린터에는 어떤 종류가 있을까? 그리고 이들은 어떻게 작동할까?

소음이 큰 충격식 프린터와 소음을 줄인 비충격식 프린터

프린터는 컴퓨터 작업 결과를 종이에 인쇄할 수 있도록 해주는 장치로, 작동원리에 따라 충격식과 비충격식으로 나뉜다. 충격식 프린터는 미세한 핀을 이용하여 잉크가 묻은 띠(리본)를 치면, 리본 뒤에 있는 종이에 잉크가 묻어 글자의 모양이 인쇄되는 방식이다. 충격식 프린터는 이름에서 느껴지듯이 소음이 심하고 정교함이 부족하지만 비용 면에서 강점이 있다. 반면 비충격식 프린터는 노즐을 이용하여 잉크를 분사하거나 정전기를 이용하여 분말가루를 입히는 방식으로 소음을 획기적으로 줄였으며 인쇄 속도도 빨라졌다.

미세한 핀으로 잉크리본을 찍어 인쇄하는 도트 프린터

도트 프린터는 잉크가 묻어 있는 리본 위에 점 충격을 주어 문자나 도형을 인쇄하는 충격식 프린터로 타자기의 원리와 비슷하다. 하지만, 각각의 자음과 모음을 찍어서 글자를 만드는 타자기와는 달리, 헤드라는

■ 도트 프린터의 작동원리

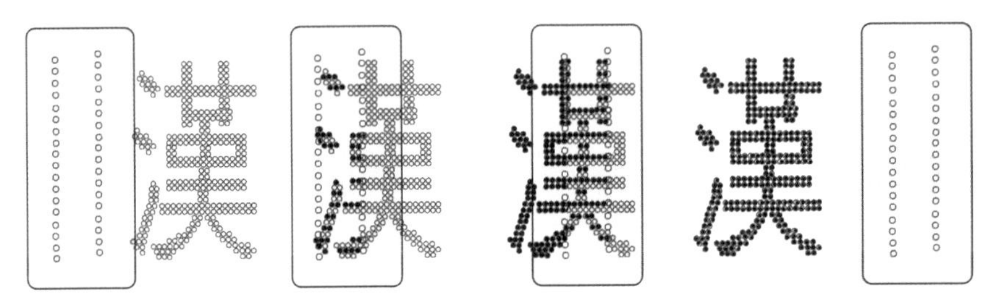

■ 24핀 프린터 헤드 첨단부

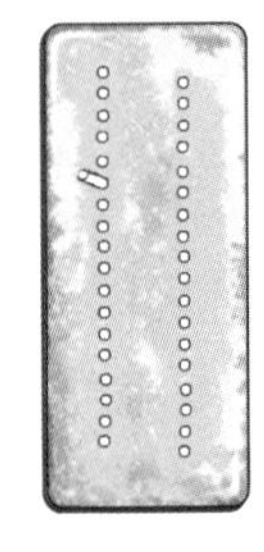

하나의 뭉치가 리본의 좌우로 움직이며 미세한 핀(와이어)을 내보내 잉크리본 너머로 용지에 부딪치게 하여 모든 것을 표현한다.

그림은 24핀이 12×12 형식으로 배치된 프린터 헤드 첨단부로 왼쪽 라인의 여섯 번째 핀이 돌출된 상태이다. 헤드는 핀의 개수가 많을수록 미세한 표현이 가능하다. 헤드의 이동 및 핀이 튀어나오는 시간 등은 프린터에 내장되어 있는 마이크로프로세서에 의해 제어되고 있다. 프린터 내 마이크로프로세서는 헤드를 특정한 위치에 이동시켜 미세한 핀을 내보내 점 충격을 줘서 문자 형상을 만든다.

도트 프린터는 소음, 인쇄 속도, 해상도 및 컬러구현 등에 결점이 있어서 잉크젯이나 레이저 프린터로 옮겨가고 있으나, 여러 장이 붙어있는 카드 영수증 발급 시 유용하게 잘 사용되고 있다.

액체잉크를 분사해 인쇄하는 잉크젯 프린터

잉크젯 프린터는 액체 잉크를 미세한 노즐로 분사하여 용지에 정착시키는 비충격식 프린터를 말한다. 잉크젯 프린터는 헤드가 좌우로 움직여 특정 위치에서 점으로 원하는 패턴을 그려내는 기본동작은 도트 프린터와 유사하다. 하지만 헤드와 잉크가 함께 움직인다는 것과 점을 구현하는 방식은 전혀 다르다. 잉크를 분사하는 방법에 따라 크게 피에조 방식(piezoelectric type)과 서멀-버블 방식(thermal bubble type)으로 나뉜다.

피에조 방식은 각 노즐의 뒷면에 피에조 소자(압전소자)를 둔다. 프린터가 전류를 흘려 신호를 보내면, 피에조 소자는 플레이트가 휘면서 진동이 일게 되고 그 진동은 잉크를 노즐 앞까지 밀어낸다. 전류를 차단하면 피에조 소자와 함께 잉크도 제자리로 돌아가지만, 노즐 앞까지 밀려났던 잉크는 작은 방울이 되어 떨어진다. 이 방식은 잉크를 정밀하게 소량으로 조절할 수 있는 장점이 있다. 피에조 방식은 엡손이 특허를 가지고 있다.

■ 압전소자를 이용해 잉크를 분사하는 피에조 방식

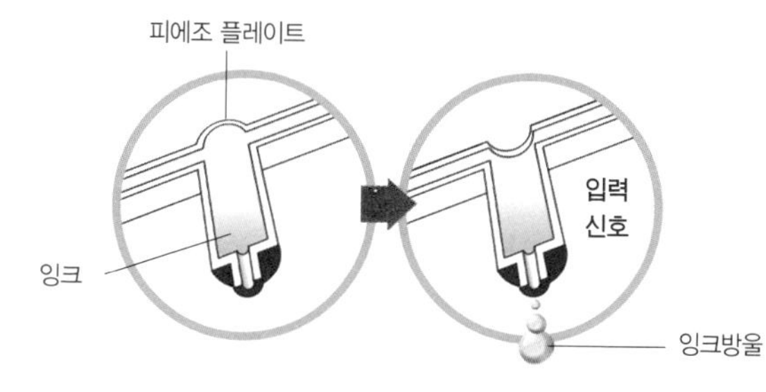

서멀-버블 방식은 분사노즐을 가열하여 생긴 수증기압으로 잉크를 분출하며, 가열 히터의 위치에 따라 서멀젯과 버블젯이 있다. 서멀젯 분사방식은 잉크가 담겨있는 분사노즐에 열전도체인 저항체가 붙어있다. 입력신호에 따라 전류가 저항체를 달구면 노즐 안의 잉크가 순간적으로 끓어올라 잉크방울이 튀어나온다. 헤드 구조가 단순하여 노즐 수 확대가 쉬운 장점이 있다. 서멀젯 방식은 현재 HP가 데스크젯 시리즈에 이용하고 있다.

■ 수증기압으로 잉크를 분사하는 서멀젯 방식

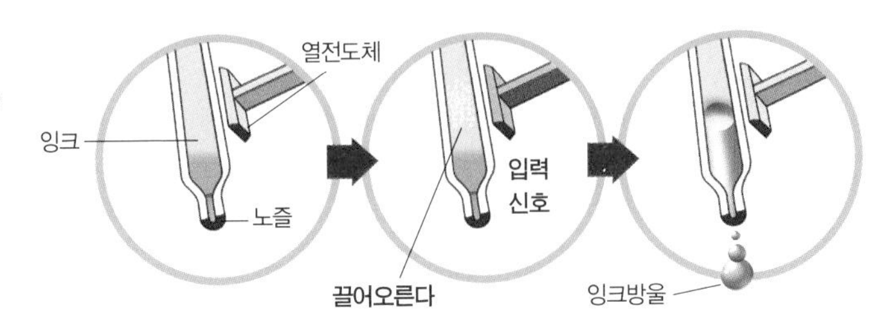

버블젯 분사방식은 입력된 신호에 맞춰 노즐 속의 잉크를 공기방울을 이용하여 밀어낸다. 잉크 실이 따로 있지 않아 노즐 막힘이 적다. 현재 캐논에서 이용하는 방식이다.

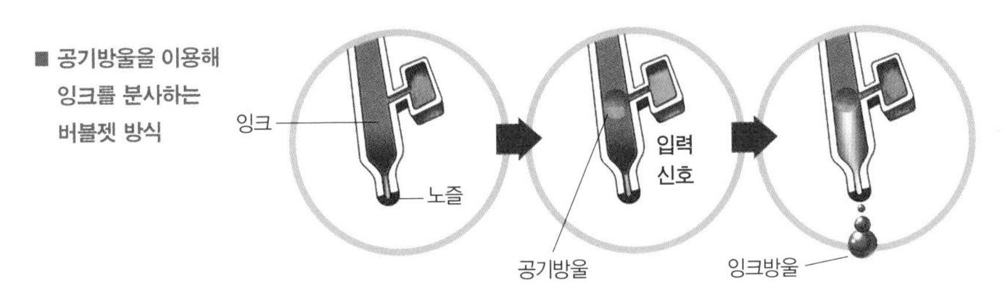

카본가루를 용지에 압착시켜 인쇄하는 레이저 프린터

레이저 프린터는 복사기와 마찬가지로 정전기 현상의 원리를 이용하여 인쇄를 하는 비충격식 프린터이다. 상에 대한 정보(인쇄할 정보)를 레이저 광선을 써서 드럼에 맺힌 후, 토너라 불리는 카본가루를 상이 맺힌 곳에만 달라붙게 한다. 그리고 종이에 카본가루가 달라붙으면 뜨거운 롤러를 통과시켜 가루가 용지에서 떨어지지 않게 압착시키는 방식으로 인쇄한다. 레이저 프린터는 정전기 현상을 이용해 토너를 일시적으로 접착한다. 또한 이 프린터의 핵심요소로 드럼 형태의 광수용체*가 있는데,

광수용체(photoreceptor)
빛을 받아들이는 물체라는 의미로, 빛을 받을 경우 어떤 물리적 변화를 띠게 되는 물체를 말한다.

■ 레이저 빛으로 드럼에 인쇄정보를 쏘는 장면

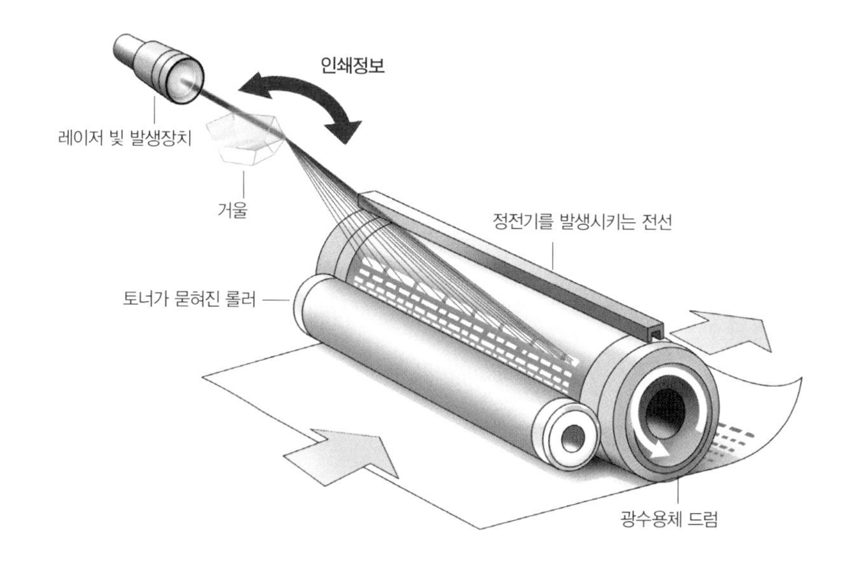

전선으로 전기를 띠게 할 수도 있고 빛으로 전기를 제거할 수 있다.

레이저를 이용한 프린팅 과정은 다음과 같다. 먼저 정전기를 발생시키는 전선부분을 통과한 드럼은 전체적으로 (+)전하로 대전된다. 레이저 빛 발생장치가 인쇄정보를 드럼에 쏘면 드럼에서 인쇄정보 부분은 정전기가 제거된다. 여기에 (+)전하를 띤 토너가루가 묻은 롤러를 마주하여 돌리면, 같은 종류의 전하를 띤 배경에는 토너가 묻지 않고 인쇄정보부분에만 토너가 붙는다. 이어서 (-)전하로 대전시킨 종이를 드럼과 함께 맞물려 돌리면 드럼에 있던 (+)전하를 띤 토너가 종이에 내려앉게 된다. 이후, 용지를 압착롤러에 통과시켜 열과 압력으로 토너가 용지에 고정되면 정전기를 제거한다. 드럼에 남은 정전기는 정전기 제거램프로 없앤다. 레이저 프린터의 압축롤러에 이상이 생기면 토너가 입김을 불면 날아갈 정도로 용지 위에 약하게 붙게 된다. 레이저 프린터 중에는 드럼이 위에서 설명한 경우와 반대로 대전되는 것도 있다. 하지만 정전기적 인력에 의해 토너를 입히는 원리는 동일하다.

열을 가하면 색이 변하는 특수용지를 이용한 감열식 프린터

감열식 프린터는 열을 가하면 색깔이 변하는 특수용지를 이용하는 비충격식 프린터이다. 인쇄원리가 매우 간단하기 때문에 프린터 자체를 작고 가볍게 할 수 있어서 휴대용 프린터로 이용되고 있다. 우리가 피자 주문 시 무선결제 후 받는 영수증이나 슈퍼마켓에서 고기나 야채 등을 살 때 인쇄되어 나오는 라벨, 그리고 은행이나 도서관 대기표가 바로 감열식 프린터로 인쇄한 예이다. 감열식 프린터의 단점은 일반 용지는 사용할 수 없다는 점과 인쇄 결과를 오래 유지하지 못한다는 점이다.

감열식 프린터

전자제품에서 생체조직까지 찍어내는 미래의 프린터

지금까지 프린터는 우리의 생활에 많은 도움을 주고 있다. 그런데 과학기술의 발달로 2차원을 넘어 이제는 3차원 프린터(3D 프린터)도 만들어졌다. 입체를 프린터로 찍어내는 3차원 인쇄기술은 2차원 평면인쇄와는 근본적으로 다른 것이다. 3차원 인쇄기술은 파일을 얇은 조각으로 변환하고, 플라스틱 분말을 이용하여 차곡차곡 쌓아가면서 3차원 모형으로 복구하는 과정을 통해 모형을 찍어낸다. 즉, 일반적인 프린터(2D)는 앞뒤(x축)와 좌우(y축)로만 운동하지만, 3D 프린터는 여기에 상하(z축) 운동을 더하여 입력한 3D 도면을 바탕으로 입체 물품을 만들어낸다.

3차원 인쇄기술이 대중화에 이르면 제조업 분야에서 근본적인 혁명이 일어날 것으로 여겨진다. 어떤 3차원 물체이든 설계도면 파일만 제공된다면 언제 어디서든 3차원 물체를 재구성해낼 수 있다. 이는 제조업에 있어서 생산과 유통에 소요되는 복잡한 과정이 크게 단축되는 효과를 낳을 수 있다.

3D 프린터는 1983년 미국의 발명가이자 사업가인 척 헐Chuck Hull이 재료를 한 번에 한 겹(레이어)씩 인쇄하면서 적층하는 방식으로 처음 고안한 데 이어 1984년 프린트 회사 3D시스템즈가 플라스틱 액체를 굳혀 물건을 만드는 프린터를 개발해 1987년에 상용화했다. 이후 3D 프린터는 놀라운 진화를 거듭해왔는데, 미국에서는 3D 프린터를 이용해 권총을 만들어 발사에 성공했고, 네덜란드의 건축가는 세계 최초로 3D 프린터를 이용해 건물을 만들어 내기도 했다. 또한 3D 프린터로 신소재 플라스틱을 이용해 환자의 뼈를 제작하기도 했다.

4차 산업혁명을 이끄는 기술로 일컫는 3D 프린터로 입체 조형물을 제조하는 모습

SECRET▪43

미생물의 시대를 연

현미경의 비밀

사람들은 오래 전부터 맨눈으로 볼 수 있는 것보다 더 작은 것들을 보고 싶어했다. 현미경은 이러한 목적을 위해서 발명되었다. 현미경(顯微鏡)은 'microscope'를 한자로 옮긴 것이다. 여기서 'microscope'는 '아주 작은 것'이라는 의미의 'micro'와 '보는 장치'라는 의미의 'scope'가 합쳐진 말이다(반면 망원경은 'telescope'로 '먼 거리'를 뜻하는 'tele'와 'scope'를 합친 말이다). 즉, 현미경은 작은 것을 확대하여 볼 수 있게 하는 장치이다.

최초로 렌즈를 사용한 때가 언제인지는 알 수 없지만, 사람들은 2천 년 전부터 유리가 빛을 휘게 한다는 사실을 알고 있었다.

콩의 이름에서 따온 '렌즈'라는 명칭

1세기 경 로마 사람들은 유리를 통하여 사물을 관찰하곤 했는데, 그 중에는 가운데가 두껍고 가장자리가 얇은 유리도 있었다. 그런 유리가 사물을 실제보다 확대해서 보여줌을 알게 되었다. 렌즈(lens)라는 이름은 라틴어 'lentil'에서 유래했는데, 이는 이 특이한 유리가 납작하면서도 가운데가 볼록한 렌틸콩(lentil bean)을 닮았기 때문이다. 유리가 확대력을 가지고 있다는 최초의 기록을 남긴 사람은 고대 그리스 천문학자 프톨레마이오스Klaudios Ptolemaeos, 약 85~165로 알려져 있다. 그 후 렌즈는 한동안 잊혀졌다가 13세기에 들어 안경 제조사들이 이용했고, 1600년 전후로는 렌즈를 조합하여 광학기기가 만들어졌다는 기록이 있다.

납작하면서 가운데가 볼록한 렌틸콩(lentil bean). 렌즈라는 이름의 유래인 라틴어 'lentil'은 렌틸콩을 가리킨다.

작은 생명체의 존재를 증명한 현미경

초기의 간단한 현미경은 한 개의 렌즈로 되어 있었는데, 이는 단지 대상을 6~10배 정도 확대하는 정도였다. 스위스의 의사인 게스너Konrad von Gesner, 1516~1565는 현미경을 가장 작은 물체를 관찰하기 위한 렌즈라고 하면서 'microscopia'라는 이름을 붙였다. 1590년 경, 네덜란드의 얀센Zecharias Jansen, 1580~1638 부자(父子)는 렌즈 몇 개를 통 속에 넣어 봤는데 한 개의 렌즈로 볼 수 있는 것보다 훨씬 더 확대된 상이 생기는 것을 발견했다. 이 최초의 현미경은 양면이 볼록한 접안렌즈와 한 면만 볼록한 렌즈를 사용했다.

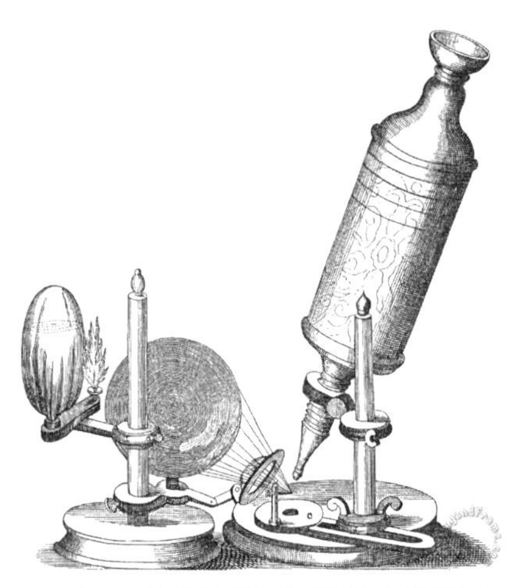

로버트 훅이 만든 현미경. 현미경의 발명으로 미세한 생명체의 움직임을 관찰할 수 있게 되면서, 면역학이 발전할 수 있는 토대가 마련되었다.

이후에 17세기 네덜란드의 레벤후크Antonie van Leeuwenhoek, 1632~1723와 로버트 훅Robert Hooke, 1635~1703에 의해 대물렌즈와 오목렌즈를 사용한 현미경이 만들어졌다. 이들이 만든 현미경의 배율은 300배 정도였다. 이들은 '짧은 초점거리를 지닌 렌즈가 배율을 결정짓는 중요한 요소'라는 것을 알아냈다. 이들은 현미경으로 식물 세포를 비롯하여 치아 속에 있는 박테리아, 연못에 사는 작은 생물 등 다양한 생명체의 모습을 관찰하고 기록하였다. 이때부터 그동안 알지 못했던 새로운 미생물의 시대가 열리게 되었다. 이후 1882년 독일의 의료장비 회사인 칼 자이스(Carl Zeiss)사가 렌즈 가공기술을 개발하면서부터 현미경의 기술은 급속도로 발전하게 되었다.

20세기에 들어서면서 현미경은 의학, 신소재, 환경 등 수 많은 분야에 쓰였다. 특히 생명공학과 분자연구에 끼친 영향은 실로 크다. 즉, 염색체의 발견과 세포 소기관의 관찰, 더 나아가 물질의 분자구조까지도 현미경으로 그 상을 얻어내기도 했다. 현미경은 카메라를 설치해 미세한 구조를 촬영하는 등 여러 시스템과의 결합을 통해 활용 범위가 넓어지고 있다. 특히 현미경과 컴퓨터 이미지 분석 프로그램을 이용하여 두 점 사이의 거리, 면적, 부피, 표면의 거칠기 등을 측정하거나 3차원 화상을 보여주는 등 급속한 발전을 거듭하고 있다. 최근 현미경은 반도체 장비에까지 응용되어 그 가치를 한 단계 더 높이고 있다.

광학현미경의 원리는 무엇인가?

현미경이 물체의 상을 확대하는 원리는 초점거리가 짧은 대물렌즈를 물체 가까이 둠으로 얻어진 1차 확대된 실상(굴절한 후 빛이 실제로 모여 생기는 상)을 접안렌즈로 다시 확대하는 과정이다. 상이 맺히고 확대하는 과정은 물체와 대물렌즈 사이의 거리가 조금만 변해도 바른 상을 맺지 못할 정도로 매우 예민하다. 현미경의 배율은 물체의 원래 크기에 대한 보이는 크기의 비율로, 대물렌즈의 배율과 접안렌즈의 배율의 곱으로 계산한다.

대물렌즈의 초점(F_1) 밖에 작은 물체를 놓으면 대물렌즈에 의해 확대된 실상이 만들어진다. 1차 확대된 실상은 접안렌즈의 입장에서 볼 때 물체의 역할을 하게 된다. 물체는 우리 눈에 가까울수록 잘 보이지만, 일정

■ 대물렌즈와 1차 확대된 실상 및 접안렌즈와 2차 확대된 허상

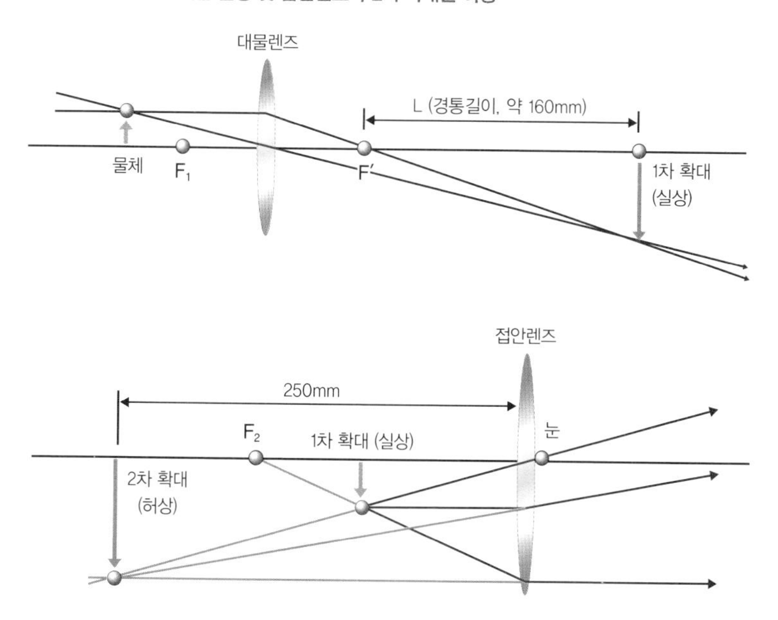

거리보다 더 가까이 가져오면 더 커져 보이긴 해도 상을 정확히 맺을 수 없어 흐릿하게 보인다. 우리 눈이 물체를 가장 잘 인식할 수 있는 거리를 명시거리라 하는데, 보통 250mm이다. 1차로 확대된 상은 명시거리 안쪽에 맺힘으로 잘 볼 수 없다. 때문에 볼록렌즈를 써서 상을 뒤로 보냄으로써 비로소 뚜렷한 상을 볼 수 있게 된다. 결과적으로 물체를 명시거리 안쪽으로 당겨 확대된 크기의 상을 볼록렌즈인 접안렌즈로 다시 뒤쪽에 맺히게 함으로써, 우리는 확대된 허상(굴절광선의 연장선이 모여서 맺는 상)을 또렷하게 볼 수 있게 된다.

현미경의 성능을 결정하는 렌즈 배율과 광원의 파장

현미경은 물체를 확대하여 정확하게 관찰하는 도구이다. 따라서 현미경의 성능을 결정하는 주요 요소로는 물체를 크게 보여줄 수 있는 확대능력(magnification)인 배율과, 두 점을 구분할 수 있는 최소한의 거리인 해상도(resolution, 분해능이라고도 함)가 있다. 여기에서 배율은 렌즈의 성능에 의해 결정되고, 해상도는 사용하는 광원의 파장에 의해 결정된다.

광원의 파장이 작을수록 더 작은 물체를 관찰할 수 있기 때문에 현미경에서 사용하는 광원의 파장은 아주 중요하다. 광학현미경의 광원은 파장대가 약 400~700나노미터*(nm, 10^{-9}m)인 가시광선을 사용한다. 이 범위의 빛에서 짧은 파장대인 400나노미터의 청색광을 이용할 경우 200나노미터의 해상도를 가지며, 최고 배율은 1000배

나노미터(nano meter)
1미터(m)를 1000으로 나누면 1밀리미터(mm), 1mm를 1000으로 나누면 1마이크로미터(μm), 1마이크로미터를 1000으로 나누면 1나노미터(nm)가 된다.
따라서 1나노미터는 10억분의 1미터가 된다. 나노는 난쟁이를 뜻하는 고대 그리스어 '나노스(nanos)'에서 유래했다.

미국 화가 로버트 월터 와이어가 1849년에 그린 작품 속 현미경으로 19세기경 현미경의 모양을 추측해 볼 수 있다.

정도가 가능하다. 이보다 더 좋은 해상도와 배율을 원한다면 가시광선보다 짧은 파장의 빛을 써야 한다. 전자현미경의 경우 최대배율이 200만 배에 이르고 해상도는 0.1나노미터에 이르는 것도 있는데, 이는 텅스텐 필라멘트에서 방출되는 파장이 0.005나노미터인 전자선을 광원으로 쓰기 때문이다.

도움 받은 자료

- 〈초중등 광학현미경 활용 직무연수자료집〉, 서울특별시과학전시관, 2007
- 〈전자현미경 직무연수자료집〉, 서울특별시과학전시관, 2008
- 《High top 고등학교 물리I》, 두산동아, 2006
- 〈한국전자현미경학회지〉 33권 제2호, 한국전자현미경학회, 2003

SECRET■44

과학의 진화를 이끄는 빛의 증폭
레이저의 비밀

빛은 생명의 근원이다. 인간은 그 빛을 통하여 사물을 보고 빛이 만들어내는 예술에 감동한다. 이 중에서 레이저는 다른 빛과 구별되는 우수한 특성 덕에 우리 생활 속 깊숙이 스며들고 있다. 사무실에서 매일 사용하는 레이저 프린터도 레이저로 인쇄정보를 드럼에 쏘고, 우리가 즐겨 듣고 보는 CD와 DVD도 레이저로 정보를 재생한다. 각종 축하 행사에서부터 밤하늘을 수놓는 화려하고 환상적인 레이저 쇼, 라식수술 등의 의료 및 산업 분야에 이르기까지 레이저는 우리 생활에 없어서는 안 될 고마운 빛이다.

한 곳으로 모아지는 매우 강렬한 새로운 빛의 탄생

레이저는 올해로 탄생한 지 51년이 되었다. 1960년 5월 16일, 미국 캘리포니아의 휴즈 연구소 메이먼T.H. Maiman은 크로뮴(크롬, chromium) 이온이 소량 함유된 산화알루미늄(Al_2O_3)으로 만든 루비 막대를 사용하여 빛을 만들어냈다. 이 빛은 단일 파장이라 일반 빛처럼 사방으로 퍼지지 않고 한 곳으로 모아져 매우 강렬했다. 드디어 새로운 빛이 탄생한 것이다. 이 빛을 '복사의 유도 방출과정에 의한 빛의 증폭(Light Amplification by Stimulated Emission of Radiation)'이라 부르는데, 그 약자가 바로 레이저(LASER)이다.

메이먼이 레이저를 발명한 이후 1960년 12월 벨 연구소의 자반과 베넷, 해리엇은 최초의 가스 레이저인 헬륨 네온 레이저 개발에 성공했다. 메이먼의 레이저가 연속적으로 빛줄기를 만들지 못했던 것에 비해 이 가스 레이저는 연속적으로 빛줄기를 만들어냈다. 반도체 레이저는 1962년 로버트 홀에 의해 개발되었으며, 1970년 상온에서 연속 빛줄기를 만들어낸 이래 다양한 분야에 활용되고 있다. 1964년 파텔이 개발한 이산화탄소 레이저는 산업응용 분야와 의료분야에 많이 사용되고 있다.

화려한 레이저 쇼로 유명한
싱가포르 마리나 베이 샌즈 호텔 야경

자연방출 vs 유도방출

원자의 중심에는 원자핵이 있고 그 주위를 전자가 돌고 있다. 원자의 에너지 준위는 전자가 최소의 에너지 값을 가지는 정상궤도를 돌고 있을 때를 바닥상태(ground state), 외부에서 에너지를 얻어 정상궤도 보다 높은 궤도에 있을 때를 들뜬상태(excited state)에 있다고 말한다. 에너지를 얻어 들뜬상태(E_2)에 있는 원자는 불안정하여 시간이 지나면 바닥상태(E_1)로 되돌아가는 데, 이때 방출되는 광자의 에너지는 다음과 같은 식으로 표현된다.

$$h\upsilon = E_2 - E_1$$

E_2: 들뜬상태 E_1: 바닥상태

여기에서 E_1, E_2(E_2>E_1)는 각 에너지 준위이며, $h\upsilon$(h: 플랑크 상수, υ: 빛의 진동수)는 광자 에너지이다. 원자 또는 분자가 높은 에너지 상태에 있다가 낮은 에너지 상태로 떨어지면서 그 차이만큼의 빛을 스스로 방출한다. 이때는 파장, 위상, 방향이 일정하지 않은 빛을 방출한다. 이것을 자연방출이라고 한다. 백열등, 형광등과 같은 대부분의 일반 빛은 자연방출에

■ 흡수, 자연방출, 유도방출 과정에서 에너지 준위와 빛의 상호작용

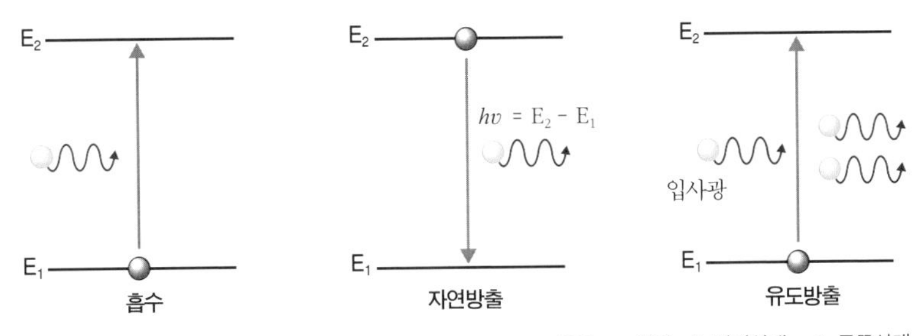

의한 빛이다.

한편 레이저는 자연방출이 아닌 유도방출이 일어나야 한다. 유도방출은 아인슈타인Albert Einstein, 1879~1955이 1917년 발표한 논문 〈복사의 양자 이론〉에서 처음으로 제시되었다. 그는 유도방출을 높은 에너지 상태에 있는 원자가 외부의 광자를 만나면, 외부의 광자와 위상과 파장이 같은 광자를 방출하면서 낮은 에너지 상태로 돌아가는 것으로 설명했다. 아래 그림을 보면서 유도방출 과정을 알아보자.

바닥상태(E_1)에 있는 원자 또는 분자가 펌핑*에 의해 에너지를 흡수하면 들뜬상태(E_4)가 된다. 원자가 E_4에서 머무는 시간은 매우 짧아 곧바로 E_3로 떨어진다. E_3에서는 상대적으로 머무는 시간이 길어 준안정상태라고 하며, 여기에 많은 원자 또는 분자들이 모여 밀도반전* 상태가 된다.

이 상태에 있는 원자 중 한 개가 자발적으로 빛을 내는 순간 여기서 방출된 빛이 주변의 다른 들뜬원자를 자극하

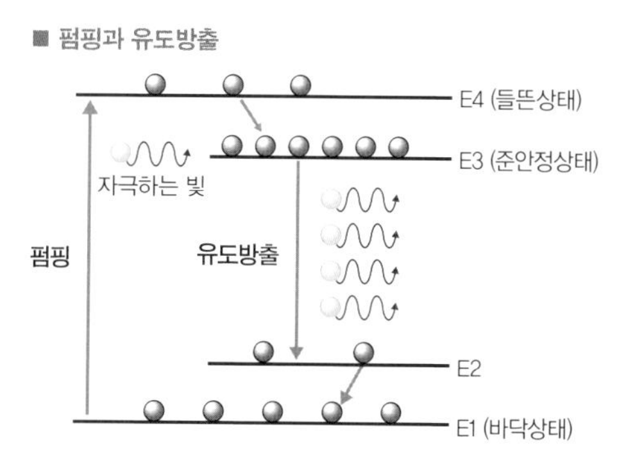

■ 펌핑과 유도방출

펌핑(pumping)
유도방출이 일어나려면 에너지가 높은 상태의 원자들이 낮은 상태 원자들보다 수가 많아야 한다. 이 상태를 이루기 위해 외부에서 에너지를 공급하는 것을 펌핑이라고 한다. 빛을 비추어 펌핑하는 광펌핑(고체레이저, 색소레이저), 방전에 의한 전자를 충돌시켜 펌핑하는 전기적 펌핑(기체레이저), 전류를 주입시켜 펌핑하는 전류펌핑(반도체레이저) 등의 방법이 있다.

밀도반전(population inversion)
자연상태에서는 낮은 에너지의 원자수가 높은 에너지의 원자수보다 항상 많다. 그러나 레이저 빛을 방출하기 위해서는 높은 에너지 준위에 있는 원자의 수가 낮은 에너지 준위에 있는 원자의 수보다 많아야 하는데 이를 밀도반전이라고 한다. 밀도반전이 일어날 수 있는 대표적인 매질로는 아르곤, 네온, 이산화탄소, 루비, 야그(YAG), 액체, 반도체 등이 있다.

여 E_3에서 E_2로 떨어지면서 빛을 방출하여 두 개의 광자가 된다. 또한 이 두 개의 광자는 다른 두 원자를 자극하여 네 개가 된다. 이러한 연쇄반응이 일어나 파장이 같은 증폭된 빛이 방출되는데 이 과정을 유도방출이라고 한다. 이 과정에서 자극하는 빛과 방출되는 빛의 파장은 같다. 그리고 E_3에서 E_2로 떨어진 원자는 E_2에 머무르는 시간이 매우 짧아 곧바로 바닥상태(E_1)로 떨어진다.

위상, 파장, 방향이 같은 나란한 빛을 분출

레이저가 되려면 유도방출에서 나오는 빛을 더욱 강하게 만드는 과정이 필요하다. 이 과정이 레이저발진 과정이다. 레이저발진을 하기 위하여 레이저봉 양쪽에 반사거울을 장치하는데, 이 거울을 공진기라고 한다. 한쪽은 거의 100%를 반사하는 전반사 거울을, 다른 한쪽은 약간의 빛을 투과시킬 수 있는 부분반사 거울을 장치한다. 위상과 파장이 같은 레이저봉에서 나온 빛은 양쪽 거울에 반사되어 무수히 왕복한다. 이 과정에서 차례로 유도방출이 생겨 빛이 증폭되거나 광학 부품에 의한 투과와 산란에 의해 손실되기도 한다. 빛의 증폭 이득이 공진기에서의 손실보다 크면 점점 증폭된 빛이 부분반사 거울을 통과하여 나오게 되는데, 이 빛이 레이저이다. 이와 같이 레이저 빛은 발생과정에서 위상과 파장, 방향이 같은 나란한 빛만 나오므로 거의 퍼지지 않고 멀리까지 갈 수 있다.

오른쪽 그림에서 큐-스위칭(Q-switching)은 공진기 내부의 기계식 또는 전자식 셔터에 의해 빛을 차단하거나 통과시키는 스위치로, 빛을 모았다가 짧은 시간 동안 한꺼번에 매우 강한 빛이 나오게 한다.

■ 램프로 펌핑되는 고체 레이저의 구조

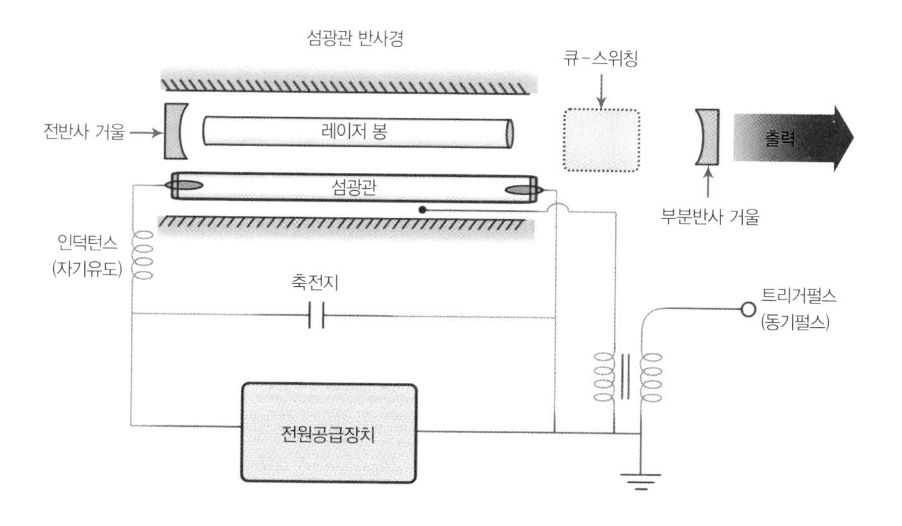

레이저는 멀리까지 나아갈 수 있는 직진성, 파장이 같은 단색성, 결맞음성*, 밝기가 매우 높은 고휘도성 등의 특징이 있다. 또 광증폭을 일으키는 활성매질에 따라 고체 레이저, 액체 레이저(색소 레이저), 기체 레이저로 나눌 수 있다. 반도체 레이저는 전류로 펌핑하고 작다는 특성 때문에 별도로 분류한다. 고체 레이저에는 루비레이저(Ruby Laser), 네오디뮴-야그 레이저(Nd-YAG Laser), 네오디뮴-유리 레이저(Nd-Glass Laser), 홀뮴 레이저(Holmium Laser) 등이 있다. 액체 레이저(색소 레이저)에는 폴리페닐, 스틸벤, 쿠마린 이외에도 많은 색소 레이저가 있다. 그리고 기체 레이저에는 헬륨-네온 레이저(He-Ne Laser), 아르곤 레이저(Ar Laser), 크립톤 레이저(Kr Laser), 헬륨-카드뮴 레이저(He-Cd Laser), 이산화탄소 레이저(CO_2 Laser), 엑시머 레이저(Excimer Laser), 금속 증기 레이저 등이 있다.

결맞음성(coherence)
보통의 빛은 파장과 위상이 다른 빛이 결합되어 있다. 그러나 레이저는 파장과 위상이 같은 빛이 서로 정확하게 잘 겹쳐져서 밝기가 매우 강력하다. 이러한 성질을 결맞음성이라고 한다.

점점 세지고, 빨라지며, 가늘어지는 레이저의 미래

레이저는 많은 분야에서 이용되고 있다. 먼 거리까지 손실 없이 정보를 주고받을 수 있는 인터넷 통신(광통신), 레이저 프린터, 위조를 방지하기 위해 지폐나 수표에 들어가는 홀로그램, 정밀한 거리 측정, 백화점이나 마트에서 쉽게 볼 수 있는 바코드 판독기 등에도 레이저가 활용된다. 또한 레이저는 시력을 올리는 라식수술, 흉터·사마귀·종양 등의 제거 수술, 치과에서 사용하는 무통 치료, 문신 제거, 금속을 매끈하게 절단하거나 용접 및 구멍을 뚫는 일, 과일에 레이저로 그림과 글자를 새겨 상품의 가치를 높이는 일, 명화의 얼룩 제거, 젖병의 구멍 뚫기, 군사용 등 다양한 분야에서 사용되고 있다.

현재 레이저를 연구하는 과학자들은 가장 센, 가장 빠른, 가장 작은 레이저를 만들기 위해 노력하고 있다. 즉, 출력이 높은 레이저, 매우 빠른 속도로 빛을 뿜어내는 레이저, 머리카락보다 가는 레이저를 만들기 위해 다양한 분야에서 연구하고 있다. 1초에 1줄(J)의 에너지를 내는 레이저는 출력이 1와트(W)다. 초기 레이저의 출력은 킬로와트(1000W) 수준이었으나 지금은 테라(1조)·페타(1000조)와트에 이른다.

고출력 레이저는 광학 현미경으로 관찰할 수 없는 물질 내부의 보이지 않는 미세한 구조를 파악하거나 인체 내부에 있는 암 덩어리를 파괴하는 데 활용할 수 있다. 또한, 이 레이저로 원자가 전자, 중성자, 양성자 등으로 분리되는 현상을 만들어 초기 우주의 모습을 유추해 낼 수도 있다. 현재 가장 짧은 레이저 펄스* 폭(pulse width, 펄스 지속 시간)은 3.5 펨토초(3.5×10^{-15}초)지만, 앞으로 100아토초(100×10^{-18}초)까지도 가능할 것으로 예상된다. 최근에

펄스(pulse)
지속시간이 극히 짧은 전류나 변조 전파.

는 과학자들이 펨토초 레이저를 사용하여 분자가 움직이는 찰나의 모습을 사진이나 동영상으로 찍기도 했다. 앞으로 이 보다 더 짧은 펄스 폭이 개발되면 원자의 핵과 전자의 운동, 광합성이 일어나는 과정도 촬영할 수 있다. 또한, 극초단 펄스 레이저는 초고정밀도의 미세구조 가공을 할 수 있어 주변 조직의 손상 없이 깨끗한 외과 수술(안과, 피부과, 치과)이 가능하다. 레이저의 발진 장치를 머리카락 굵기보다 훨씬 가늘게 만들어 전자회로가 아닌 광자를 쓰는 광컴퓨터의 중요 광원으로 활용할 수도 있다. 또한 고출력 레이저로 핵융합반응을 일으켜 무한대의 에너지를 생산하려고 노력하고 있다. 거침없이 뻗어나가는 빛줄기처럼 레이저의 진화는 무궁무진하다.

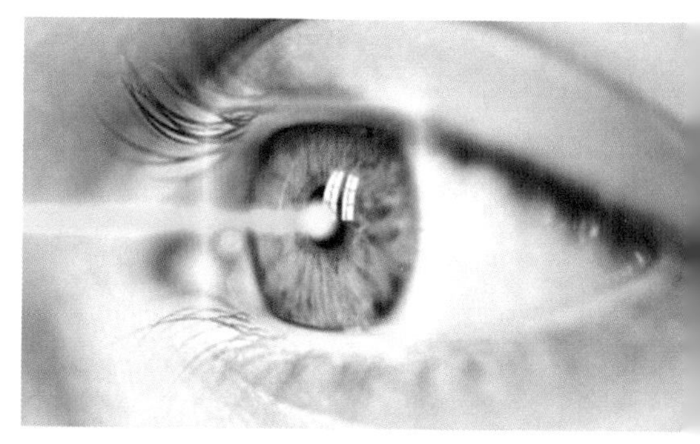
레이저는 시력을 올리는 라식수술에서도 활용된다.

도움 받은 책

- 《레이저의 과학》, 오철환, 두양사, 2005
- 《레이저 공학의 기초 및 응용》, 김희제, 부산대학교출판부, 2000
- 《레이저의 기술》, 히츠, 청문각, 2006
- 《레이저의 응용》, 존 에프 레디, 청문각, 2005

SECRET ▪ 45

하늘에 닿을 듯 치솟은 마천루의 필수품

엘리베이터의 비밀

"가장 높이 나는 새가 가장 멀리 본다."

리처드 바크Richard Bach의 《갈매기의 꿈》에 나오는 글이다. 새만 높이 올라가고 싶을까? 사람도 높이 올라가고 싶고, 높은 건물을 짓고 싶고, 높은 곳에서 생활하고 싶을 것이다. 그래서 아마도 높은 곳은 신화의 대상이었고 신앙의 대상이었으리라. 높은 곳에 대한 작은 꿈과 생활의 불편함을 해결해 주는 것 가운데 하나가 엘리베이터가 아닐까?

애처가 나폴레옹부터 오티스까지, 엘리베이터의 역사

엘리베이터는 승강기라고도 하며, 영국에서는 리프트(lift)라고도 한다. 엘리베이터의 가장 기본적인 장치인 도르래는 무거운 물체를 손쉽게 끌어올리고자 했던 사람들의 단순한 생각에서 출발했다. BC 200년경 그리스의 수학자이자 물리학자 아르키메데스는 깊은 우물에서 물을 길어

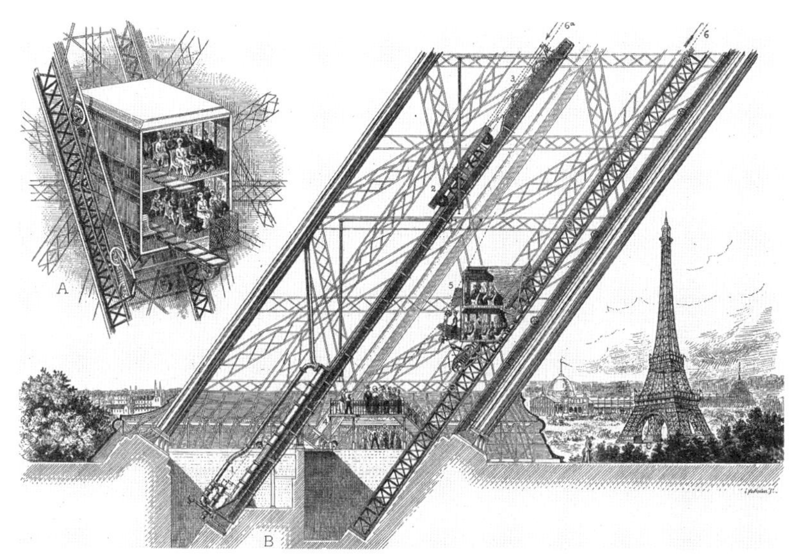

오티스 사가 파리 에펠탑에 설치한 엘리베이터를 그린 일러스트레이터

올릴 때 사용할 수 있는 두레박을 개발했는데, 이때 사용된 도르래가 결국 사람까지 들어 올리는 엘리베이터라는 도구로 발전하게 되었다.

지금으로부터 약 200년 전 나폴레옹은 왕비가 긴 치마를 입고 왕궁의 계단을 힘들게 오르는 것을 애처롭게 여겼다. 그는 계단 대신 의자와 도르래를 이용해 왕비가 층 사이를 수직으로 이동할 수는 장치를 고안했다고 한다. 또한 루이 15세가 베르사유 궁전에 '나는 의자'라고 불리는 엘리베이터를 가지고 있었다는 것도 여러 문헌을 통해 알려져 있다. 그러나 당시에 엘리베이터는 안전한 것이 아니어서 줄이 끊어져 추락해 죽거나 다치는 사람들이 많았다고 한다.

현재의 엘리베이터와 기본 구조가 가장 흡사한 엘리베이터가 실용화된 것은 미국의 발명가 엘리샤 오티스E. G. Otis, 1811~1861의 발명이 있은 19세기부터이다. 1853년 오티스는 밧줄이 장력(줄에 걸리는 힘의 크기)을 못 이길 때 두 개의 철로 만든 톱니가 제어할 수 있는 낙하방지장치를 발명하여 세계 최초로 안전한 엘리베이터를 개발하였다. 지금도 '오티스'라는 이름의 엘리베이터는 전 세계에서 애용되고 있다.

이렇게 시작된 엘리베이터의 역사는 수력이나 수압을 이용하던 형태에서 단계적으로 증기기관을 거쳐 전동기에 의한 구동방식으로 일반화되었다. 지금처럼 전동기의 동력으로 움직이는 엘리베이터는 1880년 독일의 지멘스 사가 제작하였다. 안전한 엘리베이터의 개발로 19세기 말경에는 건축 기술의 발달과 더불어 높은 건물들이 많이 생기게 되었으며, 1990년대 중반부터는 손으로 버튼을 눌러 이동하는 엘리베이터가 나오게 되었다.

그렇다면, 우리나라에 현대식 엘리베이터가 설치된 시기는 언제일까? 우리나라에 엘리베이터가 처음 소개된 것은 1900년 전후로 추정되며 1910년 조선은행(지금의 화폐금융박물관)에 처음으로 설치되었다고 한다. 승객용 엘리베이터는 1914년 철도호텔(지금의 웨스턴 조선호텔)에 맨 처음으로 설치되었다. 2010년은 우리나라에 엘리베이터가 처음으로 설치된 지 100년이 되는 해였다.

엘리베이터와 두레박은 같은 원리로 움직인다?

흔히 우리는 승객이 타는 밀폐된 공간인 카(car)를 엘리베이터의 전부라고 생각한다. 그러나 엘리베이터는 보이지 않는 곳에 오르내리는 길과 10여 개의 안전장치가 있는 정밀한 기계이다. 기본적으로 도르래, 줄, 카, 평형추, 그리고 3만여 개의 부품으로 구성되어 있다. 엘리베이터는 용도에 따라서 승용, 화물용, 자동차용, 덤웨이터(dumbwaiter)* 등이 있고 승강기 속도에 따라 저속(15~45m/min), 중속(60~105m/min), 고속(200~300m/min)으로 구분하며, 구동 방식에 따라 로프식(rope system), 유압식(oil hydraulic system)* 등으로 나눌 수 있다. 여기에서는 많이 사용하고 있는 로프식 엘리베이터에 대하여 알아보기로 한다.

엘리베이터가 운행하는 길의 가장 위에는 고정도르래가 있으며 이 고정도르래에 두꺼운 쇠줄(로프)이 연결되어 있다. 쇠줄의 한쪽 끝에는 사람이나 화물이 탈 수 있는 카가 연결되어 있으며, 전동기가 쇠줄을 풀었다 감았다 하면서 카를 움직인다. 쇠줄의 다른 쪽 끝에는 카와 무게가 거의 같거나 1.5배 정도 무거운 평형추가 연결되어 있다. 평형추는 카의 반대편에 위치하고 있어 전동기의 부하를 줄여주는 역할을 한다. 평형추의 무게는 대체로 최대 정원 무게의 40~50% 정도이며, 쇠줄의 장력은 최대 정원 무게의 약 2배 이상으로 설계된다고 한다. 제어반은 하나의 컴퓨터라고 할 수 있다. 승강기의 속도와 운행 및 전반적인 것을 모두 제어한다.

덤웨이터
서적이나 음식물 등 작은 화물을 운반하기에 적합한 엘리베이터를 덤웨이터라고 한다. 식당, 병원 등에서 많이 사용하고 있다.

유압식
기름의 압력으로 오르내리는 엘리베이터를 유압식 엘리베이터라고 한다. 기계실을 승강기 밑에 둘 수 있어 공간 확보가 쉽다는 장점과 행정거리가 짧고 소음이 크다는 단점이 있다.

■ 엘리베이터의 작동원리

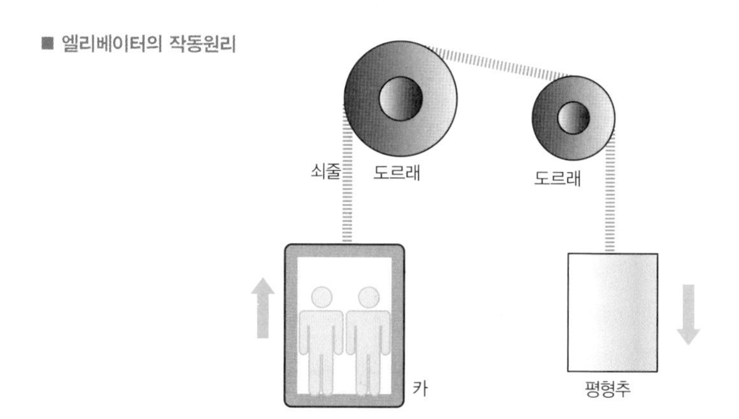

쉽게 말해 엘리베이터는 우물에서 두레박으로 물을 긷는 것과 같은 고정도르래의 원리로 작동된다. 물을 길을 때 고정도르래에 걸쳐진 줄(쇠줄)을 잡아당기면 도르래가 힘의 방향을 바꾸어 주고 힘의 크기만큼 두레박(카)을 끌어올리게 되는 것이다.

엘리베이터를 탄다고 가정해보자. 엘리베이터 타는 곳 앞에서 버튼을 누르면 제어반에서 전동기에 버튼을 누르는 층으로 가라는 명령을 하고, 전동기는 명령에 따라 회전하여 카를 움직여 버튼을 누르는 층에 도착하면 멈추고 문을 연다. 카에 들어가서 원하는 층을 누르면 같은 방법으로 카를 원하는 층으로 이동해 자동으로 문을 열고 닫는다.

■ **로프식 엘리베이터의 구조**

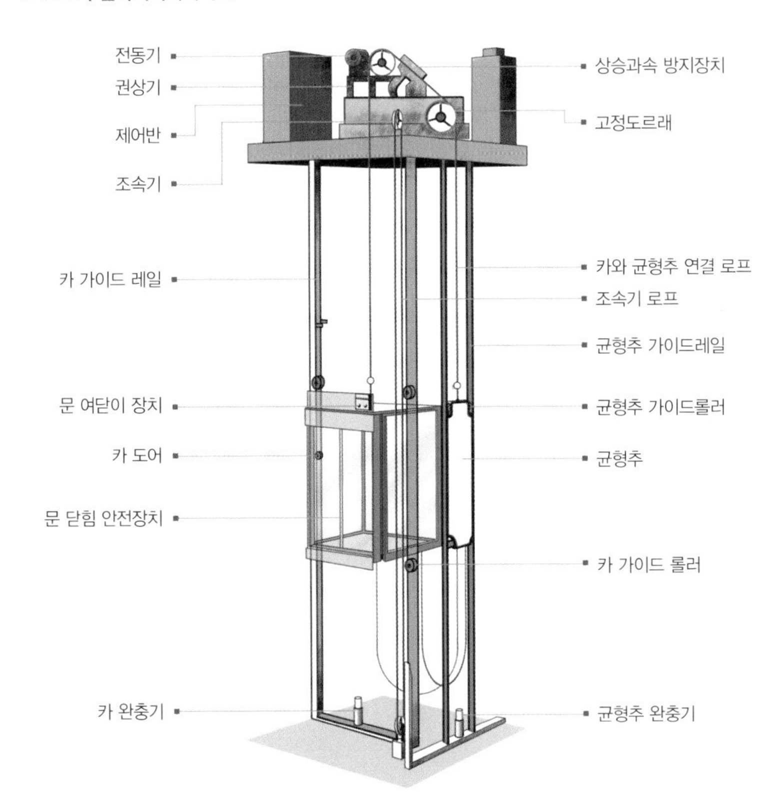

만일의 사태에도 승객을 보호하는 엘리베이터의 안전장치

엘리베이터에는 어떤 안전장치가 있을까? 엘리베이터의 쇠줄이 끊어질 확률은 희박하지만 만약에 끊어질 경우에도 카가 자유낙하하지는 않는다. 속도가 정규속도보다 빨라지면 조속기에서 전동기의 전원을 차단하여 브레이크를 작동시키고 속도가 계속 빨라지면 비상정지 장치를 작동시킨다. 일정 간격마다 위치한 비상정지 장치는 가이드레일을 잡아 카를 정지시킨다. 그래도 카가 낙하한다면 바닥에 충격을 흡수할 수 있는 카 완충기가 있어 안전하다. 또한 문과 문 사이에 사람이나 물건이 끼는 것을 방지하는 장치인 문 닫힘 안전장치가 있다. 엘리베이터에 늦게 타거나 늦게 내리면 출입문에 낄 때가 있는데, 그럴 경우 자동으로 문이 열리게 되는 것은 이 장치가 안전하게 보호해주기 때문이다.

이 밖에도 엘리베이터에는 10여개 이상의 안전장치가 있다.

- **권상기** : 권상기는 전동기축의 회전력을 시브(권상기의 출력축에 있는 도르래)에 전달하는 장치이다. 종류로는 기어드형(전동기축의 회전 속도를 기어로 줄여 시브에 전달)과 기어리스형(전동기축에 시브를 직접 연결)이 있다.
- **카 가이드레일** : 카, 균형추 등을 안내하는 궤도이다.
- **상승과속 방지장치** : 엘리베이터가 위로 과속운행될 경우 순간적으로 견인로프를 조이도록 하여 미끄럼과 과속을 방지할 수 있는 보조 제동장치이다.
- **조속기 로프** : 과속운행으로 조속기가 전원을 차단하면 카의 비상정지 장치를 동작시키는 쇠줄(로프)이다.
- **균형추 가이드레일** : 카, 균형추 등을 안내하는 궤도이다.

- **균형추 가이드롤러** : 카, 균형추를 궤도를 따라 안내하는 장치이다.
- **균형추 완충기** : 카나 균형추가 최하층을 통과하여 바닥보다 낮은 곳에 도달했을 때 카나 균형추의 충격을 완화시켜 주는 장치로, 균형추의 바로 아래에 설치한다.

줄 없는 것에서 이층짜리 엘리베이터까지

줄이 없는 엘리베이터가 있을까? 줄이 없는 엘리베이터는 선형모터와 전자석을 이용하면 가능하다. LCD공장에서는 화물 리프트로 수직형 자기부상방식의 엘리베이터를 사용하고 있다. 이 엘리베이터에는 로프 대신 벽에 자석이 붙어 있는 레일이 설치된다. 여기에 전기의 양극과 음극을 연속해서 바꿔주면 자석의 극성이 바뀌면서 엘리베이터가 위아래로

로프 대신 자석 레일을 이용해 상하좌우로 이동하는 엘리베이터 일러스트(왼쪽)와 더블 데크 엘리베이터(오른쪽)

움직이는 힘이 생긴다. 이는 자기부상열차가 움직이는 원리와 비슷하다.

사람을 운반하는 엘리베이터에서 로프가 사라질 날도 머지않았다. 일본은 2025년쯤 500층 초고층 빌딩을 세운다는 계획을 발표했다. 여기에 들어가는 엘리베이터는 승강로 벽면에 레일처럼 달린 선형모터(linear motor)의 힘을 받아 로프가 없이도 자유자재로 움직일 수 있도록 한다.

보통 엘리베이터라고 하면 사람이 타는 공간이 하나라고 생각하지만 더블 데크 엘리베이터는 위아래로 두 칸에 사람이 탈 수 있다. 마치 이층 버스처럼 위아래 층이 함께 붙어서 이동해 한번에 더 많은 사람을 실어 나를 수 있으며 승객의 대기시간도 절약할 수 있다. 더블 데크 엘리베이터와 비슷한 것으로 트윈 엘리베이터가 있다. 차이점은 더블데크는 상부와 하부 카가 동시에 움직이므로 로프식과 비슷하지만, 트윈은 상부와 하부 카가 독립적으로 움직이므로 모든 부품이 두 세트로 구성되어 있다는 점이다.

대만 타이베이 금융센터 건물에는 세계 최고속도의 엘리베이터가 있다. 속도가 무려 분속 1010m로 시속으로 환산하면 약 60km/h이다. 우리나라에서는 아산 테스트타워에 설치된 엘리베이터가 분속 600m로 가장 빠르다. 이곳에는 세계에서 가장 빠른 분속 1080m의 엘리베이터도 있다. 하지만 엘리베이터는 이동 거리가 짧고 속도보다는 승객의 안전이 최선이기 때문에 속도를 무한정 올릴 수 없다.

엘리베이터 타고 우주여행 간다

미국항공우주국(NASA)과 기업들은 대단한 계획을 세우고 있다고 한다. 이들의 목표는 적도상의 한 곳과 고도 3만 5700km의 정지궤도에 있는 위성을 케이블로 연결하고 그 사이를 엘리베이터가 운행할 수 있도록 한다는 것이다. 정지궤도에 있는 위성은 지구와 같은 주기로 돌기 때문에 케이블이 항상 직선을 유지할 수 있다. 강철의 5분의 1 질량으로 강철보다 100배 강한 탄소 나노튜브가 케이블의 소재로 논의되고 있다. 차량으로는 시속 수천 킬로미터를 낼 수 있는 자기부상열차가 유력하다. 우주엘리베이터는 화물운송비가 우주왕복선의 수십에서 수백 분의 1에 불과할 것으로 기대되고 있다. 미국 언론에서는 이 계획이 향후 20~50년 내에 실현될 수 있다고 보도하고 있다.

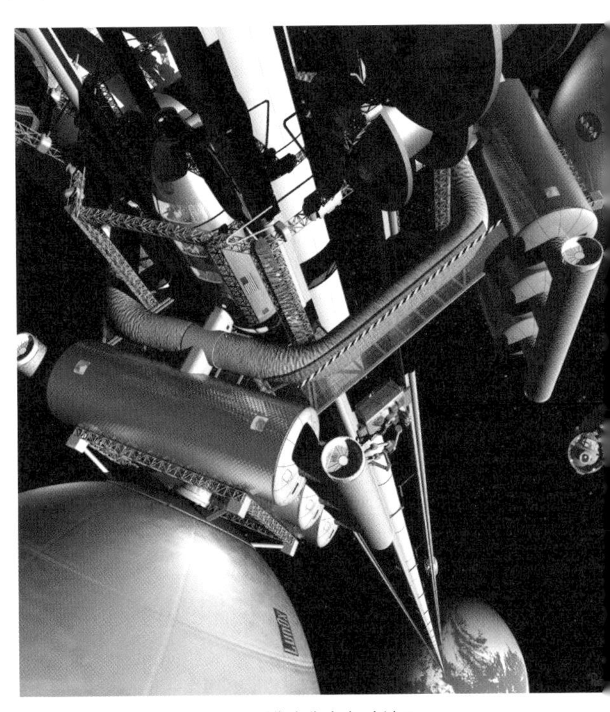
나사에서 개발하고 있는 우주엘리베이터 가상도.

도움 받은 자료

- 《100만인의 전기상식 알기 쉬운 전기의 세계》, 송길영, 동일출판사, 2004
- 《과학에 둘러싸인 하루》, 김형자, 살림출판사, 2008

SECRET ▪ 46

얼룩말 줄무늬에 정보를 담는

바코드의 비밀

물건을 구입할 때 판매원이 제품의 한 쪽 끝에 있는 검은색 줄무늬에 빨간색 빛을 쏘아 자동으로 계산하는 모습은 더 이상 낯선 광경이 아니다. 바코드는 암호처럼 되어 있는 검은색 줄무늬 부분을 말한다. 바코드를 자세히 보면 굵기가 서로 다른 검은색 막대와 흰색 막대가 섞인 채 배열되어 있는데, '막대(bar) 모양으로 생긴 부호(code)'라는 뜻으로 바코드라는 이름이 붙었다.

바코드를 연상시키는 영화 〈매트릭스〉 홍보 포스터

모스부호의 점과 장음에 영감을 받아 탄생

바코드는 1948년 미국 필라델피아 드렉셀 공과대학의 대학원생인 버나드 실버Bernard Silver, 1924~1963가 발명했다. 실버는 우연히 식품체인점 업계에서 자동으로 상품정보를 읽을 수 있는 시스템을 필요로 한다는 소식을 들었다. 그는 친구 우드랜드Norman Joseph Woodland, 1921~2012와 현재의 바코드를 발명하고, 1952년 '분류 장치와 방법'이라는 특허를 냈다. 그들이 생각해낸 바코드 체계의 핵심은 일종의 이진법 표시체계였다.

■ 네 줄로 된 바코드

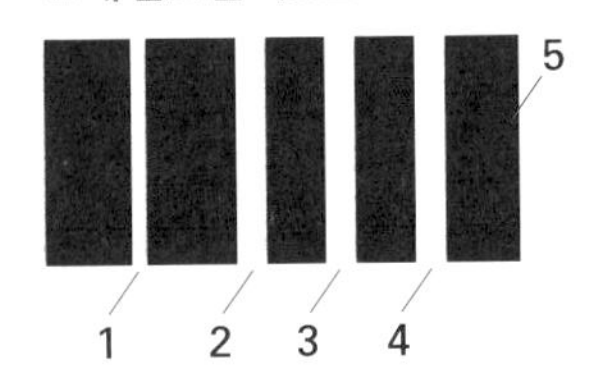

1번 선-기준
2번 선-이진수 뒤에서 세 번째 자리(22)
3번 선-이진수 뒤에서 두 번째 자리(21)
4번 선-이진수 뒤에서 세 번째 자리(20)
5번 선-검은 바탕의 띠를 의미

왼쪽 그림은 그들이 제안한 세 줄짜리 기본 바코드인데, 검은색 바탕에 4개의 흰색 줄이 그어져 있다. 이중 1번 줄은 기준선이 되고 나머지 2, 3, 4번 줄은 위치가 고정되어 있어 정해진 곳에 있는 경우 1, 그렇지 않은 것은 0을 나타낸다.

아래 그림에서 ①번 그림은 기준선 외에 세 개의 선이 다 그어져 있으므로 $111_{(2)}$이고, 이는

■ 실버와 우드랜드의 '분류 장치와 방법' 미국 특허

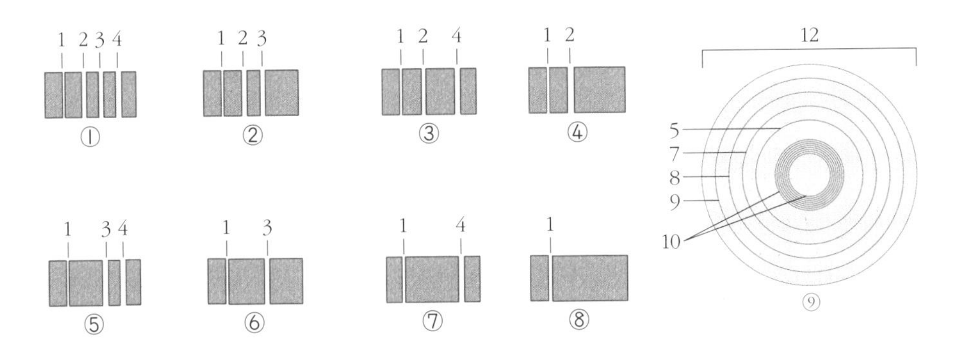

$1\times2^2+1\times2^1+1\times2^0=7$을 나타낸다. ②번 그림은 기준선과 2번 선과 3번 선이 있고 4번 선은 없으므로 $110_{(2)}$이 되어 $1\times2^2+1\times2^1+0\times2^0=6$이 된다. 이와 같이하면 ③번 그림은 $101_{(2)}=1\times2^2+0\times2^1+1\times2^0=5$, ④번 그림은 $100_{(2)}=1\times2^2+0\times2^1+1\times2^0=4$를 나타낸다. 실버와 우드랜드는 십진수로 환산된 숫자에 물건에 대한 정보를 대응시켜 정보를 표시할 수 있게 하였다. 이들이 만든 바코드는 기준선을 제외한 줄의 수가 3개로 0~7까지 8가지를 표시할 수 있지만, 한 자리수가 더 늘어나 네 자릿수가 되면 8($=2^3$)가지를 더 표현할 수 있다. 실버와 우드랜드는 이같이 줄의 수를 늘림으로 간단히 정보의 수를 기하급수적으로 표시할 수 있게 했다. 또한 이들은 정보를 나타내는 줄의 색을 달리하거나 직선으로 된 줄을 변형하여 ⑨번 그림과 같은 동심원('황소의 눈'으로 불림)으로도 정보를 표기할 수 있다고 했다.

바코드의 정보를 읽어내고 해석하는 과정

바코드에 있는 정보를 읽어내는 시스템에는 스캐너, 디코더 및 컴퓨터가 있다. 스캐너에는 레이저 빛을 쏘는 부분과 빛을 검출하는 부분이 있다. 그림 〈바코드의 해독원리와 스캐너에서의 정보인식 과정〉에서 바코드에 빛을 쏘면(①) 검은색 막대 부분은 적은 양의 빛을 반사하고, 흰색 부분은 많은 양의 빛을 반사한다(②). 스캐너는 반사된 빛을 검출하여 전기적 신호로 번역해 이진수 0과 1로 바꾼다(③~⑤). 이는 다시 문자와 숫자로 해석된다(⑥). 문자와 숫자로 해석된 정보는 디코더에 의해 컴퓨터가 바코드를 수집할 수 있는 형태로 변환한 뒤에 중앙컴퓨터로 보낸다.

■ 바코드의 해독원리와 스캐너에서의 정보인식 과정

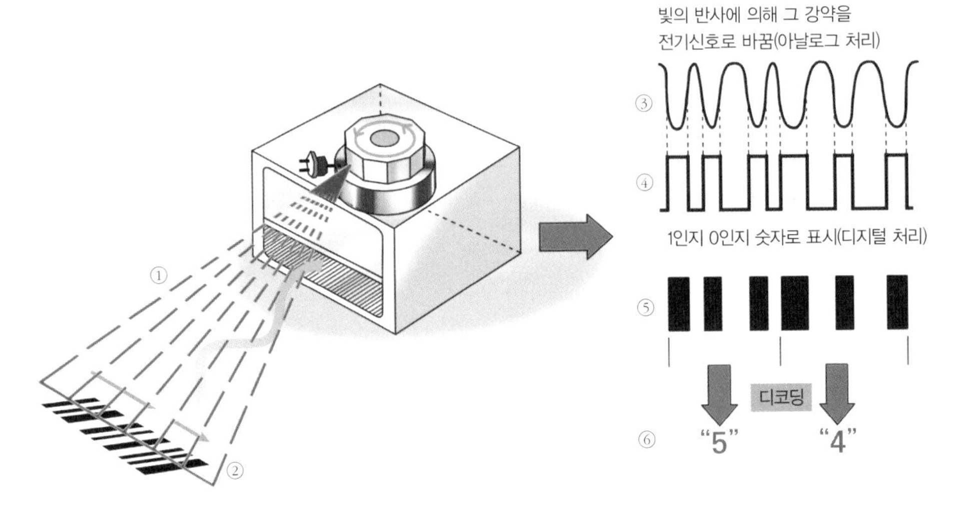

국가마다 다른 바코드 체계

바코드를 국가단위로 사용한 것은 실버와 우드랜드가 특허를 낸 후 20여년이 지나서였다. 이렇게 늦어진 것은 먼저 한 나라 안에서 유통되는 각각의 상품에 대하여 규격화된 규칙을 정해야 했기 때문이다. 이를 최초로 실시한 나라는 미국이다. 1973년 미국음식연쇄조합은 세계상품코드(UPC: Universal Product Code)를 도입하여 사용했다. 유럽에서도 1978년에 영국, 프랑스, 독일 등과 일본이 연합하여 국제공통상품번호(EAN: European Article Number)*를 도입하였다. 우리나라의 경우 1988년

국제공통상품번호
EAN 바코드는 원래 'European Article Number'였으나, 'International Article Number'로 개명되었다. 하지만 약자는 여전히 EAN으로 쓴다.

한국상품번호
EAN 체계 도입초기에는 KAN 코드라는 이름이 쓰였으나 EAN이 공식명칭이기에 대외적으로는 EAN KOREA로 불리고 있다.

EANA(European Article Numbering Association)에 가입하여 국가번호코드 '880'을 부여받아 한국상품번호(KAN)*를 사용하고 있다. 현재 EAN 체계를 따르는 나라는 전 세계적으로 100개국이 넘는다. 한편 UPC체계는 미국과 캐나다에서 사용되고 있다.

바코드 숫자가 가리키는 것

우리나라에서 사용하는 KAN 코드는 표준형 13자리와 단축형 8자리가 있다. 표준형 코드의 13자리는 '국가코드(3)+제조업체 코드(4)+자체상품코드(5)+검증코드*(1)'로 구성되어있다. 단축형 코드는 '국가코드(3)+제조업체 코드(3)+자체상품코드(1)+검증코드(1)'로 크기가 표준형보다 약간 작아서 인쇄 공간이 부족하거나 표준형 코드 사용이 부적당한 경우에 사용한다.

검증코드
바코드의 오류를 검증하는 코드.

■ 표준형 코드와 단축형 코드

표준형 코드

단축형 코드

■ 1차원 바코드와 2차원 바코드

1차원 바코드

2차원 바코드

1차원 바코드보다 정보를 100배 많이 담을 수 있는 2차원 바코드

기존의 바코드는 정보가 나란히 나열된 선 모양으로 배열되기 때문에 흔히 1차원 바코드라 부른다. 이에 반해 2차원 바코드*는 점자식 또는 모자이크식 코드로 조그만 사각형 안에 정보를 표현한다. 1차원 바코드가 막대선의 굵기에 따라 가로 방향으로만 정보를 표현할 수 있는데 반해, 2차원 바코드는 가로와 세로 모두에 정보를 담을 수 있다. 따라서 2차원 바코드는 기존 바코드보다 100배나 많은 정보를 담을 수 있다. 특히 바코드 자체가 파일 역할을 할 정도로 많은 정보를 가지고 있기 때문에 1차원 바코드와 같이 데이터베이스와 연동되지 않아도 정보

2차원 바코드
2차원 바코드를 2D바코드라고도 한다. 여기서 D는 'Dimension'으로 차원을 뜻한다.

스마트폰에서 바코드를 인식할 수 있는 애플리케이션을 통해 원하는 정보를 검색할 수 있다.

■ ISO가 인증한 2차원 바코드와 그 특징

QR코드	Data Matrix	Maxi코드	PDF417
모서리 중 3곳에는 사각형의 코너 기호가 있어 위치 검출 패턴으로 이용된다.	검은 사각형과 흰 사각형으로 특정 정보를 담고 있는 2차원 코드다.	가운데 황소의 눈이 그려져 있고 그 주위에 6각형의 점이 흩어져 있다.	많은 수의 열이 늘어선 형태를 취하고 있다.

를 파악할 수 있다. 또한 코드가 상당부분 훼손되어도 해당 정보를 파악할 수 있다.

현재 ISO(국제표준화기구)에서 인증된 2차원 바코드로는 QR코드, 데이터 매트릭스, PDF417, Maxi코드가 있다. 이 중에서 QR코드와 데이터 매트릭스는 스캐너 외에 모바일 환경에서도 작동되도록 설계되어 휴대폰 이용자를 대상으로 최근 많이 사용되고 있다.

실제로 스마트폰에 2차원 바코드를 읽을 수 있는 애플리케이션을 설치하고, 관심 있는 상품에 인쇄된 바코드를 스마트폰 카메라로 인식하게 한 후 그 자리에서 온라인 마켓의 데이터를 불러와 최저가를 검색할 수도 있다. 또한 명함에 이런 바코드를 넣을 경우 스마트폰으로 손쉽게 연락처를 등록할 수도 있다. 신문이나 잡지 등의 기사 끝에도 2차원 바코드를 넣어 기사와 관련된 멀티미디어 콘텐츠를 보여줄 수도 있다. 그 외에도 광고, 영화안내, 관광이나 전시회, 박물관 등에서는 휴대폰과 연계하여 원하는 내용을 보여주거나 들려줄 수 있어 2차원 바코드의 활용도는 대단히 크다고 할 수 있다.

SECRET ▪ 47

눈의 피로회복, 시력향상에 좋은 신기한 그림

매직아이의 비밀

어린 시절 한 친구가 "이 그림 좀 봐봐. 참 신기하게 보인다"라고 말하면서 어떤 그림책을 내민 적이 있었다. 그 때 나는 그 친구가 한 말이 무슨 뜻인지 정확히 몰랐던 것 같다. 그런데 나중에 생각하니 그 그림이 매직아이였던 것 같다. 매직아이는 스테레오그램(stereo gram: 맨눈입체보기)이라는 정식명칭으로 국제사회에서 통용되고 있고, 역사가 약 150년 이상 된 것으로 추정하고 있다.

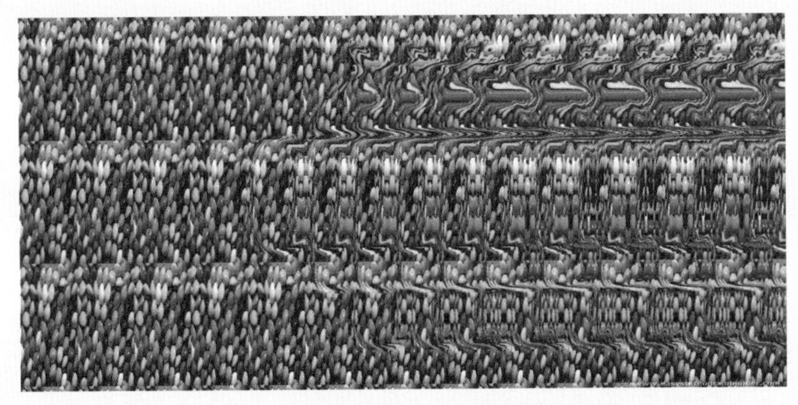

매직아이는 그 원리를 이해하고 눈의 초점을 의도적으로 맞춰야만 볼 수 있다.

먼저 스테레오그램이라는 낱말의 의미를 살펴보면 '스테레오(stereo)'의 뜻은 '입체'를 '그램(gram)'은 '문서, 도해'를 의미한다. 즉, 스테레오그램은 입체그림 혹은 입체사진 등을 통칭하는 뜻의 합성어이다. 매직아이도 입체영화와 원리는 같다. 하지만 입체영화가 편광판이 설치된 영사기와 편광안경으로 그냥 즐기면 되는데 반해, 매직아이는 그 원리를 이해하고 눈의 초점을 의도적으로 맞춰야 하는 요령이 필요하다.

두 눈이 사물을 다르게 보는 양안시차

우선 시각에 대한 기본적인 의문부터 해결해 보자. 우리는 멀리 있는 물체와 가까이 있는 물체를 어떻게 구분할까? 그것은 우리가 물체를 바라볼 때 생기는 물체와 두 눈 사이가 이루게 되는 각의 크기로 구분하게 된다. 즉, 가까이 있는 물체일수록 두 눈 사이의 각이 커지고 멀리 있는 물체일수록 각이 작아진다. 이것을 뇌가 인식하여 원근을 구분하게 된다.

동시에 우리의 두 눈은 위치가 다르기 때문에 같은 사물일지라도 실제 두 눈이 보는 상에는 차이가 생기게 되는데, 이 차이를 양안시차(兩眼視差)라고 한다. 이 양안시차는 손가락 하나를 두 눈 사이 앞에 두고 양쪽 눈을 번갈아 감고 관찰해 보면 단 번에 알 수 있다.

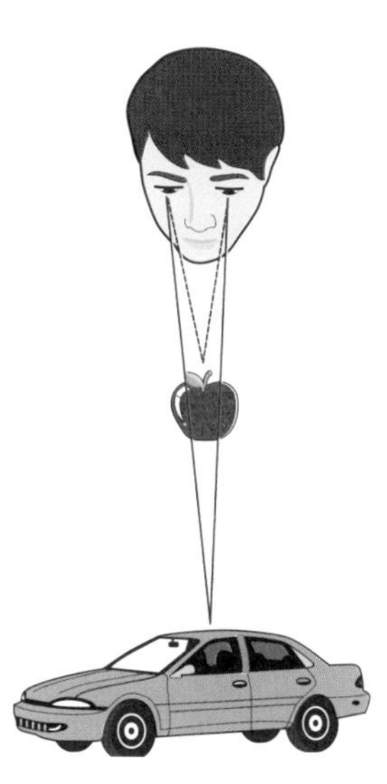
두 눈 사이가 이루는 각이 커질수록 물체와의 거리가 가깝다.

그러나 우리는 평소 두 눈이 사물을 다르게 보고 있음을 인식하지 못하고 생활하고 있다. 그럼에도 불구하고 우리 뇌는 두 영상이 아주 조금만 어긋나 있을지라도 그 미묘한 차이를 감지하여 정보를 얻어낼 수 있다. 그리고 얻어진 정보를 상세하게 해석하여 대상까지의 거리나 입체감을 감지한다.

양안시차 만으로 입체감 표현

이런 점을 이용해 보는 대상이 비록 평면이라 할지라도 의도적으로 어떤 방법을 사용하여 좌우 눈에 입력되는 영상에 적당한 어긋남을 주게 되면 입체감을 얻을 수 있다. 이것이 3D의 원리이다(27쪽 '3D영화의 비밀' 참조). 다시 말하면 2차원 평면 영상으로 양안시차를 이용해 뇌가 '3차원 입체를 보고 있다'고 착각하게 만드는 것이다. 입체로 보이는 책, 입체영화 등 대부분의 입체영상물들은 거의 모두 양안시차를 이용한다. 이때 중요한 점은 보여지는 입체 대상물에 양안시차를 갖는 두 개의 영상이 포함되어 있거나 초점을 달리하는 같은 그림이 들어 있어야 한다는 점이다.

쉬운 예로 책을 보다가 잠시 딴 생각에 빠지거나 해서 눈의 초점을 잃어버리면 한 글자가 두 개로 보이는 경우가 있다. 가령 '1212121'이라는 숫자가 있다고 할 때 이 글자를 초점 없이 멍하게 쳐다보면 1이 두 개로 보일 수 있다. 이때 두 개로 보이는 1중 하나가 곁에 있는 2와 겹쳐서 흐릿하게 보이게 된다. 그런데 만약 1과 겹쳐진 글자가 2가 아니라 또 다른 1일 때에는 어떨까? 아마

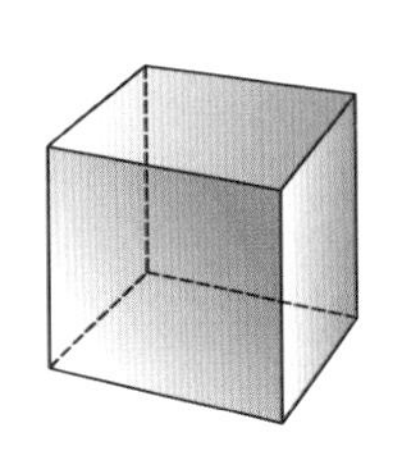
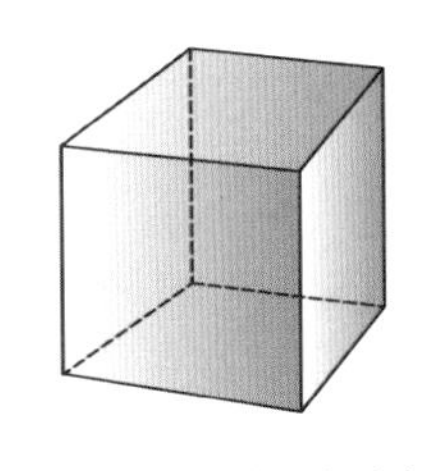
왼쪽 눈과 오른쪽 눈으로 본 사물의 모습은 차이가 난다.

더 또렷하게 보일 것이다. 이렇듯 좌우로 반복되는 그림의 경우 눈이 혼란을 겪어 또렷하게 보이지 않아야 할 위치에서 마치 그림이 있는 것처럼 또렷하게 보일 수가 있는 것이다. 그런데 똑같은 글자가 아니라 왼쪽 눈으로 본 상과 오른쪽 눈으로 본 약간 다른 두 개의 상을, 안쪽 부분만 반 정도 겹치게 시선을 맞추면 그 땐 입체로 보이는 것이다.

실제로 매직아이를 자세히 보면 여러 개의 반복된 그림이 나열되어 있다. 매직아이는 어떤 적당한 거리에서 배경그림이 나타나도록 그림을 좌우 반복적으로 구성하고, 동시에 이보다 더 가까운(또는 먼) 거리에서 어떤 물체의 상이 나타나도록 반복되는 주기를 바꾸어 보는 사람이 특정한 모양이나 상을 입체적으로 느낄 수 있게 만든다.

누구라도 매직아이를 볼 수 있는 두 가지 방법

매직아이 보는 방법에는 평행법과 교차법이 있다. 평행법은 초점을 상의 뒤 쪽에 맺히게 하여 상을 두 개로 만들어 겹쳐 입체로 보이게 한다. 이 방법은 매직아이보다 눈의 초점을 더 멀리에서 맞춤으로써 대상보다 멀리 있는 것을 응시한다는 생각으로 본다. 한마디로 '멍하게 쳐다보는 느낌'으로 보는 방법이다. 또 눈을 약간 치켜뜨는 기분으로 본다. 평행법으로 보았을 때는 초점보다 실제 그림이 앞에 위치해서 볼록 튀어 나와 보인다.

교차법은 초점을 상의 앞쪽에 맺히게 하여 두 개의 상을 겹쳐 입체로 보이게 한다. 이 방법은 매직아이 바로 앞에 초점이 맞추어지도록 눈동자가 몰리게 하고 본다. 오른쪽 눈으로 왼쪽 대상을 보고, 왼쪽 눈으로 오른쪽 대상을 바라보는 것이다. 또한 눈을 약간 내리뜨는 기분으로 본다.

■ 매직아이를 보는 방법

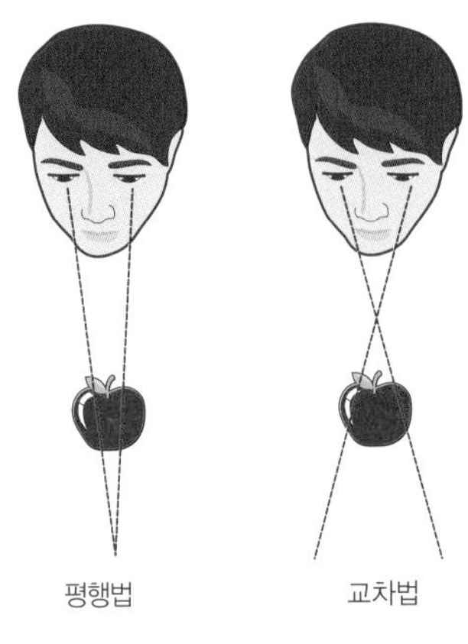

잘되지 않으면 눈앞에 손가락을 세우고 손가락에 초점을 맞추면 주위의 다른 형상들은 초점이 맞지 않게 된다. 그런 상태에서 슬쩍 뒤의 형상들을 보면 그림이 입체적으로 보이게 된다. 교차법으로 보았을 때는 초점 뒤에 실제 그림이 있어서 움푹 들어가 보인다. 교차법으로는 초점 뒤로 상을 보기 때문에 평행법과 달리 볼 수 있는 범위의 한계가 없다.

매직아이의 그림은 가로방향으로 반복되는 비슷한 패턴의 주기가 있다. 그리고 흔히 이 주기와 같은 폭으로 두 개의 점이 눈의 표적으로 표시되어 있다. 이 점의 위치에 각각 좌우의 시선이 맞으면 세 개의 점이 보이게 되는데, 이 상태에서 그림을 보면 입체로 보인다. 때로는 주기의 두 배 혹은 세 배의 폭으로 시선이 맞게 되는 경우가 있는데, 이때는 그림모양이 다르게 보인다.

간단하게 매직아이를 만드는 방법

매직아이를 만들 때 중요한 점은 같은 그림을 일정한 간격을 유지하면서 모양이 합쳐지게 해야 한다는 것이다. 이때 그림간격이 멀면 떠 보이고, 그림간격이 좁으면 가라앉아 보인다. 보는 방법에 따라서 평행법, 교차법, 두 가지 방법으로 다 볼 수 있는 그림이 있다. 그림을 구성하는 방법으로는 3D 사진을 숨겨놓는 방법과 약간 다른 두 장의 그림을 이용하는 방법이 있다. 그리고 '스테레오그램 크리에이터(stereogram creator)'

라는 프로그램을 사용하면 보다 쉽고 다양하게 매직아이를 만들 수 있다. 여기서는 워드프로세서나 그림판에서 특수문자를 이용해서 할 수 있는 간단한 방법을 소개하고자 한다. 단순히 같은 모양이나 글자를 오른쪽 그림처럼 일정한 간격을 두고 복사하면 된다.

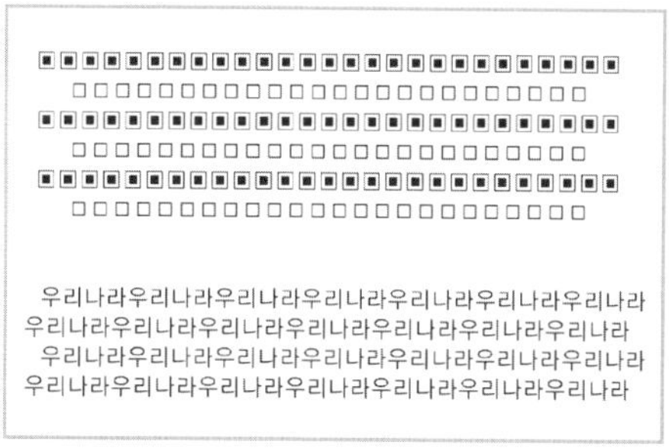

▣▣▣▣▣▣▣▣▣▣▣▣▣▣▣▣▣▣▣▣▣▣▣▣▣▣▣
□□□□□□□□□□□□□□□□□□□□□□□□
▣▣▣▣▣▣▣▣▣▣▣▣▣▣▣▣▣▣▣▣▣▣▣▣▣▣▣
□□□□□□□□□□□□□□□□□□□□□□□□
▣▣▣▣▣▣▣▣▣▣▣▣▣▣▣▣▣▣▣▣▣▣▣▣▣▣▣
□□□□□□□□□□□□□□□□□□□□□□□□

우리나라우리나라우리나라우리나라우리나라우리나라우리나라
우리나라우리나라우리나라우리나라우리나라우리나라우리나라
우리나라우리나라우리나라우리나라우리나라우리나라우리나라
우리나라우리나라우리나라우리나라우리나라우리나라우리나라

워드프로세서나 그림판을 이용해서 간단하게 매직아이를 만들 수 있다.

눈에 이로운 매직아이의 효과

매직아이는 굳어진 눈의 근육을 풀어주는 역할을 하기 때문에 눈의 피로회복, 뇌활성화, 시력향상에 좋다고 한다. 처음에 잘 보이지 않는 사람이 많지만 여러 번 시도하면 대부분 볼 수 있다. 아무리 해도 잘 되지 않는다면 눈을 움직이는 근육과 초점을 맞추는 근육을 의도적으로 훈련해야 한다. 그러면 모두가 매직아이를 볼 수 있다. 하루 종일 컴퓨터 모니터나 서류를 들여다봐야 하는 사무실에서, 눈과 정신의 피로를 잠시나마 잊게 하는 데 매직아이가 제격이지 않을까, 생각해 본다.

도움 받은 자료

- 《당신의 눈은 믿을 수 없다》, 앨 세켈, 김영사, 2002
- 《색채심리와 디자인》, Deborah T.Sharpe, 태림문화사, 1996
- 《시각심리학》, Robert L. Solso, 시그마프레스, 2003
- 《눈이 좋아지는 매직아이》, Cheri Smith, 창과창, 2001

SECRET ▪ 48

인간처럼 생각하고 학습하는
인공지능의 비밀

인공지능이 뭐지?

이세돌과 알파고의 바둑 대결이 화제를 모은 적이 있었다. 2016년 3월 알파고가 이세돌 9단을 4대 1로 이기기 전까지만 해도 인공지능(Artificial Intelligence, AI)이 무엇인지 사람들은 관심이 없었다. 인공지능은 쉽게 말해 인간의 학습능력, 추론능력, 지각능력, 자연언어의 이해능력 등을 컴퓨터 프로그램으로 실현한 기술을 말한다. 즉, 인공지능 프로그램인 알파고는 단순한 연산능력만으로 이세돌을 이긴 게 아니라 학습을 통해 지적 수준을 향상시켜 나가는 능력으로 승리를 거둔 것이다. 하지만, 인간이 아닌 컴퓨터 프

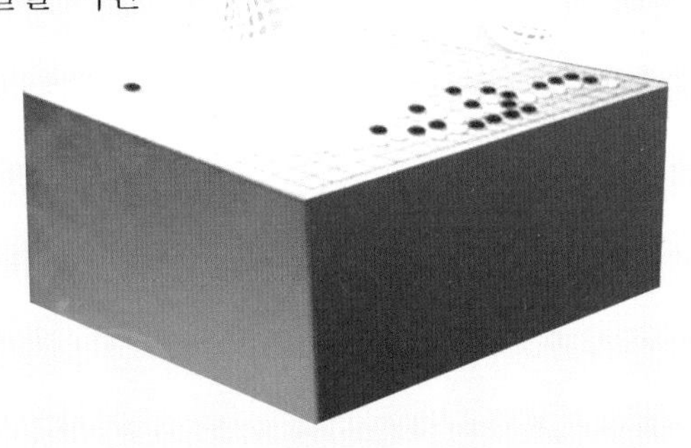

로그램이 학습하고 인지·추론·판단하는 '지능'을 가진다는 것은 언뜻 이해가 되지 않는다.

'지능(intelligence)'이란, 인지 능력과 학습 능력을 바탕으로 합리적으로 사고하여 주어진 문제를 해결하는 총체적인 능력을 말한다. 이러한 지능의 바탕이 되는 '학습(learning)'이란, 연습이나 경험의 결과로 생기는 지속적인 행동의 변화를 말한다. 즉, 학습 전과 후의 행동이 달라진다는 것이다. 행동이 변화한다는 것은 환경상태에 적응한다는 것을 뜻하는 것이므로, 학습은 적응행동의 습득·기억·숙달의 측면을 포함한다. 그렇다면 인공지능은 컴퓨터 프로그램이 스스로 학습을 통해 지적 능력을 갖춰 나간다는 얘긴데, 왠지 과학기술의 진화가 경이로움을 넘어 섬뜩함으로까지 다가온다.

'지능이 없는' 폰 노이만 컴퓨터

헝가리 출신의 수학자 폰 노이만J. L. von Neumann, 1903~1957은 컴퓨터 중앙처리장치의 내장형 프로그램을 처음 고안한 것으로 유명하다. 그는 컴퓨터의 명령과 수치를 함께 기억시키는 내장방식을 제안했는데, 이것이 현대 컴퓨터의 기본 원리가 되었다. 이 제안을 바탕으로 1949년 최초로 프로그램 내장방식 컴퓨터인 EDSAC이 완성되었다. 프로그램 내장방식은 기억장치에 프로그램과 데이터

EDSAC 앞에서 기념 촬영 중인 폰 노이만

를 넣고 차례로 불러내 처리하는 방식으로, 오늘날 우리가 사용하는 컴퓨터는 이 방식을 따르고 있다. 폰 노이만 컴퓨터는 일견 인간을 넘어서는 엄청난 능력을 가진 것 같지만, 실상은 내장된 프로그램에 따른 순차적인 알고리즘을 엄청나게 빠른 속도로 데이터를 처리할 뿐 기본적으로 지능이 없다. 즉, 컴퓨터를 많이 사용한다고 해서 컴퓨터의 능력이 더 나아지지 않는다.

뉴럴 네트워크와 딥러닝

인공지능은 컴퓨터나 기계가 '지능'을 가지고 동작할 수 있도록 하는 것을 목표로 한다. 인공지능은 그 자체로만 존재하는 것이 아니라, 정보기술의 여러 분야에서 직·간접적으로 많은 연관을 맺으며 진화하는 것이다. 인공지능이 활용되는 예를 살펴보면, ① 자동번역과 같은 자연언어 처리, ② 의사의 진단이나 판사의 판결과 같은 전문적인 작업, ③ 카메라에서 포착한 영상을 분석하여 사실관계를 규명하거나 사람의 목소리를 듣고 그것을 문장으로 변환하는 것 등의 영상·음성 인식, ④ 이미 알려진 사실로부터 논리적으로 추론하여 수학적인 정리를 증명하는 이론증명, ⑤ 인간의 두뇌를 모방하여 수많은 프로세서들의 네트워크로 신경망 구조를 흉내 내는 뉴럴 네트워크(neural network, 신경망) 등이 있다.

이 가운데서 최근 가장 주목을 끄는 기술은 '뉴럴 네트워크'다. 구글의 인공지능 컴퓨터 알파고의 핵심 기술도 바로 뉴럴 네트워크다.

과학의 발전으로 인간의 몸을 비롯한 자연계의 수많은 신비가 하나둘 밝혀지고 있지만, 인간의 뇌는 여전히 미지의 영역으로 남아 있다. 과학자들은 뇌의 구조를 모조리 규명해 낼 수 있다면, 이를 다양한 분야에 적용해 인간이 당면한 수많은 난제들을 해결할 수 있을 것이라고 생각해왔다. 그런 이유로 전 세계적으로 뇌과학 연구가 급물살을 타고 있다. 뇌 과학자들의 궁극적인 목표는 뇌의 구조와 특징을 있는 그대로 재현할 수 있는 기계를 만드는 것이다. 인간의 뇌는 아래 그림 '(a)인간의 뉴런'처럼 '뉴런(neuron)'이라는 신경세포와 뉴런을 연결하는 '시냅스(synaps)'가 네트워크를 형성하고 있다. 뇌는 이 신경 네트워크를 통해 외부 입력을 뇌 안의 특정 부위로 전달하는 한편, 이러한 전달 과정을 스스로 학습한 다음, 유사한 입력을 더욱 효과적으로 처리할 수 있는 능력을 발휘한다. 따라서 컴퓨터공학계에서는, 신경 네트워크를 모방할 수 있는 알고리즘 혹은 회로를 개발할 수 있다면 기존 컴퓨터로는 해결하기 어려운 자연어 분석 및 음성과 영상 인식은 물론 스스로 지식을 학습하는 인공지능 컴퓨터도 만들 수 있을 것으로 믿고 있다. 이런 알고리즘은 신경 네트워크 구조를 개념적으로 모방했다는 의미에서 뉴럴 네트워크(neural network)라고 불린다. 기계가 학습한다는 것은, 아래 그림 '(b) 인공적으로 모사한 뉴런'의 분산된 메모리에 저장된 가중치 값을 조금씩 수정해 가는 과정으로 흉내 낼 수 있고, 이는 하드웨어 및 소프트웨어 모두로 구현이 가

■ 뉴럴 네트워크의 기본 단위

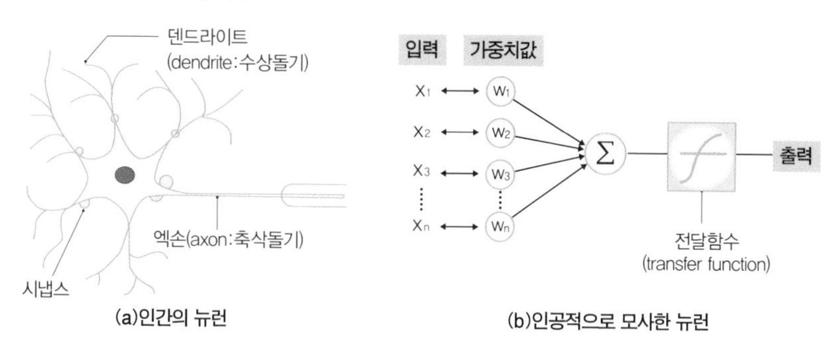

(a)인간의 뉴런

(b)인공적으로 모사한 뉴런

능하다. 즉, 가중치 값이 수정된다면 같은 입력에 대해 더 나은 출력을 낼 수 있다. 이러한 학습을 '머신러닝(Machine Learning, 기계학습)'이라고 한다.

사실 뉴럴 네트워크 연구는 1940년대에 시작된 이래 지금까지 발전이 매우 더뎠다. 뉴럴 네트워크의 특성상 폰 노이만 알고리즘에 비해 연산 처리 속도가 느리고 응용 분야가 적어 쉽게 상용화되지 못했기 때문이다. 뉴럴 네트워크에는 매우 높은 수준의 연산처리 능력을 가진 프로세서가 필요하지만 뉴럴 네트워크의 개념이 등장할 당시에는 이러한 요구를 충족시킬 수 있는 기술이 없었다. 하지만 최근에는 빠른 속도로 복잡한 연산을 처리할 수 있는 고성능 마이크로프로세서 기술이 등장하면서 효과적인 뉴럴 네트워크를 만들 수 있게 됐다.

최근 각광 받는 '빅 데이터' 역시 뉴럴 네트워크 발전의 일등 공신이다. 뉴럴 네트워크 스스로 학습을 통해 성능을 강화하기 위해서는 지속적으로 방대한 규모의 데이터를 입력해야만 한다. 과거에는 뉴럴 네트워크에 적용할 수 있는 데이터의 수집 및 처리 능력이 제한적이었기 때문에, 뉴럴 네트워크가 뛰어난 성능을 발휘하기 어려웠다. 하지만 인터넷 및 모바일 시대에 접어들어 풍부한 데이터 확보가 가능해지면서, 뉴럴 네트워크가 실제로 여러 분야에 활용될 만큼 빠르게 발전하고 있다.

딥러닝의 핵심은 분류를 통한 예측이므로 데이터의 양이 관건이다. 데이터의 양이 많을수록 품질이 올라가기 때문이다.

뉴럴 네트워크에 기반한 핵심 신기술로 '딥러닝(deep learning)'이 꼽힌다. 딥러닝은 구글과 페이스북, 아마존 등 유수의 IT기업들이 주목하는 기술로 부상하고 있다. 딥러닝 방식을 이해 쉽게 설명하면 다음과 같다.

과거에는 방대한 양의 데이터를 사전지식을 동원해 분류했다. '귀가 뾰족하고 네 발이 보이는 사진'이라는 사전지식을 입력해 고양이 사진을 찾아내는 방식이다. 이때 고양이의 귀나 다리가 사진에서 잘 보이지 않으면 어떻게 될까? 기계는 바로 고양이 사진이 아니라고 분류했다. 사전지식의 내용과 다르기 때문이다. 하지만 딥러닝은 이러한 사전지식을 사용하지 않는다. 일단 데이터를 넣어놓고 기계가 스스로 특성을 분류한다. 이때 무작정 데이터가 많아선 안 되며, 실제로 고양이 사진이 무엇인지 알려주는 이른바 '정답' 데이터도 많아야 한다. 딥러닝의 핵심은 분류를 통한 예측이므로 데이터의 양이 관건이다. 데이터의 양이 많을수록 품질이 올라간다. 구글 알파고는 딥러닝 기법을 사용하여 스스로 데이터를 수집하고 데이터를 기반으로 학습하여 다음 단계를 예측한다. 알파고는 미리 입력된 기보(바둑을 둔 내용)를 바탕으로 스스로 학습한다. 딥러닝 기법을 기반으로 하는 학습 능력은 상상 이상으로 대단하다. 알파고는 이세돌과의 대결을 통한 학습으로 불과 몇 달 만에 더욱 강력해져서, 이제 이세돌이 기계를 이긴 마지막 인간이 될 것이라는 말까지 나오는 것이다.

인공지능의 기술적 난제들 …… 아직 갈 길이 멀다

인간의 노동을 대체하는 증기기관을 이용한 1차 산업혁명, 전기의 발명과 이를 이용한 대량생산이 가능해진 2차 산업혁명, 반도체 및 컴퓨터의 발달로 모든 사람이 손 안에 컴퓨터를 들고 다니는 정보화 사회를 이룩한 3차 산업혁명까지, 100년이 조금 넘는 세월 동안 인간은 엄청난 과학기술의 진화를 거듭해왔다.

그리고 이제 인간이 아닌 사물과 사물이 서로 교감하는 지능화 사회를 일컫는 4차 산업혁명이 어느덧 우리 삶 깊숙이 침투해 들어오고 있다. 4차 산업혁명의 중심에 인공지능이 있는 것이다.

인공지능의 미래를 예견하는 것은 쉽지 않다. 인공지능이 안고 있는 기술적인 난제들이 적지 않기 때문이다. 알파고는 매우 혁신적인 기술적 성취가 아닐 수 없지만 바둑과 같은 특정 분야를 넘어서 여러 분야를 포괄하는 보편적인 혁신에 이르기 위해서는 아직 갈 길이 멀다. 이를테면, 알파고는 클라우딩 서버를 통해 1,202개의 중앙처리장치(CPU)와 176개의 그래픽처리장치(GPU)를 사용한다. 마이크로프로세서 1개 당 반도체 면적이 약 1cm²라고 계산할 경우, 전체는 약 1,200cm²의 면적을 필요로 한다. 이에 반해 인간의 뇌는 약 1,000억 개의 신경세포와 3,000억 개가 넘는 교질세포로 이뤄져 있으며, 대뇌피질의 면적은 약 2,500cm²이므로, 인간은 2,500개의 마이크로프로세서를 장착하고 있는 셈이 된다. 전반적인 지적 능력을 감안했을 때, 알파고가 당장 인간의 뇌를 추월하기는 역부족이란 얘기다. 또한 알파고 같은 시스템을 가동하기 위해서는 단순 계산으로 약 170kw의 전력(1202×100W+176×300W)이 필요하다. 인간의 뇌가 약 20W로 가동되는 것과 비교하면 효율성이 크게 떨어진다.

인간의 복잡한 뇌를 정교하게 모방한다!

인공지능은 크게 '약한 AI'와 '강한 AI'로 나뉜다. '약한 AI'는 특정 영역의 문제를 푸는 기술로서, 예를 들면 '단어를 입력하면 검색 결과를 보여라', '음성을 듣고 무슨 말인지 인식하라' 등의 단순 문제를 해결하는 것이다. 반면, '강한 AI'는 문제의 영역을 좁혀주지 않아도 어떤 문제든 해결할 수 있는 기술 수준을 말한다. '강한 AI'는 영화 〈터미네이터〉의 스카이넷이나 〈어벤저스 2〉의 울트론처럼 비현실적인 로봇이다.

지금까지 개발된 AI 수준은, 입력된 정보를 토대로 단편적인 결과를 얻는 능력은 탁월하지만 숨겨진 의미까지 이해하는 데는 한계를 드러냈다. 예를 들어, 언어의 표면적 의미는 이해할 수 있지만 여기에 내포된 은유나 비유 등을 파악하는 것은 쉽지 않다. 이에 따라 과학자들은 뉴럴 네트워크의 구조뿐만 아니라 여기에서 발생하는 뇌파의 특성에 주목하게 됐다. 뉴런과 시냅스가 자극을 받으면 뇌파가 생성되는데, 이러한 뇌파는 정보의 전달을 넘어서 고차원적인 정보의 해석을 가능하게 하는 것으로 알려져 있다. 즉, 뇌의 신경 네트워크 및 뇌파의 작용까지 모방해 정교한 사고 능력을 구현할 수 있는 '스파이킹 뉴럴 네트워크(spiking neural network)'라는 기술이 여기에 해당된다.

뉴럴 네트워크를 하드웨어 반도체로 만들려는 연구도 이뤄지고 있다. 그동안 뉴럴 네트워크는 대부분 개발이 용이한 소프트웨어로 활용되는 게 전부였다. 하지만 실제 뇌의 특징을 정교하게 모방하기 위해서는 뇌 세포 및 신경 네트워크 구조를 하드웨어로 만들어야 한다는 주장이 지속적으로 제기돼 왔다. 인간의 뇌의 특징을 정확하게 재현할 수 있는 '뉴로모픽 칩(neuromorphic chip)'이 이를 가능하게 할 수도 있을 전망이다. 실제로 IBM과 퀄컴 등 반도체기업들은 뉴로모픽 칩을 집중적으로 연구하고 있다.

IBM은 2006년부터 뇌를 모방하는 컴퓨터를 연구하는 프로젝트를 수행하여, 2014년 '트루노스(TrueNorth)'라는 뉴로모픽 칩을 개발했다. IBM은 수년 내에 상용화하겠다고 밝혔다. 상용화를 위해 특히 중요한 것은 매우 적은 전력 소비로 칩의 운용이 가능할 수 있는가 여부다. 스마트폰 같은 모바일기기에 활용되려면 저전력 기술이 필수적이다. 퀄컴은 '제로스(Zeroth)'라는 새로운 프로세서를 개발 중인데, 컴퓨터가 사람처럼 주변 환경을 인식하고 스스로 학습하는 능력을 갖추는 것을 목표로 하고 있다.

왜 우리는 인공지능을 필요로 하는 것일까?

스티븐 스필버그가 2001년 감독한 영화 〈AI〉는 아이를 잃은 부부가 인공지능 로봇 소년을 입양하면서 겪게 되는 에피소드를 다룬 미래 이야기다. 스파이크 존즈가 2013년 감독한 영화 〈Her〉는 한 중년남자가 스스로 생각하고 느끼는 인공지능 프로그램과 서로 사랑의 감정을 느낀다는 내용을 담고 있다.

두 영화 모두 실제 이야기가 아닌 허구이지만 영화를 본 많은 사람들이 공감하는 이유는 바로 지금 혹은 가까운 미래에 영화 속 일들이 현실이 될 수도 있다고 생각하기 때문이다.

그런데, 인공지능 프로그램이나 지능화된 로봇에게 '감정'을 주입시키는 것이 과학적으로 가능할까? 과학계에서는 아주 먼 미래에나 생각해 볼 수 있는 일이라고 전망한다. 하지만, 불과 몇 년 전만 해도 알파고 같은 인공지능 프로그램이 세계 최고의 프로바둑 기사를 쩔쩔매게 할 줄 누가 알았겠는가? 생각해보면 인간처럼 생각하고 감정을 지닌 로봇과 인공지능의 개발이 전혀 실현불가능한 일만은 아니다.

하지만, 과학기술의 진화로 인간의 삶이 늘 풍요로워지는 것만은 아니

영화 〈AI〉 포스터

다. 풍요에 대한 욕망과 집착이 지나치면, 과학기술은 오히려 인간의 삶에 혼란을 초래하거나 생존을 위협하기도 한다. 머지않아 인간이 해야 할 일이 인공지능에 의해 대체될 것이라는 뉴스는 시사하는 바가 크다. 한국직업능력개발원은 앞으로 10년 후면 국내 일자리의 52%가 로봇이나 인공지능으로 대체될 가능성이 높다는 연구보고서를 발표하기도 했다. 물론 직종마다 대체비율은 차이가 있지만, 일자리의 절반 이상을 로봇이나 인공지능에게 빼앗긴다는 예측은 매우 충격적이다.

자본주의 시스템의 중심에 있는 대기업이 인공지능을 포함한 4차 산업에 적극 투자하는 이유는 더 높은 '효율'과 더 많은 '이익 창출'을 거둘 수 있기 때문이다. 과학기술이 거대 자본과 만나면 '인간 중심'에서 '이윤 중심'으로 그 본래 목적을 상실하기 쉽다. 그래서일까? 과학기술은 양날의 칼과 같다. 인간에게 풍요와 안전, 편익을 가져다주지만, 다른 한편으로는 우리 삶의 본질적인 부분을 빼앗아가기도 한다. 그런 의미에서 우리 스스로에게 던지는 다음의 질문은 꽤 도발적이지만, 많은 것을 생각하게 한다. 우리에게는 '왜' 인공지능이 필요한 것일까?

SECRET

일곱 번째 시크릿 스페이스

OUTDOOR

SPACE

SECRET▪49

추운 겨울 찬 손을 녹여주는 주머니 속 작은 난로

손난로의 비밀

손난로는 겨울철에 야외에서 활동해야 할 경우 차가와진 손을 따뜻하게 덥혀주는 주머니 속의 친구이다. 전기나 연료를 사용하는 것을 제외하면 손난로는 두 가지 종류로 나눌 수 있다. 한번 사용하고 버리지만 따뜻함이 좀 더 오래 지속되는 '흔들이 손난로'와 재사용을 할 수 있는 '똑딱이 손난로'가 그것이다.

녹이 슬며 발생하는 열 때문에 따뜻해지는 흔들이 손난로

두 종류의 손난로는 서로 다른 원리로 열을 방출한다. 먼저, 흔들이 손난로 안에는 철가루, 소량의 물, 소금, 활성탄*, 질석, 톱밥이 들어 있다. 철은 공기 중에서 산소와 결합하여 산화철이 되어 녹이 슨다. 반응물보다 생성물의 에너지가 낮을 경우 생성물이 반응물보다 안정한 상태가 되므로, 외부에서 에너지를 가하지 않아도 반응이 자발적으로 일어난다. 철이 산화될 때도 반응물보다 산화된 생성물의 전체 에너지가 낮아 반응이 자발적으로 일어나며 낮아지는 에너지 차이만큼 열이 방출된다(철 1g 당 1.69kcal의 열을 방출). 즉, 철은 가만히 놓아두면 자연히 녹이 슨다($4Fe + 3O_2 \rightarrow 2Fe_2O_3 +$ 열)는 말이다. 이 반응은 보통 매우 천천히 일어나서 철이 녹슬 때 열이 생기는 것을 느끼기는 어렵다.

그러나 손난로 안에는 적당한 크기의 고운 철가루가 들어 있어서 철이 매우 빨리 산화되고 몇 분 내에 온도가 30~60℃까지 올라간다. 덩어리보다 가루가 물에 빨리 녹듯이 물질의 표면적이 클수록 화학반응의 속도가 빠르기 때문에 철가루를 사용하는 것이다.

소금과 활성탄도 반응이 빨리 일어나는 것을 도와준다. 또한 물과 산소가 없으면 철의 산화는 일어나지 않으므로 소량의 물이 필요하다. 손난로의 봉지를 뜯어 철이 산소와 접촉해야 비로소 산화가 시작된다. 질석과 톱밥은 충전재와 단열재의 역할을 한다. 철이 다 산화되면 반응이 멈추고 손난로는 다시 사용할 수 없다.

활성탄
숯 등에서 얻어지는 탄소의 한 형태이다. 다공성으로 표면적이 매우 크므로 흡착이나 화학반응의 촉매로 유리하다. 1g의 활성탄이 500m^2 이상의 표면적을 갖는다.

겔(gel)
입자들이 그물구조를 하고 있는 덩어리성 액체로 탄력성이 있거나 단단하다.

액체가 고체로 바뀌면서 열을 방출하는 똑딱이 손난로

똑딱이 손난로 안에는 겔* 상태의 투명한 물질과 홈이 파인 금속판이 들어 있다. 금속판을 구부려 꺾으면 주위에 하얀 결정이 자라나기 시작하면서 봉지가 뜨거워진다. 흔들이 손난로와는 달리 열이 식은 후에 봉지를 끓는 물에 넣어 데우면 다음에 다시 쓸 수 있다.

겔 상태의 물질은 아세트산나트륨(sodium acetate) 과포화용액이다. 과포화용액은 어떤 온도에서 용매에 녹을 수 있는 것보다 더 많은 양의 용질이 녹아 있는 용액이다. 과포화용액은 높은 온도에서 용질을 녹인 후 천천히 식혀서 만든다. 이때 용액은 투명하고 균일한 겔 상태가 된다. 이런 과포화용액은 매우 불안정해서 작은 충격에도 쉽게 과포화상태가 깨지면서 결정이 만들어진다. 이때 물질이 액체에서 고체로 바뀌므로 에너지가 방출된다. 어떤 물질은 과포화상태가 다른 과포화용액에 비해 상당히 안정적인데, 손난로의 재료로 사용되는 아세트산나트륨이나 티오황산나트륨이 그런 물질이다.

손난로 안에 들어 있는 금속판에 압력을 주어 구부리면 아세트산나트륨 과포화용액의 결정화가 시작된다. 금속판을 구부려 꺾으면 '딸각'하고 소리가 나는데, 이때 발생하는 에너지가 주위의 아세트산나트륨에 전달된다. 이어 불안정한 과포화상태가 깨지면서 결정이 만들어지기 시작해서 연쇄적으로 결정화가 일어나고 용액 전체가 즉시 고체로 바뀐다. 이때 액체가 고체로 변화하므로 열이 발생한다. 모든 아세트산나트륨이 결정화된 후 단열재 등에 의해 열은 서서히 사그라지고 고체 아세트산나트륨 덩어리가 남는다. 아세트산나트륨 결정을 다시 용액으로 만들려면 뜨거운 물에 봉지를 넣으면 된다. 봉지가 찢어지지 않으면 이 과정은 반복해서 일어날 수 있다.

흔히 핫팩으로 불리는 손난로는 화학적 원리를 간단한 일상용품에 응용한 좋은 예라고 할 수 있다.

SECRET ▪ 50

순식간에 모든 것을 휩쓸어버리는 파도

쓰나미의 비밀

2009년에 개봉하여 화제를 모았던 영화 〈해운대〉는 대한해협에서 발생한 지진에 의해 만들어진 쓰나미가 불과 수 분 만에 부산 앞바다를 덮치면서 벌어지는 여러 가지 사건을 다룬 재난영화이다. 이 영화의 시나리오는 가상이었지만, 실제로 쓰나미는 지금까지 세계 곳곳에서 여러 차례 발생하여 엄청난 위력으로 수많은 인명피해와 재산상의 손실을 가져오는 자연재해이다.

'항구의 파도'라는 의미의 쓰나미

'쓰나미(tsunami, 津波)'는 '지진해일'을 뜻하는 일본어이다. 해안(津: 진)을 뜻하는 일본어 'つ(tsu)'와 파도(波: 파)의 'なみ(nami)'가 합쳐진 '항구의 파도'란 말로 선착장에 파도가 밀려온다는 의미이다. 일본에서는 1930년경부터 이 용어가 사용되기 시작했다. 그러던 중 1946년 태평

양 주변에서 일어난 알류샨열도 지진해일이 당시로서는 자연재해 사상 최대 규모의 희생자를 내자, 세계 주요 언론들이 지진과 해일을 일컫는 쓰나미라는 일본어를 사용하기 시작했다. 그리고 1963년에 열린 국제과학회의에서 쓰나미가 국제 용어로 공식 채택됐다.

쓰나미는 지진에 의해 발생된 지진해일

해일(海溢)이란 거대한 파도가 밀려오는 현상으로 지진, 폭풍, 화산 활동, 빙하의 붕괴 등에 의해 생길 수 있다. 이 중 지진에 의해 발생된 지진해일이 쓰나미이다. 바다 밑의 해양지각에서 지진이 발생하여 지각의 높

해안도시를 집어 삼키는 큰 파도인 쓰나미를 묘사한 일러스트레이션

이가 달라지면 지각 위에 있던 물의 해수면도 굴곡이 생겨 해수면의 높이가 달라지게 된다. 달라진 해수면의 높이는 다시 같아지려 하므로 상하방향으로 출렁거림이 생겨나게 된다. 해수의 이런 출렁거림, 즉 파동은 옆으로 계속 전달되어 가는데, 이것이 바로 지진해일인 쓰나미를 발생시킨다.

해일의 주기는 수 분에서 수십 분이며 파장은 수백 킬로미터에 달한다. 이 파는 수심의 20배에 달하는 매우 긴 장파이다. 바다의 깊이가 4km이면 해일의 속도는 시속 720km의 매우 빠른 속도로 이동하게 된다. 해일의 주기가 매우 길어서 넓은 바다에서 보면 그 움직임이 크게 느껴지지는 않으나, 해안가로 다가올수록 바다의 수심이 점점 얕아지므로 해일의 파고는 점점 높아지게 된다.

해안가로 다가올수록 해일의 파고가 높아지는 이유는?

천해파(淺海波, shallow water wave)는 수심이 파장의 2분의 1보다 얕을 때의 해파를 말하며, 장파라고도 한다. 천해파의 속도공식은 $v=\sqrt{gh}$ (v: 속도, g: 중력가속도, h: 수심)이다. 중력가속도 g를 9.8이라 하면 v는 $v(m/s)=3.1\sqrt{h}$로 표시된다. 이 속도공식에서 보면 수심이 깊을수록 파의 속력이 매우 빨라진다. 수심 4000m인 바다에서 파고의 높이는 대략 1m 정도이다. 그러나 이 파가 해안가로 다가올수록 수심이 점점 얕아져 파의 속도도 차츰 감소하게 된다. 수심이 얕아지면 물과 바닥과의 마찰이 심해져서 속도가 점점 감소하게 되는 것이다. 그러나 속도는 느려지는 데 반해 해일의 주기와 해일이 가져온 총 에너지는 거의 줄어들지 않

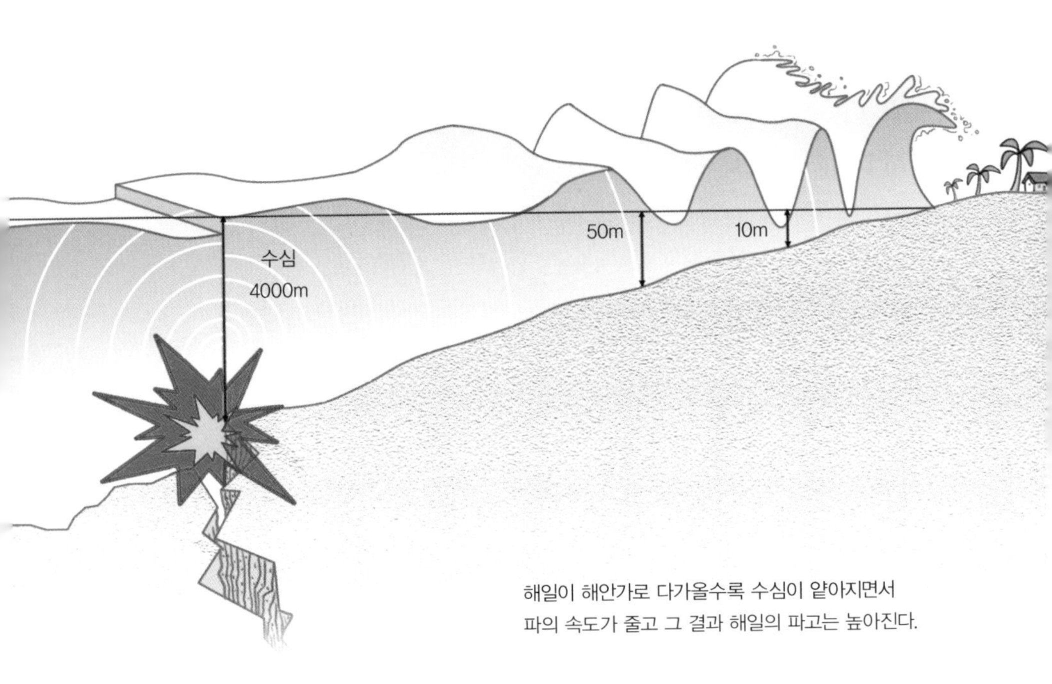

해일이 해안가로 다가올수록 수심이 얕아지면서
파의 속도가 줄고 그 결과 해일의 파고는 높아진다.

는다. 결국 파의 앞부분은 속도가 느려졌으나 뒤에서 밀려오는 파의 주기와 에너지는 거의 줄어들지 않은 상태이므로, 파장은 짧아지고 에너지는 좁은 범위에 축적된다. 그리고 나면 물이 높게 쌓여 파도의 높이가 수십 미터에 달하는 해일로 변하여 해안가에 도착하게 된다.

이때 해일이 파의 골 부분부터 도착하는 경우가 있는데, 이런 경우에 해안가의 물이 바다 쪽으로 일시적으로 빨려나가 바닥이 드러나는 놀라운 일이 벌어진다. 그러나 곧바로 파고가 매우 높은 파마루가 도착하므로 이는 매우 위험한 상황이라 할 수 있다. 이런 현상이 1755년 11월 1일 포르투갈의 리스본에서 일어난 적 있다. 이때 이 현상에 호기심을 가진 사람들이 바닥이 드러난 만(灣)에 있다가 불과 수분 후에 연속적으로 밀려온 높은 파고의 파마루에 의해 많이 희생되었다. 2004년 인도네시아에서 발생한 쓰나미에서도 이런 현상이 나타났다.

2004년 12월 26일 인도네시아에서 규모 9.3의 강진이 발생한 이후 지진해일이 덮쳐 20만 명에 가까운 사망자가 발생했다. 이 지진해일은 반다아체 지역에서 40km 떨어진 지역에서 발생한 해저지진에 의해 발생한 것으로 가장 많은 인명피해를 낸 쓰나미로 기록되어 있다.

이 지역은 유라시아판과 인도판이 서로 부딪치는 부분으로 매년 4cm씩 가까워지는데, 이것이 900년간 축적되었다가 그 스트레스로 두 지각이 서로 맞물리면서 하나의 지각이 갑자기 치솟아 지진이 발생했다. 이때 치솟아 오른 지각의 바로 위에 있던 바닷물이 순간적으로 위아래로 요동을 쳐서 그 여파로 해일이 생겨난 것이다. 심해에서 바닷물이 요동치면서 생겨난 파동이 제트기와 맞먹는 시속 600km 속도로 이동했고 그 결과 쓰나미가 발생했다. 파동이 해안가에 도달하자 물이 일제히 솟구쳐 파고 4m의 거대한 파도로 돌변해 육지를 덮쳤다. 이 파고의 높이는 지형에 따라 훨씬 더 높이까지 올라갈 수 있는데, 특히 해안선이 복잡한 리아스식 해안에서는 이 경향이 뚜렷하다.

과거에 발생했던 가장 파괴적인 쓰나미는, 1703년 일본의 아와(阿波) 지역에서 발생한 것으로 10만 명 이상의 사망자를 낸 것으로 알려져 있다. 또 1883년 8월 26일과 27일에 일어난 방대한 규모의 해저 화산폭발은 크라카타우섬을 소멸시켰는데, 이때 동인도 여러 지역에서는 35m에 달하는 높은 해파가 발생했고 3만 6천 명 이상의 사망자를 냈다.

우리나라는 쓰나미의 위협으로부터 안전할까?

삼면이 바다로 둘러싸여 있고 게다가 지진다발지역인 일본에 가까운 우리나라는 결코 쓰나미로부터 자유로울 수 없는 곳이다. 실제로 동해안에서도 1983년과 1993년 일본 근해에서 발생한 지진해일로 인해 피해를 입은 사례가 있다. 태평양 연안이나 멀리 있는 지역에서 발생한 쓰나미도 바다를 통해 세계 곳곳으로 전달될 수 있다. 해안에서 반사된 파는 다른 곳으로 이동되므로 쓰나미가 다양한 양상으로 여러 곳에 전달되기 때문이다.

그러나 지진해일은 예보가 가능하므로 신속하게 대처한다면 피해를 최소화할 수 있다. 2010년 2월 27일에 칠레 해상에서 해저지진에 의해 발생한 쓰나미도 미리 경보가 내려져 피해에 대비할 수 있었다. 우리나라에도 예보된 해일이 하루 정도의 시간을 두고 도착했으나 거리가 워낙 멀어 파괴력은 약했다. 만약 일본의 북서 근해에서 지진이 발생한다면 1시간에서 1시간 30분 후 대한민국 동해에 영향을 미치기 시작한다.

지진해일 예보가 발령되면 신속하게 높은 지역으로 이동하는 것이 가장 좋다. 만약 높은 지역으로 이동할 시간이 부족하다면 붕괴의 위험이 없는 높은 건물의 옥상으로 재빨리 대피하는 것이 피해를 최소화할 수 있는 방법이다.

SECRET▪51

지구에 존재하는 모든 생명체들의 에너지 근원

태양에너지의 비밀

태양은 지구에 사는 생명체에게 필요한 에너지를 제공하는 근원이다. 땅속이나 깊은 심해에 사는 소수 생명체를 제외하고 지표 근처에 사는 대부분의 생명체는 태양에너지를 이용해서 살아간다. 식물은 광합성 과정을 통해서 태양에너지를 다른 형태의 에너지인 영양소로 바꾸어 사용하며 뿌리나 줄기, 잎, 그리고 열매 등에 저장하기도 한다. 그런 식물을 초식동물이 먹고 육식동물은 그 초식동물을 잡아먹고 살아가므로, 결국 모든 생물들은 태양에너지를 먹고 사는 셈이다.

핵폭탄 일천 조개 만큼의 에너지를 발산하는 젊은 별 태양

태양은 현재 나이가 대략 50억 년 정도인데 총 수명이 100억 년 정도로 추정된다. 사람과 비교하면 인생의 반 정도를 산 젊은 시절을 보내고 있는 별이다. 태양은 현재 초당 약 3.9×10^{28}J에 해당하는 에너지를 생산하는데, 이는 핵폭탄 약 천조(10^{15})개에 해당하는 규모이다. 이런 엄청난 에너지를 내는 태양이 어느 날 빛을 잃는다는 것은 상상만 해도 끔찍하다. 만약 그런 일이 일어난다면 지구의 모든 생명체는 멸종하고 말 것이다. 우리의 바람과는 상관없이 약 50억 년 후에는 그런 일이 반드시 일어나게 된다. 그때 태양은 빛을 잃고 수명을 다해 죽은 별이 될 것이기 때문이다.

태양은 태양계의 모든 천체들 중 스스로 빛과 열을 만들어내는 유일한 별이다. 지구를 비롯한 나머지 행성들은 우리가 볼 때 빛을 내며 밤하늘에서 빛나고는 있으나 그 빛은 태양빛을 받아 반사시킨 것이므로, 그 본질은 태양빛이다. 태양처럼 스스로 에너지를 생산해서 빛과 열을 만들어내는 천체들을 별(항성)이라 하고, 지구처럼 그 별에 붙들려서 별 주변을 도는 천체를 행성이라고 한다. 그렇다면 태양은 어떻게 만들어졌으며 어

■ 광합성과 먹이사슬

떻게 100억 년이란 긴 세월 동안 뜨거운 열과 빛을 만들어낼 수 있는 것일까?

약 50억 년 전 우리은하의 귀퉁이인 나선팔의 한 구석에는 그전에 살았던 어떤 별이 폭발한 잔해이자 가스덩어리로 이루어진 성운이 존재했을 것이다. 이 성운은 주로 수소로 이루어져 있었으며, 더불어 현재 태양계를 이루고 있는 물질들인 다양한 원소들로 구성되어 있었다. 이 성운은 중력에 의해 서서히 서로 뭉쳐지고 커졌으며 회전하기 시작했다. 이 성운이 수축하면서 낮아진 위치에너지*가 열에너지*로 바뀌어 내부의 온도는 점점 상승하면서 이 수소가스 덩어리는 희미한 빛을 내기 시작했다. 이런 상태의 별을 원시성이라고 하는데 이 원시성의 온도가 약 1억(10^8)도 가까이 되면 내부에서 수소핵융합반응이 일어나기 시작한다.

위치에너지
위치에 따라 물체가 가지는 에너지 간의 차이를 의미한다. 에너지 준위가 낮은 쪽으로 물체를 끌어당기는 형태의 힘, 즉 복원력이 작용할 때에 존재한다.

열에너지
열의 형태를 취한 에너지로 물체의 온도를 변화시키거나 상태변화를 일으키는 에너지이다.

수소핵융합반응에 의해 엄청난 열과 빛을 내는 별

핵융합반응이란 가벼운 원소의 핵이 합쳐져 무거운 원소의 핵을 만드는 반응이다. 수소핵융합반응은 두 개의 수소가 모여 하나의 헬륨으로 바뀌는 과정이다. 두 개의 수소 원자량은 4.0312인데 반해 생성된 헬륨 한 개의 원자량은 4.0026이다. 즉 두 개의 수소 원자량에 비해 한 개의 헬륨 원자량이 0.0286만큼 적어진 것인데, 질량으로 바꾸어보면 5.02×10^{-26}g이 줄어든 것이다. 줄어든 이 물질은 어디로 갔을까? 줄어든 질량

■ 수소핵융합반응식

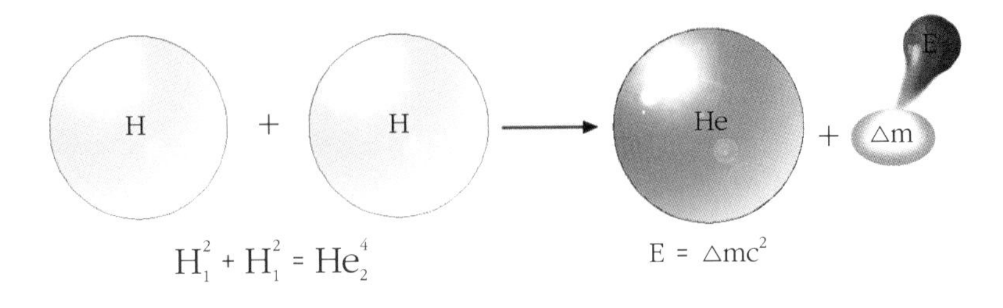

H는 수소, He는 헬륨.
Δm : 두 개의 수소원자가 합쳐져 하나의 헬륨원자로 바뀔 때 줄어든 질량.

은 아인슈타인의 특수상대성이론*인 $E = mc^2$에 의해 에너지로 전환된다. 즉 줄어든 질량에 빛의 속도의 제곱 값을 곱한 만큼의 에너지가 생성되는 것이다. 그 결과 태양을 비롯한 별들이 엄청난 열과 빛을 내는 에너지를 만들어내게 된다.

특수상대성이론
아인슈타인이 1905년 〈움직이는 물체의 전기역학에 대하여〉라는 제목의 논문에서 발표한 시공간에 대한 역학이론으로, $E=mc^2$도 그 중의 한 부분이다.

태양의 나이는 약 50억 년, 수명은 약 100억 년

현재 태양의 표면온도는 약 6,000K도이고 내부는 1600만K도로 이 모든 에너지가 수소핵융합과정에 의해 만들어진다. 이렇게 발생하는 에너지를 핵에너지라고 하며 이런 원리를 이용하여 만든 무기가 바로 수소핵폭탄이다. 태양 총질량의 10%가 수소핵융합반응에 쓰인다면 태양에서 생성될 수 있는 총에너지는 약 1.2×10^{44}J가 된다. 따라서 태양이 현재와 같은 비율로 에너지를 방출한다면 태양의 수명은 약 100억 년 정도가 될 것이다.

별의 중심부에서 수소핵융합반응으로 수소가 모두 헬륨으로 바뀌고 나면, 다음에는 더 높은 온도에서 네 개의 헬륨핵이 모여 한 개의 탄소핵을 만드는 헬륨핵융합반응이 일어난다. 이어 헬륨핵이 소진되면 탄소핵이 남게 되고 철이 남을 때까지 여러 반응이 계속될 수 있다. 하지만 이 과정은 별의 질량에 따라 달라진다. 질량이 아주 큰 거대한 별은 수소, 헬륨, 탄소, 산소, 네온, 마그네슘, 규소, 철의 순서로 핵융합을 한다.

태양의 지름은 약 139만km로 지구 지름의 109배, 부피는 지구의 130만 배 정도이며, 질량은 약 2×10^{30}kg으로 지구의 33만 배 정도이다. 태양은 지구에 비하면 어마어마하게 크지만 별들 중에서는 그리 큰 별에 속하지 않는다. 태양의 질량은 탄소를 만드는 반응까지만 가능한 정도의 양이므로 수소, 헬륨, 탄소의 순서에서 핵융합을 마칠 것이다. 그 결과 핵융합반응의 마지막 단계에서 태양 중심부는 탄소로 가득 차게 될 것이다. 그래서 태양은 헬륨핵융합과정을 마치면 중심에 탄소층을 만들고 핵융합반응을 마칠 것으로 추정된다.

태양이 소멸할 때 다른 행성의 운명은?

태양은 헬륨핵융합의 마지막 단계에서 급격히 팽창하여 금성궤도 크기까지 커져 거대한 적색거성이 된다. 그리고 별로서는 짧은 시간인 약 1천 년이라는 시간에 걸쳐 바깥부분의 물질을 모두 별 밖으로 뿜어내고 작아진다. 중심에 남은 태양은 지구 정도 크기의 탄소가 빽빽하게 들어찬 다이아몬드로 된 중심을 가진 백색왜성이 되어 점차 식어간다. 다이아몬드별이니 가서 조금 떼어오고 싶어 할지도 모르나, 중력이 매우 크기 때문에 그 별에 도착하는 순간 종잇장처럼 납작하게 줄어들고 말 것이니 다이아몬드에 대한 생각은 상상으로 그치는 것이 좋을 것이다. 백색왜성은 계속 식어서 밀도는 엄청나게 크지만 빛을 내지 못하는 흑색왜성이 되어 별로서의 일생을 마치게 된다. 태양의 마지막 단계에서 밖으로 분출한 물질은 새로운 성운이 되어 마치 우리가 지금 보고 있는 태양의 탄생처럼 또 다른 별이 새롭게 탄생할 수 있는 장소가 되어줄 것이다.

태양이 이런 과정을 거치는 동안 지구를 비롯한 행성들은 어떤 변화를 겪게 될까? 태양이 헬륨핵융합반응을 거치며 점점 뜨거워지고 그 결과 팽창하여 적색거성이 되면 행성들은 강한 태양열과 태양풍 때문에 표면의 많은 물질을 잃게 된다.

지구는 태양으로 끌려 들어갈 수도 있고 아니면 남더라도 바닷물을 비롯한 모든 물이 끓어서 우주공간으로 날아가 버릴 것이다. 또 뜨거운 열에 의해 지구표면도 매우 뜨거워질 것이다. 이런 과정을 거치는 동안, 설령 그때까지 지구에서 진화의 결과로 살고 있는 생명체가 있다고 하더라도 멸종되지 않고 살아남을 수는 없을 것이다. 또한 만에 하나 살아남더라도 더 이상의 에너지원이 없으므로 결국은 멸종하게 될 것이다.

백색왜성의 모습.
백색왜성의 표면온도는 3만 5500K이다.

그러나 이것은 아득하게 먼 훗날의 이야기이다. 현재 우리가 할 수 있는 최선은 태양의 수명이 아직 50억 년이나 남았다는 것을 다행으로 여기고 하루 하루를 열심히 사는 것 뿐이다.

태양은 예술에도 막대한 영향을 끼쳤다. 19세기경 이젤을 들고 야외로 나간 화가들은 햇빛에서 다양한 색을 발견했다. 뉴턴이 프리즘으로 색의 스펙트럼 분할을 밝혀낸 그 시절이었다. 빛의 색을 캔버스에 담아낸 화가들은 '인상주의'라는 새로운 미술사조를 탄생시켰다. 그림은 대표적인 인상파 화가 클로드 모네의 〈인상: 해돋이〉(1873년).

도움 받은 자료

- 《미술관에 간 화학자》, 전창림, 어바웃어북, 2013
- 《묻고 답하는 과학톡톡카페》, 서울과학교사모임, 북멘토, 2009
- 《과학선생님도 궁금한 101가지 이야기》, 과학교사모임, 북멘토, 2010
- 《우주가 우왕좌왕》, 샤르탄 포스키트, 김영사, 1999

SECRET▪52

시간을 박제하는 소리 '찰칵'
카메라의 비밀

카메라는 주변의 풍경이나 사람의 모습을 그대로 재현해내는 기계이다. 우리나라에 카메라가 처음 들어왔을 때 사람들은 무척 신기해하기도 했지만 '영혼을 빼앗아가는 못된 기계'라 하여 두려워했다고도 한다. 카메라(camera)의 어원은 라틴어 '카메라 옵스큐라(camera obscura)'인데 카메라는 '방', 옵스큐라는 '어둠'을 뜻한다.

카메라의 기본 요소 렌즈, 감광물질, 카메라 바디

어둠상자 한 면에 빛이 들어오는 바늘구멍을 뚫고 반대쪽 면을 적당히 거리를 조절해 보면, 거꾸로 선 바깥 풍경이 비춰 보인다. 이 풍경이 비치는 면에 빛과 반응하는 물질을 둔다면 풍경의 상이 찍힐 것이다. 하지만 바늘구멍을 통해 들어오는 빛의 양은 너무 적고, 선명한 상을 얻기 위해서는 상자를 움직여 초점을 맞추어야 한다. 만약 바늘구멍을 크게 만든다면 들어오는 빛의 양은 많아지겠지만 물체로부터 오는 빛이 서로 겹쳐 선명한 상을 맺을 수 없다. 이 문제는 구멍 위치에 빛을 모을 수 있는 렌즈를 사용하여 해결한다. 즉, 한 장의 사진을 만들기 위해서는 빛을 모으는 렌즈, 빛을 느끼고 상을 맺는 감광물질(필름이나 광센서), 어둠상자와 같은 방(카메라 바디)이 필요하다. 이 세 가지가 카메라의 기본적인 구성요소이다.

프랑스의 화가 루이 자크 망데 다게르(Louis Jacques Mandé Daguerre)가 만든 세계 최초의 카메라 '다게레오 타입'

빛을 모으는 렌즈

우리가 사용하는 카메라는 초점이나 빛의 양을 자동으로 조절하는 간단한 자동카메라와 사용자가 모든 것을 알아서 조절해야 하는 수동카메

■ SLR 카메라의 원리

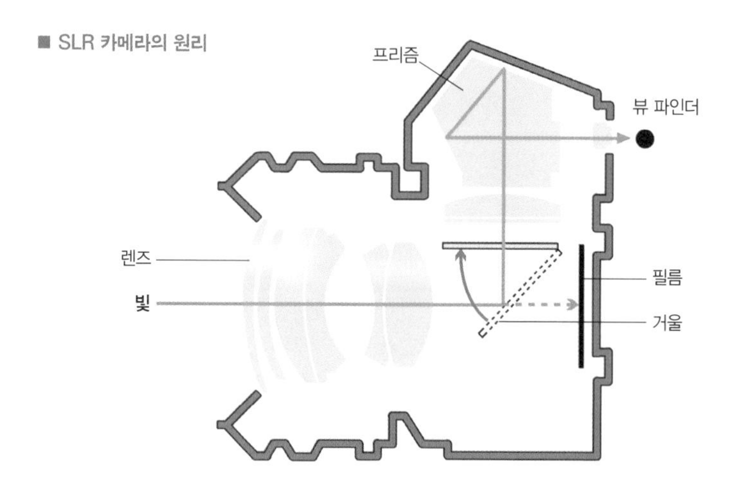

라가 있다. 수동카메라는 필름을 사용하는 기계식 카메라와 전자 광센서를 사용하는 디지털 카메라가 있다. 기계식 수동 카메라를 SLR(Single-Lens Reflex), 디지털 방식의 수동 카메라를 DSLR(Digital Single-Lens Reflex)이라는 대명사로 부르기도 하는데, 이는 뷰파인더를 통해 물체를 보는 방식을 구별하는 이름이다.

SLR 카메라는 앞서 살펴본 〈SLR 카메라의 원리〉 그림처럼 촬영용 렌즈를 통해 들어온 빛이 거울과 프리즘에 반사되어 뷰파인더로 들어오게 되기 때문에 미리 상의 모습을 볼 수 있다. 셔터를 누르면 거울이 위로 올라가므로 본 그대로의 상이 필름에 맺힌다. 하지만 일부 단순한 카메라는 뷰파인더가 촬영용 렌즈와 별개라 상과 대상물체가 일치하지 않는 경우도 있다.

빛이 성질이 다른 물질을 지나가면 마치 빠른 속력의 차가 아스팔트에서 모래사장으로 진입할 때 바퀴 방향이 휘는 것처럼 경로가 꺾인다. 이 현상을 빛의 굴절*이라고 한다. 빛의 굴절을 이용하여 만든 도구가 바로 렌즈이다. 렌즈는 크게 '볼록렌즈'와 '오목렌즈'로 분류한다. 볼록렌즈는 렌즈의 중심부가 두껍기 때문에 빛을 한 점으로 모으듯 수렴시키고, 오목렌즈는 렌즈의 중심부가 얇기 때문에 마치 한 점에서 빛이 발산된 것처럼 퍼지게 한다.

빛의 굴절
빛이 서로 다른 성질의 매질을 통과할 때 진행 경로가 꺾이는 현상이며 이 꺾이는 정도를 나타낸 값이 굴절률이다.

■ 렌즈의 수차

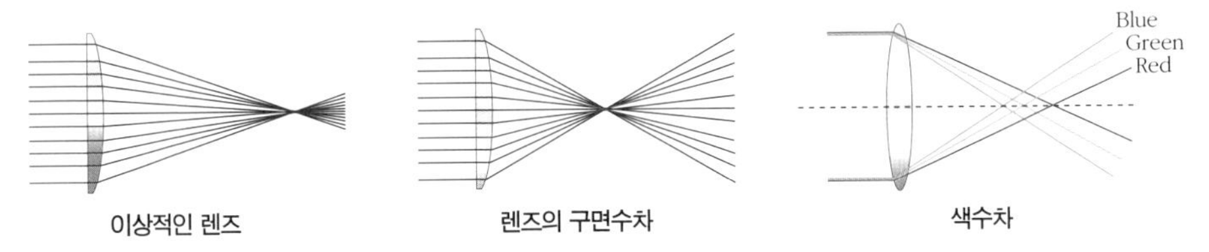

카메라 렌즈는 빛을 모아 초점에 상을 잘 맺어야 하므로 모양이 볼록렌즈여야 한다. 드러난 모양은 볼록렌즈를 닮았지만 보통 볼록렌즈와 오목렌즈를 여러 개 조합하여 만든다. 왜 그럴까?

그 이유는 렌즈를 사용할 때 생길 수 있는 여러 종류의 수차(렌즈로 만든 영상에 생기는 결함)를 보정하여 선명한 상을 만들기 위해서이다. 수차 중에는 구면수차와 색수차가 있다. 구면수차는 렌즈의 중심부와 주변부의 두께가 다르기 때문에 초점이 여러 개 생겨 상이 흐려지는 것이다. 색수차는 빛의 색깔에 따라 꺾이는 정도(굴절률)가 다르기 때문에 나타난다. 즉, 색수차는 렌즈를 통과한 백색광이 무지개 색으로 번져 보이는 것이라 할 수 있다. 이런 렌즈의 수차를 줄이는 것이 좋은 렌즈의 조건이며, 이를 위해 비구면 렌즈를 조합하기도 한다.

렌즈 밝기, 초점거리, 화각의 상관관계

SLR이나 DSLR 카메라의 찍고 싶은 사진이 무엇이냐에 따라 렌즈를 교체할 수 있다. 렌즈는 어떻게 구분할까? 렌즈의 가장 중요한 기능은 빛을 모으고 초점을 맞춰 원하는 상을 맺는 것이다. 그래서 대부분 렌즈에는 그림과 같이 렌즈의 밝기(F수)와 초점거리 숫자가 표시되어 있다. 일반적으로 이 숫자를 보고 렌즈를 선택한다.

초점거리와 F수가 표시되어 있는 렌즈.

렌즈의 밝기인 F수는 빛을 받아들이는 렌즈의 능력이며 렌즈의 유효구경과 초점거리의 비로 나타낸다. 렌즈의 유효구경이란 실제 빛이 들어오는 렌즈 조리개의 직경이라고 할 수 있다. F수는 1.4, 2, 2.8, 5.6과 같은 숫자로 표기한다. 'F1.4(1:1.4)'라 표기된 렌즈의 밝기를 유효구경의 변화에 따라 설명해보면 다음과 같다.

수용하는 빛의 밝기가 100인 렌즈의 밝기가 50이 된다면 렌즈의 유효구경이 감소하였다는 뜻이다. 이때 렌즈의 밝기는 빛을 받아들이는 렌즈의 면적에 비례하고 면적은 렌즈 지름의 제곱에 비례한다. 그러므로 렌즈의 밝기가 100에서 50으로 2분의 1 감소했다는 것은 결국 렌즈 지름이 $1/\sqrt{2}$배 감소했다는 것을 의미한다. 그래서 렌즈의 유효구경과 초점거리의 비인 F수를 구하면 $\sqrt{2}$(약 1.4)가 된다. 이를 F1.4로 표시하는 것이다. 그래서 초점거리가 일정할 때 F수가 작아지면 유효구경이 커졌다는 뜻이므로 렌즈가 밝아지기 때문에 상이 밝아진다. 반대로 F수가 커지면(유효구경이 작아짐) 렌즈의 밝기도 감소하여 상이 어두워진다.

초점거리는 렌즈의 중심에서 상이 맺히는 거리를 밀리미터(mm) 단위로 표시한다. 이 숫자는 초점거리보다 풍경이 보이는 범위인 화각을 알 수 있는 값이다. 초점거리와 화각은 서로 대립관계에 있다. 초점거리가 길어지면 보이는 범위(화각)가 좁아지고 초점거리가 짧아지면 보이는 범위(화각)가 넓어진다. 그래서 초점거리가 50mm인 표준렌즈를 기준하여 이 숫자가 커지면 좁은 범위에 집중되는 망원렌즈, 이 숫자가 작아지면 넓은 풍경을 찍기에 좋은 광각렌즈라 부른다. 이외에도 물고기 눈으로 보는 것 같은 어안렌즈, 작은 물체를 근접하여 촬영하는 접사렌즈, 초점거리를 여러 개 가지는 줌 렌즈 등으로 구분하여 상황에 따라 적절한 렌즈를 사용한다.

어안렌즈는 사각(寫角)이 180도를 넘는 초광각 렌즈이다. 물고기가 물속에서 수면을 보면 180도의 시야를 가진다고 생각한 데서 유래한 이름이다.

빛을 느끼고 상을 맺는 감광물질 필름, CCD, CMOS

렌즈를 통해 들어온 빛을 감지하여 상을 기록하는 것이 필름이다. 필름이란 빛을 감지하는 화학물질을 입힌 플라스틱 띠로, 빛에 노출되면 화학반응을 일으킨다. 상을 저장한 이 필름을 암실에서 현상하면 밝고 어두운 부분으로 상이 드러나게 되는데, 현상한 필름을 인화하면 다양한 크기의 사진을 얻을 수 있다.

하지만 요즘은 대부분 '디카'라 줄여 부르는 디지털 전자 카메라를 사용하기 때문에 필름이 무엇이냐고 반문할 수도 있을 것이다. 디지털 카메라에서 필름의 역할을 하는 것은 CCD(Charge-Coupled Device), CMOS(Complementary Metal-Oxide-Semiconductor)로써 빛을 감지하는 소자들이 집적된 이미지 센서이다.

CCD나 CMOS는 빛에 반응하는 작은 다이오드의 집합체로 각각의 광다이오드가 하나의 화소 역할을 하기 때문에 이 숫자는 해상도를 결정한다. 이 광다이오드는 광학적인 정보인 빛을 전자적 정보인 전하량으로 변환해서 저장했다가 변환기를 거쳐 빛에 대한 정보를 디지털 값으로 바꿀 수 있게 해준다.

이 각각의 광다이오드 자체는 빛의 세기만 감지하기 때문에 이 센서에 색깔을 인식하는 방법을 추가한다. 그 중 하나가 각각의 광다이오드에 빛의 3원색인 RGB(R: Red, G: Green, B: Blue) 각각의 색깔 필터를 장치하여 색깔 정보를 파악하고 기록하게 하는 방법이다.

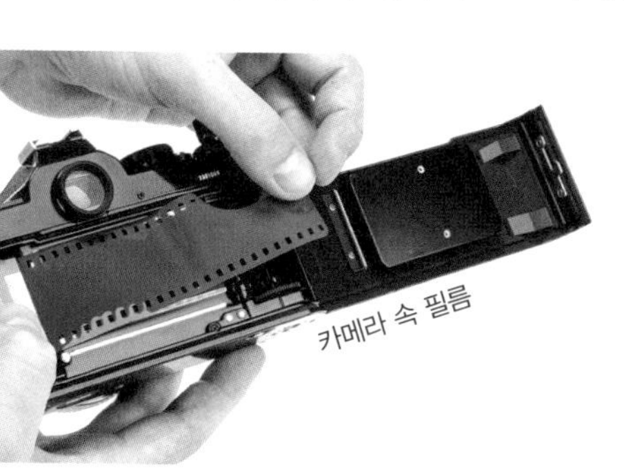
카메라 속 필름

어둠상자와 같은 방, '카메라 바디'

렌즈를 통해 들어온 빛이 필름이나 CCD, CMOS 같은 이미지 센서에 상을 맺기 위해서는 불필요한 빛을 차단하는 어둠상자가 필요하다. 이 어둠상자가 카메라 몸체인데 흔히 바디(body)라 한다. 하지만 카메라 바디는 단순한 어둠상자가 아니라 다양한 기능을 담고 있다. 카메라 바디는 복잡하고 정밀한 기계적 조합과 디지털인 경우 최첨단의 전자 장치로 구성되어 있다.

가장 기본이 되는 셔터는 필름이나 CCD, CMOS가 빛에 노출 되는 시간을 결정한다. 만약, 셔터속도가 125라면 노출시간이 125분의 1초라는 의미이며 숫자가 클수록(셔터속도가 빨라질 수록) 노출 시간이 짧아진다. 최근의 디지털 카메라는 인간의 두뇌에 해당하는 화상처리프로세서, 상이나 사진을 직접 볼 수 있는 화면인 LCD, 사진을 저장하는 메모리카드 등과 같이 많은 기능이 추가되는 등 점점 다양한 기능이 카메라 바디에 통합되는 추세이다.

도움 받은 자료

- 《만물은 어떻게 작동하는가》, 마셜 브레인, 까치, 2003
- 《첨단 기기들은 어떻게 작동되는가》, 사이언티픽아메리칸, 서울문화사, 2001
- 《수학 없는 물리》, 폴 휴이트, 홍릉과학출판사, 2007

SECRET▪53

우주로 향한 거대한 눈
천체망원경의 비밀

하늘에 무수히 떠있는 반짝이는 천체를 보며 사람들은 그곳이 어떤 곳인지 무엇으로 되어 있는지 매우 궁금해 하며 많은 상상을 해왔다. 그러나 천체는 너무나 먼 곳에 있으므로 인간의 시력으로는 보는 데 한계가 있다. 밝은 별이라도 그 빛이 우리에게 오는 동안 사방으로 넓게 퍼져서 도착한 빛의 양이 매우 적기 때문에 상을 잘 볼 수 없다. 이는 마치 어둑어둑한 저녁이 되면 주변의 물건들이 잘 보이지 않는 것과 비슷한 현상이다. 이런 상황에서 망원경은 빛을 모아주고 확대하여 사람이 물체를 좀 더 잘 볼 수 있게 해주는 유용한 도구이다.

우주의 비밀에 한 발짝 더 근접하기 위한 망원경의 역사

망원경은 1608년 네덜란드의 한스 리퍼세이Hans Lippershey, 1570~1619에 의해 발명되었다. 안경제조자였던 그는 볼록렌즈와 오목렌즈를 겹쳐 사물을

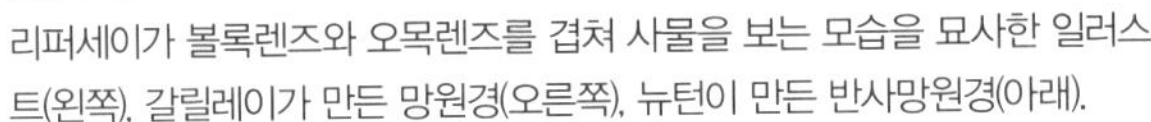

리퍼세이가 볼록렌즈와 오목렌즈를 겹쳐 사물을 보는 모습을 묘사한 일러스트(왼쪽), 갈릴레이가 만든 망원경(오른쪽), 뉴턴이 만든 반사망원경(아래).

보다가 멀리 있는 교회 첨탑이 가까이 보이는 것을 보고 망원경을 만들게 되었다.

이 소식을 들은 이탈리아의 천문학자이자 갈릴레이Galileo Galilei, 1564~1642는 1609년 이 원리를 이용하여 망원경을 제작하여 밤하늘을 보는 데 이용했다. 그러나 접안렌즈(눈 가까이 있는 렌즈)가 오목렌즈인 갈릴레이식 망원경(Galilean Telescope)의 단점은 오목렌즈의 구조상 정립상(물체의 상이 물체와 같은 방향으로 생겼을 때의 상)은 볼 수 있지만 시야가 좁다는 것이었다. 이는 오목렌즈를 통과한 빛은 넓게 퍼져 접안렌즈의 안쪽에 정립허상이 생기기 때문에 나타나는 현상이다.

1611년 케플러Johannes Kepler, 1571~1630는 하나의 볼록렌즈와 하나의 오목렌즈 대신, 두 개의 볼록렌즈를 사용함으로써 도립상(물체의 상이 물체와 반대방향으로 뒤집혀져 생긴 상)이지만 넓은 시야를 볼 수 있는 케플러식 망원경을 만들었다.

렌즈를 사용하는 굴절망원경의 단점은 큰 렌즈를 만들 때 렌즈 안에 기포가 발생할 수 있고, 렌즈에 의한 수차(收差)* 가 생긴다는 것이다. 뉴턴Isaac Newton, 1642~1727은 렌즈를 사용하는 대신에 동판을 반사경에 이용함으로써 렌즈에 의한 기포문제나 색수차 문제를 없앴다. 이런 뉴턴식 반사망원경의 발명은 커다란 구경을 가진 망원경의 제작을 가능하게 했고, 오늘날 팔로마산(Palomar Mountain)의 200인치 망원경과 같은 대구경의 광학 망원경을 탄생하게 했다. 최근에는 1990년 대기권 밖에 올린 구경 2.5m의 허블망원경에 의해 우주의 수많은 정보를 수집할 수 있게 되었다. 그리고 망원경은 발전을 거듭하면서 빛을 모아

수차(aberration)
렌즈 등을 통과한 빛이 상을 맺을 때 파장에 따른 굴절률의 차로 인해 한 점에 모이지 않아 영상이 빛깔이 있어 보이거나 일그러지는 현상이다. 이러한 상의 뒤틀림을 수차라고 하며, 크게 구면수차와 색수차로 나뉜다(332쪽 '카메라의 비밀' 참조).

허블망원경은 미국항공우주국(NASA)과 유럽우주국(ESA)이 주축이 되어 개발한 우주망원경으로, 무게 12.2t, 구경 2.5m, 경통 길이가 약 13m에 이른다. 1990년 우주왕복선 디스커버리호에 실려 지구상공 610km 궤도에 진입하여 우주관측활동을 시작했다.

서 상을 크게 확대해 보여주는 광학망원경에서, 천체에서 나오는 전파를 수집할 수 있는 전파망원경에 이르기까지 종류가 다양해지고 있다.

상을 맺게 하고, 맺힌 상을 확대하는 광학망원경의 원리

광학망원경은 멀리서 오는 천체의 빛을 수집하여 볼 수 있게 하는 장치로 렌즈와 반사경을 이용하여 빛을 수집한다. 볼록렌즈를 이용하여 빛을 굴절시켜 모으는 망원경을 굴절망원경이라 하고, 오목거울에 반사된 빛을 모으는 망원경을 반사망원경이라 한다. 굴절망원경과 반사망원경의 기능을 조합한 반사-굴절식 망원경도 있다. 다음 장의 그림처럼 빛을 모아주는 방법에 따라 여러 종류의 망원경으로 나눌 수 있다.

굴절망원경은 두 개의 렌즈, 즉 입사하는 빛을 수집하여 초점면에 상을 맺히게 하는 대물렌즈(물체 가까운 쪽에 있는 렌즈)와 상을 보는 데 사용되는 작은 확대경인 접안렌즈를 가지고 있다. 대물렌즈는 볼록렌즈로 만드는데 볼록렌즈를 통과한 천체의 빛을 한군데로 모아주어 상을 맺히게 하는 기능을 한다. 이때 빛마다 파장이 달라서 굴절하는 정도가 다르므로 모든 색깔이 같은 곳에서 만나지 않는 색수차가 생겨난다. 이와 같은 색수차를 제거하기 위해서는 굴절률이 다른 크라운유리*와 프린트유리*로 만든 복합렌즈를 사용하는데, 이를 색지움렌즈(achromatic lens)라

크라운유리와 프린트유리

프린트유리는 크리스탈(crystal, lead crystal)이라고도 하며 높은 광채와 투명도, 높은 굴절성이 특징인 무겁고 튼튼한 유리이다. 반면 크라운유리는 산화납을 함유한 프린트유리(납유리)와 달리 그 이외의 조성을 지닌 유리로 소다석회유리, 칼륨석회유리 등이 있다. 굴절률이 작고 분산율이 낮은 것이 특징이며, 주로 전구나 형광등관 등에 쓰인다.

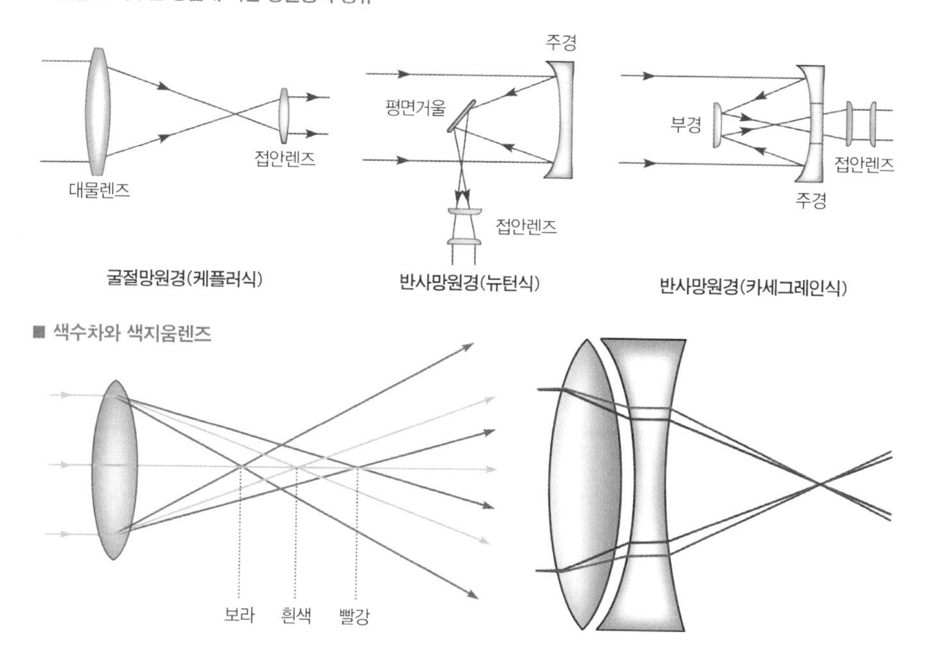

렌즈는 빛의 파장에 따라 굴절률이 달라 색수차가 생긴다(왼쪽). 굴절률이 다른 복합렌즈를 사용하여 색수차를 줄인 색지움렌즈(오른쪽).

고 부른다.

접안렌즈는 대물렌즈를 통과하여 맺힌 상을 확대하여 우리가 상을 크게 볼 수 있도록 해주는 기능을 한다. 접안렌즈는 렌즈 하나만으로도 만들 수 있지만, 좋은 상을 얻을 수는 없다. 따라서 최근에는 접안렌즈를 만들 때, 최소한 두 장 이상의 볼록렌즈와 오목렌즈를 사용하여 만들어 수차를 줄이고 시야를 넓게 만든다.

망원경으로 천체를 관측할 때 다른 사람은 잘 보인다는데 들여다보면 상이 뿌옇게 퍼져서 잘 보이지 않은 경우가 있다. 이는 사람마다 시력이 달라서 나타나는 현상이므로, 접안렌즈는 앞뒤로 움직여서 상을 또렷하게 맞출 수 있도록 만들어져 있다.

렌즈 크기에 비례하는 집광력과 분해능

망원경의 기능은 크게 집광력, 배율, 분해능 세 가지로 구분할 수 있다. 집광력은 아주 미약한 빛도 렌즈에 모을 수 있는 능력으로 대물렌즈의 기능이고, 배율은 작은 상을 크게 해주는 것으로 접안렌즈의 기능이다.

대물렌즈의 직경을 구경이라 한다. 구경비(F)는 구경과 초점거리의 비로 나타내는데, 망원경이 빛을 모아주는 능력인 집광력을 결정한다. 만약 구경비가 1정도로 크면 고성능인 망원경으로 상이 밝기 때문에 짧은 노출로도 사진을 찍을 수 있다. 구경비는 다음과 같이 나타낸다.

$$F = f / D$$

F: 구경비, D: 구경, f: 초점거리

배율(ω)은 대물렌즈의 초점거리와 접안렌즈의 초점거리의 비로 다음 식과 같다. 그러나 배율은 망원경에 있어서 중요한 특징은 아니다. 왜냐하면 배율은 단순히 접안렌즈를 교환함으로써 변화시킬 수 있기 때문이다. 접안렌즈의 초점거리가 짧은 것일수록 배율은 더 커지지만 집광력이 약하면 빛이 퍼져보이므로 상이 흐려져서 관측이 잘되지 않는다.

$$\omega = f / f'$$

ω: 배율, f: 대물렌즈의 초점거리, f′: 접안렌즈의 초점거리

망원경의 구경에 따라 달라지는 더 중요한 기능은 분해능이다. 분해능

■ 상이 눈에 전달되기까지

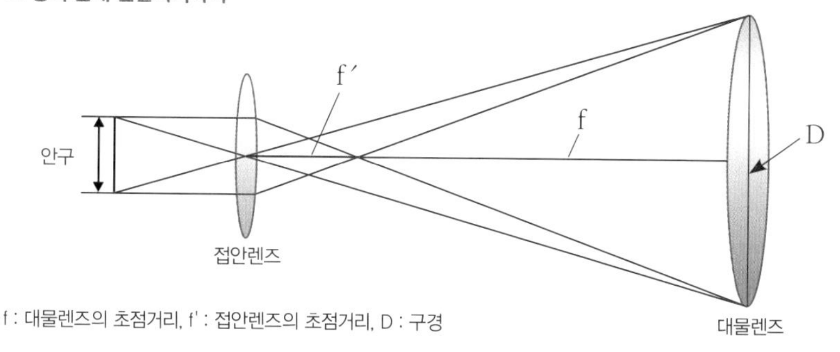

f : 대물렌즈의 초점거리, f' : 접안렌즈의 초점거리, D : 구경

(θ)이란 이상적인 천체관측 조건 하에서 상이 얼마나 또렷하게 보이는가 하는 정도를 나타내는 척도이다. 즉, 멀리 있는 대상을 잘 확대해 가까이 붙어 있는 두 물체도 구분할 수 있는 능력을 말한다. 별은 매우 멀리 있으므로 점광원(點光源)*으로 보여야 하는데 빛의 회절(回折)* 때문에 점광원으로 보이지 않고 둥근 형태로 보인다. 이때 점광원에 가까울수록 분해능이 우수한 것이다. 분해능은 다음과 같이 나타낸다.

$$\theta = 1.22 \times \lambda / D$$

θ: 분해능, λ: 관측파장, D: 망원경의 구경

분해능이란 예를 들면 쌍성이 서로 분리되어 보이는 최소각을 의미하므로 분해능 값이 작을수록 잘 분해하여 볼 수 있는 것이다. 망원경의 구경이 클수록 분해능 값이 작아져서 분해능은 더 좋아지고, 반면에 배율을 높이면 빛이 더 퍼지게 되므로 분해능이 더 나빠진다. 대기권밖에 있

점광원(point source)
빛을 발하는 광원을 점으로 생각한 것으로, 면적이 매우 작은 경우를 말한다. 별은 실제로는 매우 크나 우리가 관측할 때는 작은 점처럼 보이므로 점광원으로 여긴다.

회절(diffraction)
파동이 장애물 뒤쪽으로 돌아 들어가는 현상으로 입자가 아닌 파동에서만 나타나는 성질이다.

는 허블망원경은 방해하는 대기가 없으므로 이론적인 회절 한계에 가까워서 분해능이 매우 우수하다.

천체에서 날아오는 전파를 분석해서 우주를 읽는 전파망원경

전파망원경은 안테나에서 전파를 수집하면 이것이 수신기 또는 수신 장치에 의해서 전기신호로 전환·기록되어 수집된 전파를 알 수 있는 장치이다. 전파망원경은 주파수가 수십 MHz(100m)에서 약 300GHz(1mm)까지를 포함한다. 즉 광학망원경에서 관측(가시광선의 파장 380~770nm)할 수 없는 다른 파장대의 신호를 잡아서 우주를 연구할 수 있게 된 것이다.

세계에서 가장 큰 전파망원경인 아레시보 전파망원경의 모습.

20세기 초 태양에서 방출되는 전파를 관측하려는 시도가 이루어졌으나 실패하였다. 그 후 처음으로 우주에서 방출되는 전파를 관측한 것은 1932년 미국에서 뇌우의 전파교란을 연구하던 중 우연히 24시간을 주기로 변하는 미지의 전파방출원을 발견한 것이다. 한참 후에 이 전파가 우리은하의 중심방향에서 오는 것임을 알게 되었다.

그 후 전파천문학은 급속하게 발전하여 우리은하계의 구조에 대한 연구에 막대한 공헌을 하였는데 주로 중성수소에서 나오는 21cm파와 일산화탄소의 2.6mm파의 전파관측을 통해서 이루어졌다.

전파망원경을 통해 펄서*와 퀘이사*, 우주배경복사* 등 중요한 발견을 하게 되었고, 그 결과 휴이시Antony Hewish, 펜지어스Arno Allan Penzias와 윌슨Robert Woodrow Wilson 등은 노벨물리학상을 받기도 하였다.

전파망원경은 분해능이 문제가 된다. 우주 멀리서 오는 전파는 아주 미약(분해능이 나쁨)한데, 이를 효과적으로 받아들이기 위해서는 전파망원경의 규모도 커져야 한다. 일반 광학천문대가 빛과 대기 간섭을 피하기 위해 산 정상 부근에 위치하는 데 반해, 전파 천문대는 전자기파 차단을 위해 계곡 안에 자리하는 경우가 많다. 현재 세계에서 가장 큰 전파망

펄서(pulsar)

1초에 1회 이상 회전하며 주기적으로 강한 빛과 약한 빛을 내는 중성자별을 말하며 맥동전파원이라고도 한다.

퀘이사(quasar)

매우 멀리 떨어져있고 강한 에너지를 내는 천체로, 멀리 있어서 하나의 천체처럼 보이나 실제로는 은하의 핵으로 생각된다. 아주 멀리서 오는 빛이므로 현재 지구에 도착하는 빛은 아주 먼 과거에 출발한 빛이므로 초기우주에 대한 정보를 가지고 있다고 여겨진다.

우주배경복사

1965년 우주의 모든 방향에서 온도 2.7K의 흑체가 내는 파가 발견되었다. 이 파를 우주배경복사라 하는데 우주가 빅뱅에 의해 폭발한 후 팽창하면서 서서히 냉각되어 현재의 온도에 이르렀다는 것이다. 이는 우주팽창설의 강력한 증거가 된다.

원경은 푸에르토리코에 있는 아레시보(Arecibo) 전파망원경으로, 반사면의 직경이 무려 305m인 금속그물로 자연 그대로의 둥근 골짜기를 덮은 것이다.

천체망원경이 없었다면 대세는 아직도 천동설

천체망원경을 통하여 인간은 머나먼 우주의 깊은 곳까지 조금씩 알아가고 있다. 밤하늘에 무수히 많은 천체들에 대한 비밀이 조금씩 그 놀라운 모습을 보여주는 것이다.

현재는 모든 사람들이 다 알고 있는 지동설은 쉽게 알아낸 사실이 아니었다. 기원전 4세기경 아리스토텔레스Aristoteles, BC 384~322가 주장하기 시작한 천동설은 우주의 중심에 지구가 있고 그 주변을 모든 천체들이 돌고 있다는 이론이다. 이후 천동설은 프톨레마이오스Klaudios Ptolemaios, 85~165가 좀 더 이론을 정립하면서 1400여 년간이나 유지되어 왔다. 16세기에 코페르니쿠스Nicholaus Copernicus, 1473~1543가 우주의 중심은 태양이고 지구가 태양주변을 돌고 있다는 지동설을 주장하였으나 묻히고 말았다.

그 이후 티코 브라헤, 갈릴레이 등이 망원경을 통해 수많은 사실을 관찰했고 이 증거들을 분석해서 지동설을 체계화하게 된 것이다. 갈릴레이는 당시 완벽하다고 믿어졌던 태양에서 흑점을 발견했다. 또한 목성의 주변에 있는 갈릴레이 위성이라 불리는 4대 위성인 이오, 유로파, 칼리스토, 가니메데도 발견했다.

커다란 행성 주변을 도는 위성의 발견은 모든 천체가 지구 주변을 돌고 있다는 사실을 부정하는 증거가 되었다. 또한 금성도 달처럼 위상이 변한다는 것을 관찰해 금성의 위상이 달라지려면 태양 주변을 돌아야만 하므로, 금성이 태양 주변을 돌고 있다고 주장했다. 이런 과정을 통해 지동설은 점차 설득력을 얻어가게 되었고, 이제는 누구나 인정하는 과학적 사실이 된 것이다.

그 후 전파망원경의 발명을 통해 가시광선영역을 벗어나서 우주에서 오는 다른 파장영역을 연구할 수 있게 되어 천체에 관한 연구는 비약적인 발전을 하게 되었다. 현대 우주론의 기초가 되는 빅뱅이론을 비롯해서 최근의 현대 천문학의 여러 연구와 성과들은 전파망원경이 있었기에 가능한 일인 것이다. 앞으로도 지금까지의 연구 성과와 더불어 외계행성, 외계생명체 등을 비롯한 다양한 분야에서 망원경은 없어서는 안 될 소중한 연구 도구이다.

도움 받은 자료

- 《기본 천문학》, Hannu Karttunen · Pekka Kroger, 형설출판사, 1993
- 《발명과 발견이야기》, 이제화외 3인, 도서출판 한국파스퇴르, 2002

SECRET▪54

지구의 내부구조를 밝히는 열쇠

지진의 비밀

2008년 12월에 개봉된 영화 〈잃어버린 세계를 찾아서(Journey To The Center Of The Earth)〉는 지구 내부에 대한 인간의 궁금증과 상상력이 만들어낸 영화라 할 수 있다. 화산 분화구를 통해 주인공들이 들어간 수천 킬로미터 깊이의 지구 내부에는 삼엽충, 공룡 등 지상에선 이미 멸종된 다양한 생물체가 살고, 강한 자기장으로 암석덩어리가 둥둥 떠다니며, 비바람이 몰아치는 바다도 있다. 정말 그런 세계가 지하에 있는 것일까? 지구 내부는 어떤 모습이며 어떤 물질로 구성되어 있을까? 우리는 지구 내부를 어떻게 알 수 있을까?

지진파를 이용해 지구 내부를 파악

지구 내부로부터의 정보를 직접 제공해 주는 예는 다이아몬드 광산을 이루는 킴벌라이트 암맥이나 화산의 경우처럼 지하 200km로부터 지표에 분출된 암석들이다. 그러나 200km라는 깊이는 지구의 반지름 6370km에 비하면 아주 얕은 깊이라 지구 내부를 파악하기에는 너무 부족하다. 영화 〈코어(The Core)〉에서처럼 직접 지구 내부로 들어가거나 또는 지구 내부를 시추해서 알아내면 되지 않을까 싶겠지만, 지금까지는 러시아가 1994년 콜라(Kola)반도에서 대륙지각을 13km까지 시추한 것이 최고 깊이다.

여름철 잘 익은 수박을 고르기 위해 수박을 톡톡 쳐서 나는 소리로 내부의 상태를 판단하는 모습을 보았을 것이다. 지구도 직접 속을 볼 수는 없지만 간접적인 방법으로 그 내부를 연구할 수 있다. 바로 지진이 발생했을 때 지구 내부로부터 전달되는 지진파를 이용하는 것이다.

땅이 움직이고 암석이 깨지는 이유

지진은 지하에 축적된 탄성에너지의 급격한 방출에 의해 지구가 진동하는 현상이다. 지각과 상부맨틀은 탄성체인 암석으로 되어 있기 때문에 탄성한도 내에서 변형되면 지각 표층부는 판유리처럼 어느 한도까지는 구부러졌다가 힘이 사라지면 원래대로 돌아간다. 그러나 탄성한도를 넘으면 암석은 깨지게 되고 이때 생겨난 진동이 전달되어 땅이 흔들리게 되는데, 이것이 지진이다.

땅이 움직이고 암석이 깨지는 이유는 무엇일까? 판구조론(板構造論)*에 의하면 지구의 외곽부는 80~100km 두께의 단단한

판구조론(plate tectonics)
지구의 표면이 수평으로 이동하는 여러 개의 딱딱한 지판들로 이루어져 있으며, 이러한 판들의 이동에 의해 지진, 화산작용, 습곡산맥의 형성 등 각종 지각 변동을 일으킨다는 학설.

■ 판의 경계와 맨틀의 대류

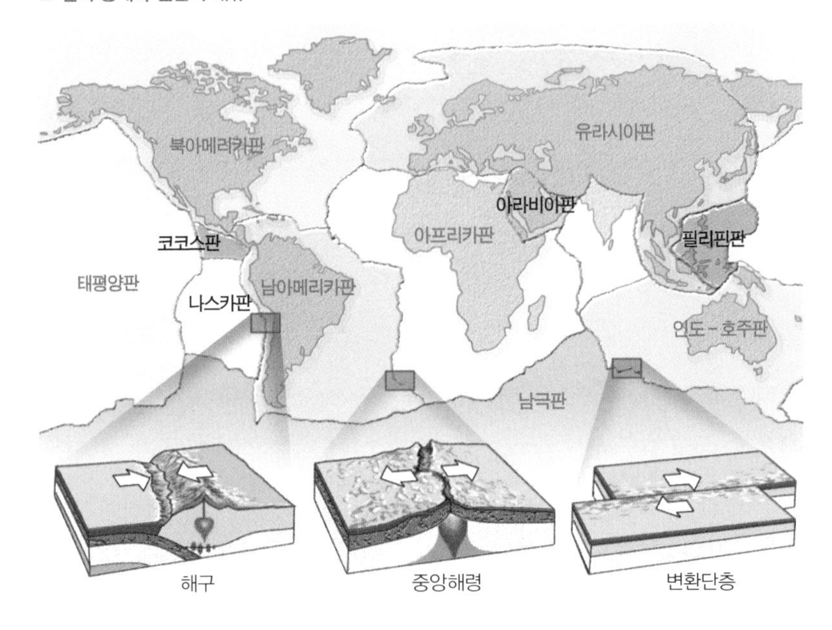

여러 개의 판으로 되어 있다. 즉, 커다란 7개의 판*과 여러 개의 작은 판으로 구성되어 있다. 판은 지각과 상부맨틀로 된 암석권인데, 이 판들은 맨틀의 대류에 의해 서로서로 이동한다. 판은 서로 경계를 맞대고 있으며 판의 경계에는 발산경계인 중앙해령, 보존경계인 변환단층*, 수렴경계인 해구 등이 있다. 판의 경계는 판이 서로 멀어지거나 부딪치며 이동하는 곳이므로 지진이 많이 발생하게 된다.

지진의 종류에는 단층지진, 화산지진, 함락지진, 인공지진 등이 있다.

7개의 판
북아메리카판, 남아메리카판, 유라시아판, 태평양판, 아프리카판, 인도-호주판, 남극판과 중간크기의 카리비안판, 나스카판, 필리핀판, 아라비아판, 코코스판, 스코티아판.

변환단층
판이 새로 만들어지거나 사라지지 않는 경계로, 판이 서로 다른 방향으로 스쳐 지나가는 곳으로 해령의 양쪽에 발달되어 있다.

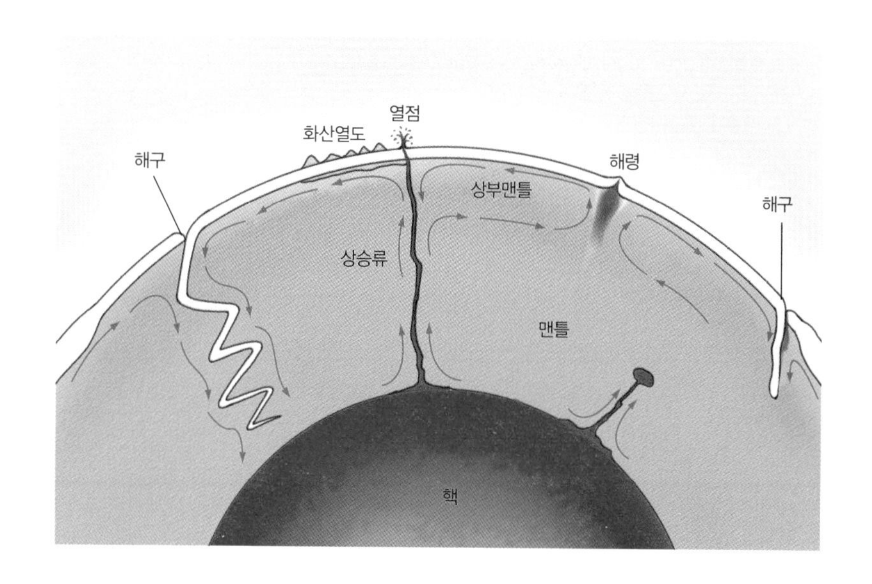

미국 서해안의 샌프란시스코에서 동남으로 길게 뻗어있는 산안드레아스 단층은 단층지진이 발생한 대표적인 예이다. 1906년 이곳에서 발생한 지진으로 단층면의 양쪽 지층이 수평으로 7m나 이동한 것이 확인되었다. 지진은 확인되나 단층이 발견되지 않는 경우도 많다. 지하 깊은 곳에서 단층이 발생하면 지표로 오면서 단층이 소멸되기 때문이다. 대양저산맥(해령)에는 해령의 연장방향과 수직방향으로 변환단층이 발달되어 있는데, 이곳에서도 단층 양쪽의 해양지각이 서로 반대방향으로 움직여 지진을 일으킨다. 산안드레아스 단층도 변환단층으로 알려져 있다.

세계에서 지진이 가장 많이 발생하는 지역은 환태평양지진대이다. 베니오프Hugo Benioff, 1899~1968는 해구를 따라서 천발지진* 이, 해구 옆의 대륙 쪽에는 중발지진이, 더 먼 곳에서는 심발지진이 일어난다는 사실을 발견하였다. 해구는 판구조론에 의하면 해양판이 대륙판 밑으로 들어가는 수렴지역으로 이때 판과 판이 부딪치

천발지진
지진은 진원의 깊이에 따라 0~70km의 천발지진, 70~300km의 중발지진, 300km 이상의 심발지진으로 구분된다. 지진 피해는 진원의 깊이가 적은 천발지진이 가장 크다.

산안드레아스 단층(San Andreas fault)은 미국 캘리포니아주에 있는 대표적인 변환 단층이다. 남동 방향으로 이동하는 대륙판인 북아메리카판과 북서 방향으로 이동하는 해양판인 태평양판의 경계에 형성되어 천발지진이 자주 발생한다.

면서 지진이 발생한다. 이곳에서의 지진을 베니오프대 지진이라 한다. 일본은 천발지진이 발생하는 해구 위에 있는 지역이라 규모가 큰 지진이 자주 발생하는 것이다. 우리나라도 그 여파로 동해안이 쓰나미의 위협을 받기도 한다.

활화산 주위에도 소규모의 지진이 많이 발생한다. 마그마가 움직이거나 가스가 분출될 때 지각이 움직여 지진이 발생하는데, 이런 지진을 화산지진이라 한다. 대양저산맥에는 그 중심부에 V자 모양의 열곡이 존재하는데, 이곳에서도 마그마의 분출로 인한 많은 지진이 발생한다. 함락지진은 땅속의 큰 빈공간이 무너질 때 생기며, 인공지진은 핵폭탄실험 등의 인공적인 폭발물이 폭발할 때 생긴다.

진원지를 추적 · 탐사하다

지진을 일으키며 에너지가 처음 방출된 곳을 진원이라 하며, 진원에서 연직으로 지표면과 만나는 점을 진앙이라 한다. 진원지에서 지진이 발생하면 그 점을 중심으로 암석 내에 저장되어 있던 탄성에너지의 일부가 탄성파로 모든 방향으로 전달되어 가는데, 이것이 지진파이다.

지진파의 종류에는 지구 내부를 깊숙이 통과해가는 실체파인 P파와 S파가 있다. 또 지구표면 가까이의 바깥층을 따라 전파해가는 표면파로 러브파(L파)와 레일리파(R파)가 있다. 아울러 큰 규모의 지진이 발생한 후에는 마치 종이 울리고 난 후처럼 수일 내지는 수 주일에 걸쳐 지구 전체가 진동하는, 지구의 자유진동(自由振動)이 관측되기도 한다. P파는 음파처럼 어떤 매질을 통과할 때 파의 진행방향과 진동방향이 같은 종파이

■ 지진파의 종류

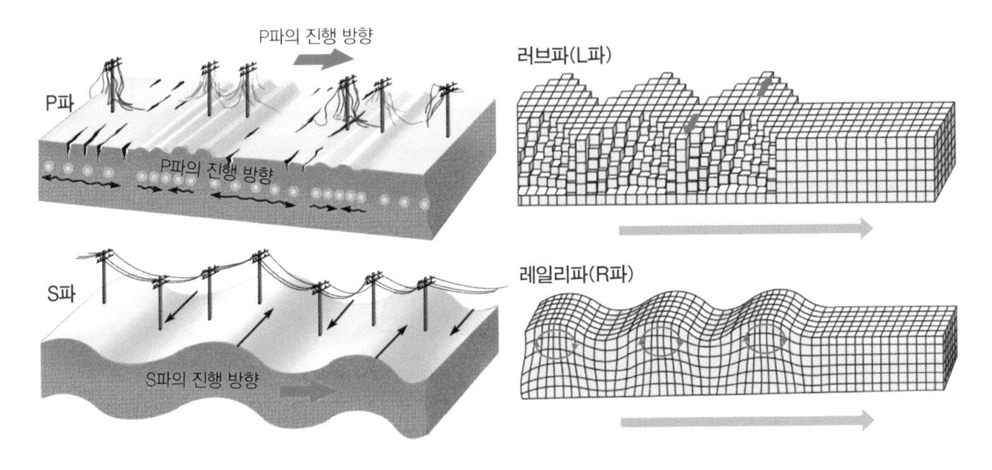

며 가장 먼저 도착하므로 프리미엄 웨이브(P파: Primary wave)라 하며, 압축과 팽창을 거듭해서 부피 변화를 일으킨다. 종파는 고체, 액체, 기체의 모든 매질을 통과한다. S파는 파가 수직방향으로 진동하는 횡파로 두 번째로 도착하므로 세컨드 웨이브(S파: Secondary wave)라 하며, 매질의 형태변화를 가져온다. S파는 고체만 통과할 수 있다. 표면파는 지표면의 움직임을 가져온다. 레일리파는 해양의 너울처럼 땅을 출렁거리게 한다. 러브파는 파의 진행방향에 대하여 지표면의 입자들이 수직으로 좌우진동을 함에 따라 건물에 막대한 구조적 변화를 줘서 가장 많은 지진피해를 입힌다.

지진파를 관측하면 진앙지까지의 거리도 알아 낼 수 있다. P파의 속도는 깊이가 깊어지면 더 빨라지지만 지각에서 초속 8km이며 S파는 초속 4km이다. ps시는 P파가 도착한 후 S파가 도착할 때까지 걸리는 시간이다. 이 값을 알면 진앙까지의 거리를 구할 수 있다. 이는 번개와 천둥이 도착하는 시간차를 이용하여 번개가 발생한 지역까지의 거리를 구하는 것과 같은 원리로, 시간과 거리와 속도의 관계식을 이용하면 된다.

$$v=d/t,\ t=d/v \text{ 이므로 } ps\text{시}=d/4-d/8,\ \therefore d=8\times ps\text{시}$$

d: 진앙지까지의 거리, v: 지진파의 속력, t: 도착하는 데 걸리는 시간

1909년 유고슬라비아의 지진학자 모호로비치치Andrija Mohorovicici, 1857~1936는 발칸 지진 때의 기록을 분석하여 P파의 속도가 지표 아래 수십 킬로미터 부근에서 급격히 증가한다는 사실을 발견했다. 이런 사실은 이곳을 경계로 구성물질의 뚜렷한 경계가 있다는 것을 의미한다. 이 경계면이 바로 지각과 맨틀의 경계인 모호로비치치 불연속면이다.

1912년 독일태생의 미국 물리학자인 구텐베르크Beno Gutenberg, 1889~1960는 진앙지로부터 103~143도인 지역에서는 P파와 S파가 관측되지 않는 암영대(暗影帶)*가 있으며 143도 이상에서의 거리에서는 S파가 도달하지 않는 것을 발견했다. 이를 근거로

암영대(shadow zone)
지진이 일어날 때 지진파가 관측되지 않는 지역으로, 음영대라고도 부른다. 지진파가 지구 내부에서 불연속면을 통과하면서 반사하거나 굴절하기 때문에 생긴다.

■ **지진파의 이동 경로 및 이동 속도**

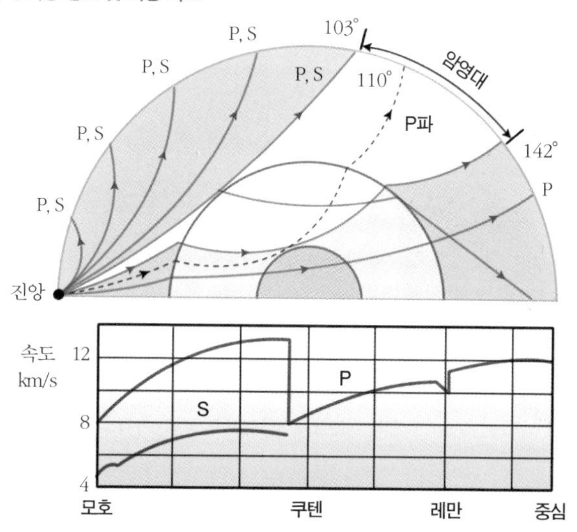

지구 내부 2900km보다 깊은 곳에 P파의 속력이 급격이 감소되고 S파가 전달되지 않는 액체 상태인 외핵의 존재를 밝혔다. 그래서 맨틀과 외핵의 이 경계면을 '구텐베르크 불연속면'이라 한다.

1936년 덴마크의 지진학자 레만Inge Lehmann, 1888~1993은 뉴질랜드의 불러 부근에서 발생한 지진자료의 분석을 통해 외핵 내부에 고체인 내핵의 존재를 밝혔다. 외핵을 통과하여 굴절되어 도착한 P파의 경로를 분석하여 추정한 것이다. 이 분석을 통해 외핵 안쪽에 P파를 굴절시키는 다른 층인 내핵의 존재를 밝혀낸 것이다. 지진파의 속도분포로부터 외핵은 철과 산소의 화합물(FeO)상태일 것으로 추정된다. 아울러 내핵의 물질은 철질 운석과 유사하게 철 90%와 니켈 10%의 금속 화합물로 추정된다. 이처럼 지진파는 지구 내부구조를 밝힐 수 있는 중요한 열쇠인 것이다.

지진의 크기를 나타내는 '진도'와 '규모'

지진은 지진 관측소에 설치된 지진계를 통하여 관측한다. 이때 최소한 수평지진계는 서로 직교하게 두 대를, 수직지진계는 한 대를 놓아야 한다. 지진계에서 중요한 부분은 무거운 추와 드럼인데 지진을 관측할 때 가장 큰 문제점은 땅이 흔들리면 지진계도 같이 흔들린다는 사실이다. 이 때문에 추는 지진계의 모든 부분이 흔들려도 관성으로 정지되어 있도록 만들었다. 그리고 드럼이 지진에 따라 흔들리면서 정지된 추에 달

지진 진동의 모양이 지진계를 통해 드럼 위에 감긴 종이나 인화지에 기록된다.

린 펜이나 추에 붙은 거울에서 반사되는 광선으로 지진진동의 모양이 드럼 위에 감긴 종이나 인화지에 기록되도록 하였다.

지진의 크기를 나타내는 척도로는 진도와 규모가 사용된다. '진도'는 주변의 요소에 따라 영향을 많이 받으므로 실제 지진의 크기를 정확하게 분류하는 수단은 되지 못한다. 때문에 지진의 크기를 보다 정량적으로 평가하는 수단으로서는 지진발생시 방출되는 에너지의 양을 나타내는 척도인 '규모'를 많이 사용한다. 규모에는 리히터 규모, 표면파 규모, 실체파 규모가 사용되고 있다. 보통 규모 1이 차이가 나면 에너지 방출에 있어서 25~30배의 에너지 증가를 가져온다.

동물들의 이상행동을 통해 지진을 예측하기도

지진이 발생하기 전 동물들이 이를 먼저 감지하고 이상행동을 보이기도 한다. 1969년 중국의 톈진에서는 규모 7.4의 강진이 발생했는데 이에 앞서 조용히 있던 곰이 소리를 지르고 뱀이 굴속으로 들어가는 것을 본 동물원 관리인들이 지진예측기관에 보고해 지진 피해를 최소화했다. 1975년에도 중국 하이청에서 겨울에 뱀이 도로로 나와 얼어 죽고 말이 날뛰었는데 사흘이 지나자 규모 7.3의 대지진이 발생한 것이다. 최근에는 2005년 10월 까마귀들이 지진이 일어나기 전 매번 비명 비슷한 울음소리를 내며 둥지를 떠났고 현지 주민들은 까마귀의 움직임을 보고 지진을 예측하였다. 그러나 회의론자들은 동물의 이상행동이 일관성 있게 일어나는 것은 아니라고 말한다.

지진이 발생하면 도보로 이동하고 넓은 곳으로 대피

지진이 발생하면 지진의 피해를 최소화할 수 있도록 해야 한다. 화재의 위험에 대비해 전기나 가스를 잠그고 튼튼한 탁자 밑으로 피신하고 몸을 숙여 머리나 눈을 보호하도록 한다. 대피할 때는 엘리베이터를 이용해서는 안 되며 차를 타지 말고 도보로 이동하고 커다란 구조물 근처는 피하도록 한다. 지진의 피해는 대부분 붕괴된 건물이나 구조물들에 의해 생기게 되므로 운동장 같은 넓은 곳으로 대피하는 것이 좋다.

지진으로 인해 발생한 역사상 가장 큰 인명피해는 1556년 중국 산서성에서 일어난 지진으로 이때 83만 명이 사망하였다. 최근에는 2004년 인도네시아 앞 바다에서 발생한 지진으로 해일이 발생해 20만 명의 사상자를 낸 것으로 추정된다. 2010년 1월 12일 아침에 발생한 아이티 지진은 10만 명에 이르는 사상자를 낸 것으로 추정되며, 같은 해 2월 칠레에서 규모 8.8의 강진이 발생해 200만 명의 이재민이 생겼고 7월에도 여러 차례 지진이 발생했다.

2016년 9월 12일 경북 경주에서 발생한 규모 5.8의 지진은 1978년 기상청이 계기지진 관측을 시작한 이후에 한반도에서 발생한 역대 최대 규모의 지진으로 기록됐다. 비록 인명 피해는 없었지만, 우리나라도 더 이상 지진으로부터 안전한 곳이 아니라는 사실을 깨닫게 됐다.

도움 받은 자료

- 《지구과학개론》, 한국지구과학회, 교학연구사, 2005
- 《지질학개론》, 정창희, 박영사, 2007
- 《지구환경과학1》, 한국지구과학회, 대한교과서, 2000

'blue gold'시대를 여는

해양심층수의 비밀

90년대 초 "지하암반수로 만든 맥주"라는 광고 문구가 그 시절 맥주업계의 판도를 뒤바꿔 놓았다. 땅속 깊은 곳에서 퍼 올린 신선한 물이 맥주의 맛을 좌우한다는 얘긴데, 사실 여부를 떠나 사람들은 지하암반수로 만든 맥주에 열광했다. 그로부터 이십여 년이 지난 요즈음 대세는 '해양심층수'다. 일반생수보다 2배나 비싼 해양심층수로 만든 생수가 날개 돋친 듯 팔리고 있다. 해양심층수는 고급 음료, 화장품, 건강식품에도 등장한다.

해양심층수 열풍이 우리나라에서만 불고 있는 건 아니다. 일본, 대만, 미국에서는 이미 오래 전 생수, 화장품, 음료, 주류 등에 해양심층수를 첨가해왔다. 우리 정부에서도 팔을 걷어붙이고 나섰다. 한국해양과학기술원 산하에 해양심층수연구센터를 건립하여 해양심층수에 대한 연구를 이어가고 있고, 해양심층수를 이용한 다양한 제품 개발 사업을 지원하고 있다. 도대체 해양심층수란 어떤 물이기에 이렇게 야단일까?

수심 200m 이하 깊은 곳의 물

해양심층수란 태양광이 도달하지 않는 수심 200m 이하의 깊은 곳에 존재하여 유기물이나 병원균 등이 거의 없을 뿐 아니라 연중 안정된 저온(2℃ 이하)을 유지하는 물을 말한다. 아울러 장기간 숙성되어 해양식물의 성장에 필수적인 영양염류가 풍부한 해수자원이다.

바닷물의 연직 수온 분포를 보면 거의 모든 태양 복사에너지는 바다 표면에서 흡수되기 때문에 해수면 윗부분의 온도가 가장 높다. 하지만 바람에 의해 수심 250m까지는 해수가 고르게 섞여 온도가 일정한 혼합층을 형성한다. 그 밑 부분은 수온이 갑자기 떨어지는 수온약층을 형성한다. 그런데 수온약층은 위에는 온도가 높고 아래는 온도가 낮아 위와 아래 물이 서로 잘 섞이질 않는다. 따뜻한 공기가 주변의 찬 공기보다 위로 올라가서 내려오지 않는 원리와 같다.

수온약층보다 아래층을 심해층이라 부른다. 심해층은 수온이 낮고 안정적이다. 해수표면의 혼합층은 수온약층을 사이에 두고 있는 탓에 심해

층과 잘 섞이지 않는다. 따라서 심해층은 저온(연중 평균 2℃ 이하)을 유지하며 해양 표면의 오염물질로부터도 안전하다. 보통 해양심층수란 수심 200m보다 깊은 물을 말하는데, 바닷물의 수온 연직 분포에 의하면 적어도 수심 500m보다 깊은 곳에서 취수되어져야 진정한 심층수라 할 수 있다. 해양심층수에 식물 성장에 좋은 무기질이 풍부한 이유는, 광합성을 해야 하는 식물성 플랑크톤이나 조류가 심해에서는 살 수 없어 무기질을 소모하지 않기 때문이다.

■ 바닷물의 수온 연직 분포도

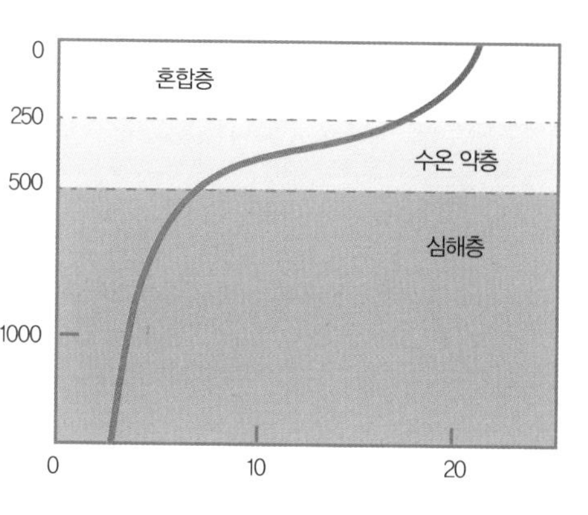

강원도 고성군 앞바다에서 해양심층수를 취수해 조사해보니 다음과 같은 수치가 나왔다. 표층수는 혼합층에 존재하기 때문에 수온도 높고 무기염류도 적은 반면, 해양심층수는 수온도 낮고 무기염류가 풍부한 것을 알 수 있다.

구분	표층수	해양심층수
수온(℃)	2.82~19.25	0.59~1.22
염분(‰)	31.91~33.82	34.11~34.16
용존산소(mg/L)	7.49~10.97	7.26~9.68
질산염(μM*)	0.0~9.04	10.57~22.86
인산염(μM)	0.0~1.94	1.0~1.9
규산염(μM)	0.0~24.63	17.46~48.93
취수수심(m)	0	600

* 용량몰농도는 용액 1리터 속에 함유되어 있는 용질의 몰수로 나타낸 농도.
mol/L 또는 기호 M으로 표시.

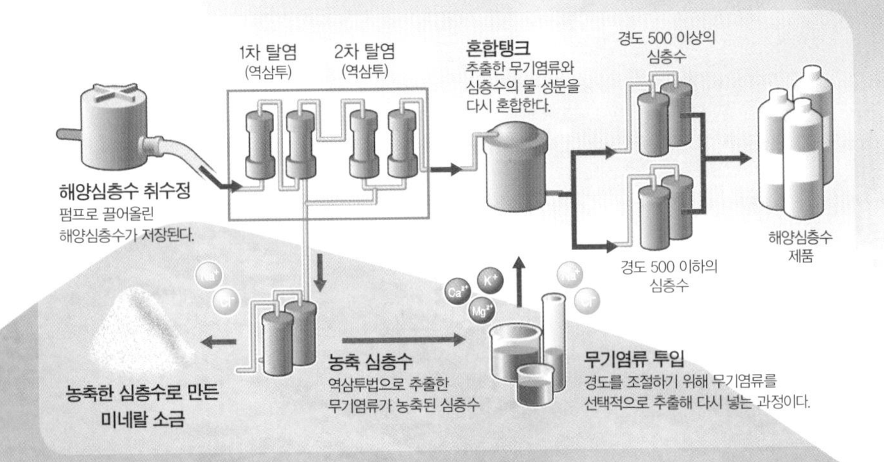

해양심층수 취수정의 구조
심해에서 끌어올린 심층수가
가득 차면 분배 파이프를 통해
공장으로 보낸다.

취수관 매설구간
대륙붕에 취수관이
파묻혀 있다.

대륙붕

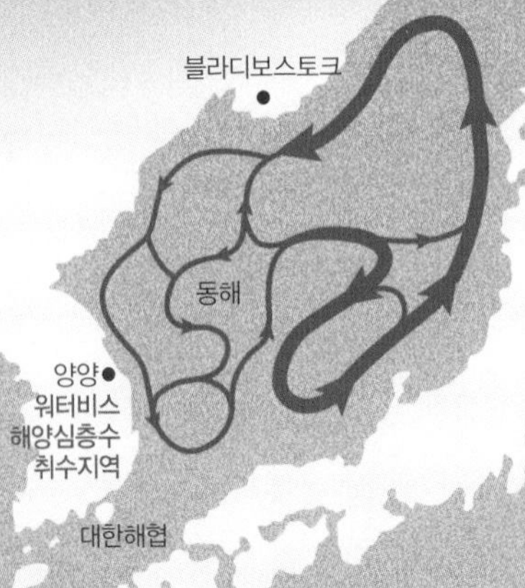

동해 해양심층수 이동경로
블라디보스토크 남동부 해역에서
침강한 물이 반시계 방향으로 돌며
한반도 해안을 따라 흐른다.

■ 역삼투 과정

❶ 물은 투과시키지만 물에 용해되어 있는 이온이나 분자는 투과시키지 않는 반투막을 사이에 두고 양쪽에 담수와 해양심층수를 각각 넣는다.

❷ 시간이 지나면서 고농도의 심층수를 희석하기 위해 담수의 물분자 심층수 쪽으로 이동하는 삼투작용이 일어난다.

❸ 삼투압보다 10~30배 높은 압력을 반대 방향으로 가한다.

❹ 심층수의 물 분자가 용질의 농도가 낮은 담수 쪽으로 이동(역삼투)해 해양심층수에 녹아 있는 각종 무기염류를 분리할 수 있다.

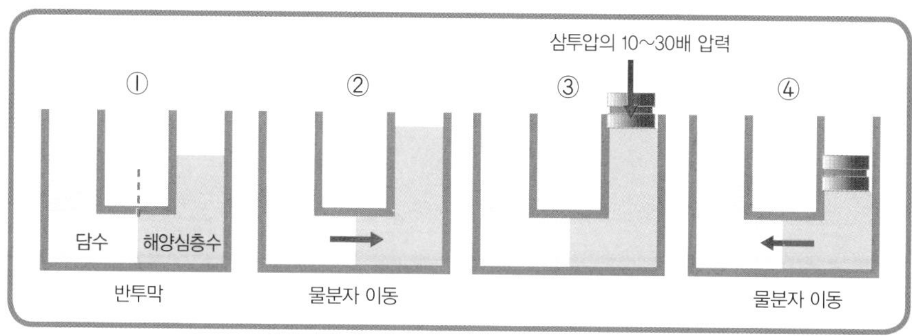

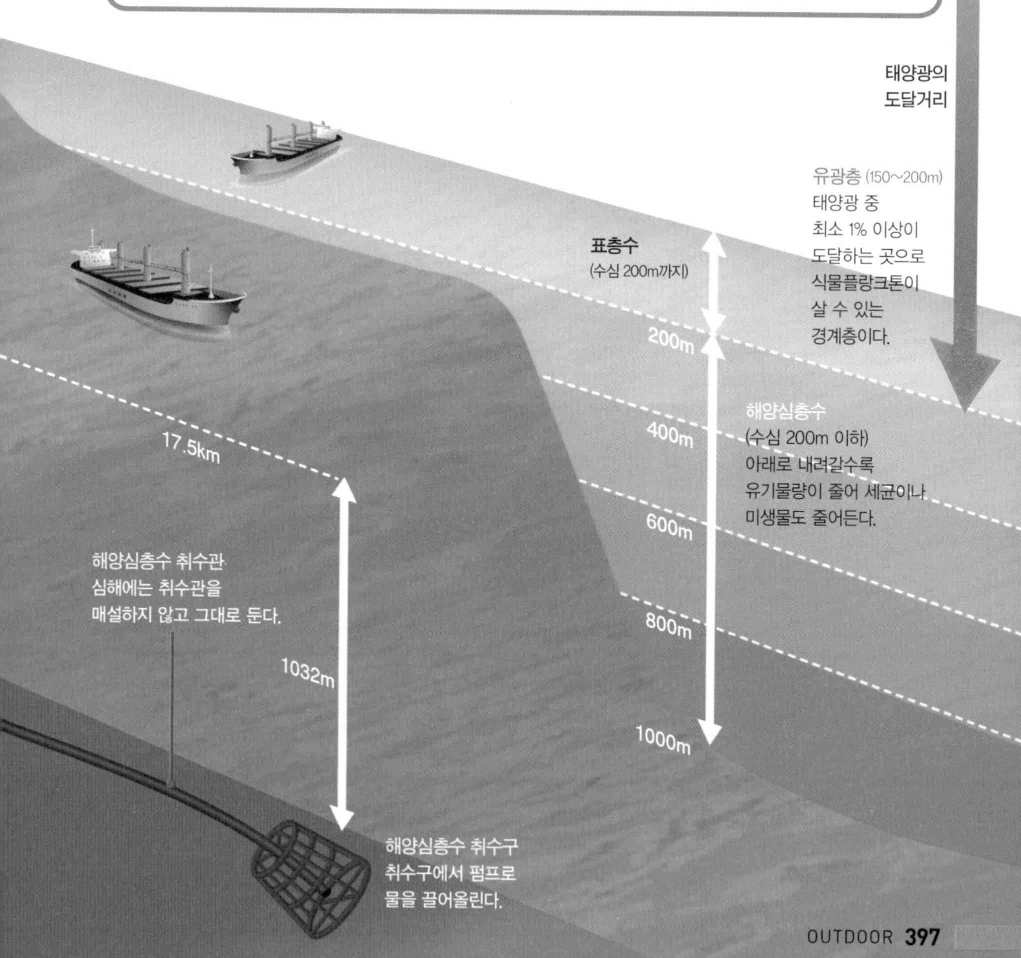

현재 국내에서 해양심층수를 취수하는 곳은 강원도 고성, 속초, 양양, 동해, 강릉과 경상북도 울릉도다. 심해층에 파이프를 설치해 취수를 하고 있다.

해양심층수에서 추출한 물은 왜 짜지 않을까? _역삼투압의 원리

해양심층수는 염분이 높아 짜지만, 시중에 해양심층수로 제조한 생수는 짜지 않다. 그 이유는 역삼투압 방식으로 해양심층수에 포함된 염류를 걸러내기 때문이다.

우리에게 익숙한 삼투압 원리는 저농도의 용액 속에 있는 물이 고농도 용액 쪽으로 반투막을 통과하여 이동하는 현상으로 따로 에너지를 필요로 하지 않는다. 예를 들어, 배추를 소금물에 절이는 것은 삼투압 원리를 이용한 것이다.

역삼투압 원리는 삼투압과 반대로 압력을 가하여 고농도에 있는 물을 저농도로 이동시켜 순수한 물을 얻는 방법이다. 이 때 압력을 가하는 과정에서 에너지를 주입해 심층수로부터 순수한 물을 걸러내는 것이다. 심층수를 펌프로 압력을 가하여 거름막(필터)에 통과시키면 순수한 물과 나머지 성분들이 혼합된 농축수로 나눠진다. 농축수로부터는 소금을 채취하며, 우리 몸에 유익한 미네랄은 탈염처리된 순수한 물에 넣어 해양심층수 생수를 만드는 데 활용한다. 따라서 해양심층수 생수는 짜지 않다.

'black gold'시대에서 'blue gold'시대로

해양심층수는 해저자원이라 할 만큼 쓰임새가 다양하다. 연중 2℃ 이하의 저온성을 이용하여 냉방 장치에 이용할 수 있을 뿐 아니라, 저온수를 직접 활용하여 한해성 어류를 양식할 수 있다. 또한 해양심층수는 탈염장치를 통하여 담수와 농축수로 나누어지는데, 담수는 먹는 심층수와 각종 혼합음료로 제조되고, 농축수로부터 소금과 각종 무기질을 추출할 수 있다. 이밖에도 각종 식품 제조에 활용될 뿐 아니라, 고추나 피망, 토마토 등의 모종 발아율을 조절하는데도 쓰인다.

해양심층수를 가공하고 남은 것은 주변 해역으로 배출하는데, 이 배출수에는 영양염이 많이 들어 있어 주변 해역에 해조양식장을 형성하는데도 유용하다.

무엇보다도 해양심층수는 우리 몸에 유익한 미네랄이 풍부하고 따로 정제할 필요가 없을 정도로 깨끗하기 때문에 그 속에 있는 염류만 제거하면 훌륭한 식수로 활용할 수 있다.

지구온난화가 심해지면서 지구촌 곳곳이 물부족 현상으로 몸살을 앓고 있다. 뿐만 아니라 바다쓰레기, 부영양화 등으로 해양 오염이 심각해지고 있다. 미래학자들은 머지않아 물이 석유만큼 귀한 자원이 될 것이라고 전망하고 있다. 세계 자원 시장이 'black gold(석유를 비유한 말)'시대에서 'blue gold(물의 가치를 평가한 말)'시대로 변하고 있는 것이다.

도움 받은 자료

- 〈과학동아 2009년 03월호〉, 이준덕, 동아사이언스
- http://www.kadowa.com
- http://web.kma.go.kr 기상청, 기상백과

새끼줄을 푸는 마음으로

" 과학이 없는 세상을 상상하기조차 힘든 이 시대에,
과학 이야기는 곧 우리 삶의 이야기이기도 합니다. "

임병욱
부천북고등학교 교사

옛 선조들은 물건을 묶는 데 새끼줄을 사용했습니다. 새끼줄을 풀어 보면 한 가닥 한 가닥 얇은 짚이 꼬여 새끼줄이 되었음을 알 수 있습니다. 거실, 부엌, 사무실 등 우리의 일상공간 속에 있는 물건의 원리를 찾는 일은, '새끼줄이 무엇으로 만들어져 있을까?'를 고민하고 그 답을 찾는 과정과 유사하다는 생각이 듭니다. 물건의 원리를 새끼줄을 푸는 마음으로 얇은 가닥까지 놓치지 않게 섬세히 설명하고자 했습니다. 그리고 어렵다고 느껴질 수 있는 원리는 매듭을 푸는 마음으로 서두를 따져가며 차근차근 접근하려 했습니다. 물건에는 하나의 원리가 아닌 여러 가지 과학원리가 융합되어 있는 탓에 쉬운 작업은 아니었습니다. 하지만 익숙한 물건의 과학원리를 하나씩 탐사하다 보면, 물건이 그리고 그 물건이 놓인 공간이 달리보이고 신비롭게 느껴집니다. 앞으로도 인간에게 편리함과 행복을 가져다 줄 수 있는 물건이 더 많이 탄생하기를, 또 그 원리를 밝혀낼 수 있기를 설레는 마음으로 꿈꾸어 봅니다.

박성은
반포고등학교 교사

우리 주변을 과학의 눈으로 보면 과학이 아닌 것이 없고, 예술의 눈으로 보면 예술이 아닌 것이 없습니다. 많은 사람들은 과학이 어렵다고 느끼고, '~원리'라고 하면 시험에서 나옴직한 공부를 위한 것이라는 생각을 많이 합니다. 하지만 과학은 우리 생활 가장 가까이에서 우리와 함께 숨 쉬고 있고, 그 사실을 깨닫는 것에서부터 공부가 시작된다고 생각합니다. 생활 속 여기저기에 적용된 과학원리를 찾아 알아본 이번 집필과정은 학생들에게 '교과서 속 딱딱한 이야기를 어떻게 하면 좀 더 쉽고 재미있게 설명할 수 있을까?'와 같은 문제를 늘 고민하는 저에게도 참 좋은 경험이었습니다. 집필과정에서 제가 얻은 수확을 저 혼자만이 아니라 좀 더 많은 독자들과 함께 나눌 수 있기를 바랍니다.

홍제남
오류중학교 교사

'과학은 곧 삶이다'라고 하면 너무 과장된 표현일까요? 옛날이면 몰라도 이 시대를 사는 우리에게는 과학과 분리된 삶을 생각하는 것 자체가 힘듭니다. 아침에 일어날 시간을 알려주는 시계, 맛있는 밥을 만들어주는 압력밥솥, 그리고 우리를 원하는 곳으로 빠르게 이동시켜주는 자동차, 하루 종일 여러 가지 일을 가능하게 하는 컴퓨터, 퇴근하면 따뜻한 잠자리를 보장하는 보일러 등. 우리의 일상생활은 온갖 과학적인 원리와 그 원리를 활용하여 만든 각종 과학기구들에 둘러싸여 있습니다. 이 책의 집필과정은 그 중에 일부이지만 과학원리가 적용된 각종 생활도구들을 더욱 자세히 탐구하는 좋은 기회가 되었습니다. 이러한 우리 주변의 생활 속 다양한 과학원리를 독자들과 함께 나누게 되어 매우 기쁩니다. 더불어 이 책이 많은 사람들이 과학을 더욱 친근하게 느끼는 계기가 되었으면 하는 마음입니다.

곽효길
대성중학교 교사

'친근한 소재로 어려운 과학원리를 쉽게 풀어내 보자'라는 취지에서 시작된 집필은 우리가 쉽게 접하는 주변의 사물들에 어떤 원리가 숨겨있는지 알아보는 즐거운 시간이었습니다. 각자 써온 글을 함께 돌려 읽으면서 우리는, 아는 것보다 아는 것을 글로 표현하는 것이 더 어렵고 이를 다른 사람들에게 설명한다는 것은 훨씬 더 어렵다는 것을 새삼 느끼게 되었습니다. 8명의 교사들이 검토한 글은 네이버에 바로 올렸는데, 오프라인과는 달리 실시간으로 독자의 반응을 살필 수 있는 재미있는 경험이었습니다. 때로는 신랄한 댓글들에 아찔한 순간들도 있었고, 잘못된 부분을 메일로 친절히 알려주는 경우도 있었습니다. 이번 기회를 통해 글을 쓴다는 것은 누구보다도 내가 더 확실히 알아가는 과정임을 깨닫게 되었습니다.

조태숙
강화중학교 교사

처음부터 꽤 힘들 거라 단단히 마음먹고 시작한 집필작업은 짐작대로 만만한 일이 아니었습니다. 자료를 찾을 시간이 부족하여 늘 끙끙댔으며, 휴일마다 도서관을 뒤지는 일이 반복되었습니다. 특히 자료가 별로 없는 주제는 원리를 밝혀내기 위해 선생님들끼리 머리를 맞대고 고민했습니다. 이렇게 쓴 글이 온라인에 처음으로 올라갔을 때는 제가 쓴 글에 대한 댓글을 볼 수도 없을 만큼 긴장하기도 했었습니다.항상 과학교사들은 '학생들이 어려워하는 과학원리를 어떻게 하면 쉽고 재미있게 풀어낼 수 있을까?'를 고민합니다. 이번 작업도 대상이 학생에서 독자들로 바뀌었을 뿐 예외는 아니었습니다. 매 주제마다 '누구나 알기 쉽게 풀어내는 것'을 최우선 과제로 삼았습니다. 고백하건데 이번 집필작업은 누구보다 제 자신에게 가장 많은 공부가 되었습니다. 과학이라면 으레 어렵다고 외면했던 학생과 일반인들이 과학에 대한 편견을 깨는 데 이 책이 작게라도 기여할 수 있기를 바랍니다.

강옥경
경인중학교 교사

우리는 매순간 다양한 기계나 도구의 도움으로 편안하게 생활하고 있습니다. 물건을 쓰다보면 문득 어떤 원리로 움직이는지, 내부는 어떻게 생겼는지 궁금해집니다. 마침 우리에게 이 궁금증을 해결해 볼 기회가 주어졌습니다. 친근한 도구나 물건의 원리를 쉽게 설명한다면 과학 때문에 골치 아픈 아이들, 교문을 나서면서 과학과 이별을 고한 어른들의 흥미를 끌 수 있지 않을까, 설렜습니다. 안다는 것과 쉽게 풀어 쓴다는 것은 다른 차원의 작업이라 힘든 시간이자, 함께 토론하면서 결과물을 만들어가는 기쁜 시간이기도 했습니다. 또한 온라인에 글이 노출되었을 때 독자들의 즉각적이고 다양한 반응은 글 쓰는 내내 긴장과 기대감을 갖게 했습니다. 이 책의 51가지 비밀을 통해 과학이 책이나 실험실이 아닌 우리 생활 깊숙이 스며들어 있음을 느끼고, 과학과 친해질 수 있다면 좋겠습니다.

남미란
하남정보산업고등학교 교사

바쁜 일상에서 짬을 내어 공부해가며 또 많은 사람들을 향해 글을 쓰는 작업은 결코 쉽지만은 않았습니다. 온라인을 통해 전해오는 독자들의 반응을 접하면서 비로소 다수를 향한 글을 쓰고 있음을 절감하기도 했습니다. 무엇보다 딱딱할 수 있는 과학원리를 편안하고 흥미롭게 풀어 설명하는 것이 가장 큰 고민거리였습니다. 학생들이 과학을 재미있게 공부할 수 있도록 인도해 줄 수 있는 교사가 되기 위해 늘 고민하고 노력하고 있지만, 일반인들을 향한 글쓰기 작업은 또 다른 경험이었습니다. 쉽고 흥미로운 과학수업을 위해 항상 연구하는 서울과학교사모임의 선생님들과 밤늦은 시간까지 원고를 서로 검토하면서 '함께 할 수 있는 동료'가 있음에 감사할 수 있는 좋은 기회였습니다. 일상의 곳곳에 숨어있는 과학원리를 찾아내는 기쁨을 많은 독자들과 나눌 수 있기를 기대합니다.

이화정
개포고등학교 교사

이 책의 내용은 서울과학교사모임에서 2010년 5~12월까지 8개월간 네이버에 '원리사전'이라는 이름으로 연재했던 글을 새로운 구성에 맞추어 다듬고 보충한 것입니다. 우리가 늘 접하고 사용하는 물건이지만, 작동원리를 과학적으로 설명하기란 쉬운 일이 아니었습니다. 맡은 주제에 대해 공부하고, 글을 쓰고, 선생님들과 검토하고, 온라인에 올라간 뒤에는 네티즌들의 즉각적이고 솔직한 반응에 촉각을 곤두세우고……. 모두 새로운 경험이었고 좋은 공부가 되었습니다. 중고등학교 학생을 포함하여 모든 독자들이 주변의 물건들이 어떤 원리로 작동하는지 궁금할 때, 이 책이 그 해답이 될 수 있으면 좋겠습니다.

아이와 함께 꼭 가봐야 할
미술관 과학관 101

강민지 · 박상준 · 이시우 지음 / 666쪽 / 22,000원

- **한국출판문화산업진흥원 선정 '2016 세종도서 교양 부문'**

이 책에 실린 전국의 101곳의 미술관과 과학관은 인문학적인 여행이 가능하고 교과서에 실린 내용을 현장에서 체험할 수 있는 보석 같은 공간이다. 이 책은 미술관과 과학관을 소개하면서 관람동선, 체험 프로그램 등 기본적인 여행 정보는 물론, 대표 작품과 과학원리까지 꼼꼼하게 설명한다.

아이와 함께 꼭 가봐야 할
박물관 여행 101

길지혜 지음 / 628쪽 / 20,000원

- **한국출판문화산업진흥원 선정 '청소년 권장 도서'**
- **(사)행복한아침독서 '추천 도서'**

이 책은 아이에게 쉼표와 느낌표를 함께 안겨줄 수 있는 여행을 고민하는 엄마, 휴일만 되면 '주말에 가볼 만한 곳'이라고 검색하는 게 일상이 된 아빠에게 보내는 101개의 초대장이다. 초대장의 발신인은 전국에 있는 101곳의 박물관이다. 그리고 이 여행의 중심에는 아이가 있다. 아이가 즐겁게 놀며 배울 수 있는 박물관을 테마별로 소개하는 이 책은, 에듀 투어(edu tour)를 위한 친절한 나침반이다.

아이를 변화시키는 1% 습관 혁명
머리가 좋아지는 정리정돈법

오오노리 마미 지음 / 윤지희 옮김 / 238쪽 / 14,000원

"아이의 책상이 아이의 머릿속 상태다!"
정리정돈 습관이 아이의 공부뇌를 키운다.

정리정돈은 사물을 분류하고 행동의 절차를 수립하며 이를 단계적으로 실행하는 능력이다. 내가 머무는 공간과 주변 사물뿐만 아니라 말, 시간, 지식, 마음, 생각도 정리정돈의 대상이다. 정리정돈은 뇌의 전두엽이 관장하는 고도의 인지능력을 요구하는 작업이다. 전두엽은 사고력, 기억력, 창의력, 문제해결력 등 논리적인 판단에 관여한다. 전두엽 기능이 잘 발달해 있을수록 학업 성취도가 높다. 이 책은 논리력, 집중력, 자기결정력, 계획성, 실천력 등 다양한 능력을 배양시켜주는 정리정돈 습관을 통해 아이를 변화시키는 방법을 안내한다.

별 하나에 낭만, 별 하나에 과학

별 헤는 밤 천문우주 실험실

김지현· 김동훈 지음 / 강선욱 그림 / 336쪽 / 20,000원

- **한국출판문화산업진흥원 선정 '이 달의 읽을 만한 책'**

가장 간단한 실험으로 만나는 가장 심오한 우주!
커피와 우유를 섞는 순간 은하가 탄생하고, 헤어드라이기로 드라이아이스에 바람을 쏘이는 순간 혜성이 나타난다. 베일에 싸인 신비로운 우주를 간단한 실험을 통해 눈앞에 생생하게 펼쳐 놓는다.

과학이 만들어낸 인류 최고의 발명품, 단위!

별걸 다 재는 단위 이야기

호시다 타다히코 지음 / 허강 옮김 / 263쪽 / 15,000원

바이러스부터 우주까지
세상의 모든 것을 측정하기 위한 단위의 여정

센티미터, 킬로그램, 칼로리, 퍼센트, 헥타르, 섭씨, 배럴, 리터……
우리 생활 깊숙이 스며든 단위라는 친근한 소재를 하나씩 되짚다 보면, 과학의 뼈대가 절로 튼튼해진다. 단위에는 이 시대를 살아가는 사람이라면 누구나 알고 있어야 할 교양으로서의 과학 지식과 흥미로운 이야기가 가득 담겨 있다.

수학 본능을 깨우는 7가지 발상법

수학력

나가노 히로유키 지음 / 윤지희 옮김 / 303쪽 / 15,000원

상식을 뒤엎는 수학 잠재력 발굴 수업!

수학 때문에 울어본 사람들을 위한 처방전! 수학을 못하는 것은 수학적 재능이 없어서가 아니라 수학을 산수처럼 공부했기 때문이다. 이 책은 상식을 뒤엎는 일곱 번의 수학 잠재력 발굴 수업으로, 수학 울렁증 환자, 수포자(수학포기자), 뼛속까지 문과형 인간에게 수학적 사고의 즐거움을 선물한다.